U0173640

高等职业教育物联网应用技术专业教材

RFID 与传感器应用技术项目式教程

主　编　王　芬　朱　信

副主编　李观金　林龙健　董　梅　沈顺玲

主　审　薛晓萍

中国水利水电出版社
www.waterpub.com.cn
·北京·

内 容 提 要

RFID 和传感器技术是物联网信息采集的关键部分，也是物联网产业中最具投资价值的技术，因此其应用领域在近年来得到了迅速发展。本书选取了在实践上有代表性的 RFID 和传感器项目进行讲解，在简化理论的基础上突出应用、加强学科联系，凸显了职业教育特色。

本书主要介绍 RFID 和传感器技术的基本原理、典型应用，以及系统实施。全书分为三个部分，共十二个项目，每个项目按照"学习目标→相关知识→项目实训→巩固延伸"的思路组织教学内容，契合高职学生职业核心能力培养的目标。本书第一部分介绍 RFID 技术和 RFID 系统搭建，第二部分介绍传感器原理和传感器网络组建，第三部分帮助读者探究 RFID 和传感器技术的创新应用和集成方案。读者在学习本书后，可快速掌握工作岗位所需的基本技能。

本书可作为高职高专院校物联网类、电子技术类和计算机应用类等专业教材或教学参考用书，也可供从事物联网工程技术人员自学参考。

图书在版编目（C I P）数据

RFID与传感器应用技术项目式教程 / 王芬，朱信主
编. -- 北京 ： 中国水利水电出版社，2020.3（2022.8 重印）
高等职业教育物联网应用技术专业教材
ISBN 978-7-5170-8451-8

Ⅰ. ①R… Ⅱ. ①王… ②朱… Ⅲ. ①无线电信号—射
频—信号识别—高等职业教育—教材②传感器—高等职业
教育—教材 Ⅳ. ①TN911.23②TP212

中国版本图书馆CIP数据核字(2020)第036622号

策划编辑：陈红华　　　　责任编辑：陈红华　　　　封面设计：梁　燕

书　名	高等职业教育物联网应用技术专业教材 RFID 与传感器应用技术项目式教程 RFID YU CHUANGANQI YINGYONG JISHU XIANGMUSHI JIAOCHENG
作　者	主编　王 芬 朱 信 副主编　李观金　林龙健 董　梅　沈顺玲 主 审　薛晓萍
出版发行	中国水利水电出版社 （北京市海淀区玉渊潭南路 1 号 D 座　100038） 网址：www.waterpub.com.cn E-mail：mchannel@263.net（万水） 　　　　 sales@mwr.gov.cn 电话：（010）68545888（营销中心）、82562819（万水）
经　售	北京科水图书销售有限公司 电话：（010）68545874、63202643 全国各地新华书店和相关出版物销售网点
排　版	北京万水电子信息有限公司
印　刷	三河市鑫金马印装有限公司
规　格	184mm×260mm　16 开本　18.75 印张　440 千字
版　次	2020 年 3 月第 1 版　2022 年 8 月第 2 次印刷
印　数	3001—5000 册
定　价	48.00 元

前　　言

物联网通过智能感知、识别技术与普适计算等通信感知技术，广泛应用于网络的融合中，也因此其被称为继计算机、互联网之后世界信息产业发展的第三次浪潮。RFID 和传感器是物联网获取信息最主要的两种方式，是充满活力、创意和投资价值的领域。

了解并能够应用 RFID 和传感器技术，是物联网工程技术人员必须具备的职业技能。因此，作为未来物联网设备安装、维护、项目实施、售后服务、产品营销等多种工作岗位的中坚力量，高职高专院校相关专业的学生应该清晰规划知识目标和能力目标，切实掌握两种技术的基本概念、特点和实践应用方法。

本书遵循学生职业能力培养规律，按照"实践为主、理论够用"的高职课程编写思路，以典型 RFID 和传感器技术的工作过程为依据，重构并序化教学内容。在知识讲解上，本书依据由少到多、层层递进的原则，使读者能够循序渐进地掌握物联网感知层的两大技术，逐步贴近物联网相关工作岗位的技能需求。具体来说，本书有三个特点：

1. 加强学科联系，重构教学内容体系

随着增加知识价值、加强学科交叉的教育导向日渐明确，RFID 和传感器技术的集成和应用方案越来越多，而这迫切需要能够跟进市场、融合两者的教育教学。本书将原本的章节知识点体系打散重组，转变为基于"项目载体、任务驱动"的教学内容体系。

2. 简化理论、突出应用、实操为主，凸显职业教育特色

本书摒弃枯燥抽象的理论讲解，把相关知识融入到实际的任务实训当中，并从工程实践中提炼出 RFID 和传感器技术的典型应用。教材内容贴近企业需求，注重培养学生职业能力，能让学生"零距离"体验实际的工作情境。

3. 引入信息化教学方法和教学工具，配套资源丰富

按照现代化教学要求，本书引入当前流行的信息化手段和教学方法，如微课视频、翻转课堂等，让学生充分体验新型课堂的魅力。教材还提供了丰富的配套资源及售后服务，可以帮助提升教师运用信息技术整合教学的能力。

本书主要介绍 RFID 和传感器技术的基本原理、典型应用，以及系统实施。全书分为三个部分，共十二个项目，每个项目按照"学习目标→相关知识→项目实训→巩固延伸"的思路组织教学内容，契合高职学生职业核心能力培养的目标。本书第一部分介绍 RFID 技术和 RFID 系统搭建，第二部分介绍传感器原理和传感器网络组建，第三部分帮助读者探究 RFID 和传感器技术的创新应用和集成方案。

本书由惠州经济职业技术学院王芬组织编写，由薛晓萍教授担任主审，王芬、朱信担任主编，李观金、林龙健、董梅、沈顺玲担任副主编。本书在编写过程中借鉴了凌阳物联网多

网技术综合教学开发平台提供的一部分应用案例，同时还参考了许多网络资源，在此一并表示真诚的感谢。

　　由于编者水平有限，加之编写时间仓促，内容较多，所以书中难免存在欠妥和不当之处，在此恳请广大读者批评指正，编者的 E-mail 地址是 1368546339@qq.com。

　　感谢中国水利水电出版社为本教材编写给予的大力支持！

编 者

2019 年 10 月

目　　录

第二部分　传感器技术及应用

第三部分　RFID 与传感器技术的发展及融合

第一部分
RFID 技术及应用

项目 1 RFID 和 RFID 系统

🔍 **学习目标**

1. 知识目标
- 掌握 RFID 的定义和组成
- 掌握 RFID 电子标签的分类
- 掌握 RFID 系统的基本通信模型
- 掌握 RFID 系统的软硬件组件
- 了解 RFID 和条形码的区别

2. 能力目标
- 能够了解 RFID 技术和识别 RFID 系统的构成
- 能够区分和使用不同类型的 RFID 电子标签

📖 **相关知识**

RFID 技术最早的应用可追溯到第二次世界大战中飞机的敌我目标识别，但由于技术和成本原因，其一直没有得到广泛应用。近年来，随着大规模集成电路、网络通信、信息安全等技术的发展，RFID 技术开始进入商业化应用阶段。由于具有高速移动物体识别、多标签同时识别和非接触识别等特点，RFID 技术显示出巨大的发展潜力与应用空间。

近年来，中国出台了一系列产业扶持政策，在行业标准制定上取得突破，通过典型行业示范应用，初步形成 RFID 产业链，形成了良好的产业发展环境。目前，中国 RFID 行业正向应用领域拓展，如图 1-1 所示，RFID 可应用于制造业，通过加强自动化机器对每个物体的识别能力，使机器能够完成对生产数据的实时监控，质量追踪和自动化生产。

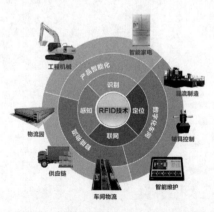

图 1-1 智能制造中 RFID 技术的应用

项目
1

1.1　认识 RFID

1.1.1　RFID 的定义和组成

RFID 是英文"Radio Frequency Identification"的缩写，中文称为无线射频识别，是自动识别技术的一种，通过无线射频方式进行非接触双向数据通信，利用无线射频方式对记录媒体（电子标签或射频卡）进行读写，从而达到识别目标和数据交换的目的，其被认为是 21 世纪最具发展潜力的信息技术之一。

RFID 技术是利用可用于无线电通信的电磁波（即射频）来自动识别个体的技术，其特点是具有非接触识别特性以及同时识别多个物体的能力，应用范围广、系统运用效率高。RFID 的标志如图 1-2 所示。

RFID 系统是一种简单的无线通信系统，如图 1-3 所示，其通常由三部分组成：

（1）电子标签（Tag，又称射频标签、应答器、数据载体），内部存储有能够识别目标的信息。

（2）读写器（Reader/Writer，又称为扫描器、读写头、通信器），读取或写入电子标签信息的设备。

（3）服务器（Host server，又称为伺服器），记录并处理信息的设备。

图 1-2　RFID 的标志

图 1-3　RFID 系统组成

1.1.2　电子标签的分类

电子标签的分类

生活中有各种各样的电子标签，如图 1-4 所示。依据不同的原则，其分类方法也有多种。

1. 按有无电池（电源）分类

（1）有源 RFID 标签。有源 RFID 标签由内置的电池提供能量，不同的标签使用不同数量和形状的电池。其优点是作用距离远，有源 RFID 标签与读写器之间的距离可以达到几十米，甚至可以达到上百米；但是体积大、成本高，使用时间受到电池寿命的限制，厂商理想指标为 7～10 年，但因每卡每天使用的次数及环境不同，实际工程中，有些卡只能用几个月，有些卡可以使用 5 年以上。

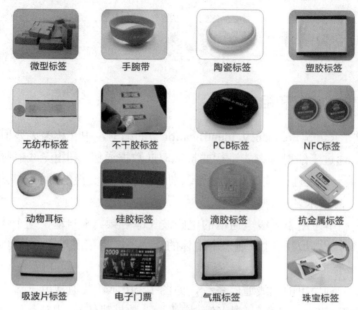

图 1-4　各种电子标签

（2）无源 RFID 标签。无源 RFID 标签内不含电池，它的电能从读写器获取。当无源 RFID 标签靠近读写器时，无源 RFID 标签的天线将接收到的电磁波能量转化成电能，激活电子标签中的芯片，并将 RFID 芯片中的数据发送出来。其优点是体积小、重量轻、成本低、寿命长，寿命保证 10 年以上，免维护，可以制作成薄片或挂扣等不同形状，应用于不同的环境；但由于没有内部电源，因此无源 RFID 标签与读写器之间的距离受到限制，通常在几十厘米以内，一般要求功率较大的读写器。

（3）半有源 RFID 标签。半有源 RFID 标签集成了有源 RFID 标签和无源 RFID 标签的优势，这种标签的集成电路板上也含有电池，但是只作为辅助性的能量来源。与无源 RFID 标签类型，半有源 RFID 标签从读写器发射的载波信号吸收能量，来唤醒 RFID 芯片并将数据传送给读写器；当吸收能量不足以维持其工作电压时，辅助电池才会提供工作能量。其价格相对适中，但功能相对较少，应用于一些特殊要求的场合。

2. 按发送信号时机分类

（1）主动式 RFID 标签。主动式 RFID 标签依靠自身安置的电池等能量源主动向外发送数据，因此主动式 RFID 标签一定是有源 RFID 标签。主动式 RFID 标签主要用于对人或特定设备的位置探查、定位管理等特殊领域。

（2）被动式 RFID 标签。被动式 RFID 标签从接收到的读写器发送的电磁波中获取能量，其被激活后才能向外发送数据，使读写器能够读取到数据信号。被动式 RFID 标签通常是无源 RFID 标签。

（3）半主动式 RFID 标签。半主动式 RFID 标签自身的电池等能量源只提供给标签中的电路使用，并不主动向外发送数据信号，只有当它被读写器发送的电磁波激活之后，才向外发送数据信号。

3. 按数据读写类型分类

（1）只读式 RFID 标签。只读式 RFID 标签的内容只可读出，不可写入。只读式 RFID 标签又可以进一步分为：只读标签、一次性编程只读标签和可重复编程只读标签。

1）只读标签的内容在标签出厂时已经被写入，在读写器识别过程中只能读出，不能写入；只读标签内部使用的是只读存储器（ROM）；只读标签属于标签生产厂商受客户委托定制的一类标签。

2）一次性编程只读标签的内容不是在出厂之前写入的，而是在使用前通过编程写入，在读写器识别过程中只能读出，不能写入；一次性编程只读标签内部使用的是可编程序只读存储器（PROM）或可编程阵列逻辑（PAL）。一次性编程只读标签可以通过标签编码或标签打印机写入商品信息。

3）可重复编程只读标签的内容经过擦除后，可以重新编程写入，但是在读写器识别过程中只能读出，不能写入；可重复编程只读标签内部使用的是可擦除可编程只读存储器（EPROM）或通用阵列逻辑（GAL）。

（2）读写式 RFID 标签。读写式 RFID 标签的内容在识别过程中可以被读写器读出，也可以被读写器写入；读写式 RFID 标签内部使用的是随机存取存储器（RAM）或电子可擦可编程只读存储器（EEPROM）。有些标签有 2 个或 2 个以上的内存块，读写器可以分别对不同的内存块编程写入内容。

4. 按工作频率分类

按照工作频率进行分类，电子标签可以分为：低频、高频、超高频与微波四类。由于电子标签工作频率的选取会直接影响芯片设计、天线设计、工作模式、作用距离、读写器安装要求，因此，了解不同工作频率下电子标签的特点和应用（图 1-5），对于设计 RFID 系统是十分重要的。

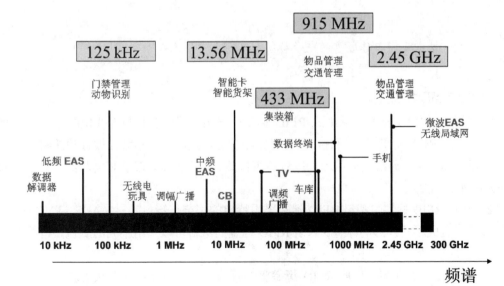

图 1-5　电子标签的工作频率

（1）低频 RFID 标签。低频 RFID 标签的典型工作频率为 125～134kHz。低频 RFID 标签一般属于无源 RFID 标签，通过电感耦合方式，从读写器耦合线圈的辐射近场中获得标签的工作能量，读写距离一般小于 10cm。

低频 RFID 标签芯片造价低，适合近距离、低传输速率、数据量较小的应用，如门禁、考勤、电子计费、电子钱包、停车场收费管理等。另外，由于其工作频率较低，故低频 RFID 标签发送的电波可以穿透水、有机组织和木材。

（2）高频 RFID 标签。高频 RFID 标签的常见工作频率为 13.56MHz，其工作原理与低频 RFID 标签基本相同，为无源 RFID 标签。标签的工作能量通过电感耦合方式，从读写器耦合线圈的辐射近场中获得，读写距离一般小于 1m。

高频 RFID 标签可以方便地做成卡式结构，典型的应用有电子身份识别、电子车票和校园卡等，我国第二代身份证内就嵌有符合 ISO/IEC 14443B 标准的 13.56MHz 的 RFID 芯片。

（3）超高频和微波 RFID 标签。根据相关国际标准规定：超高频（UHF）的范围为 300MHz～3GHz，3GHz 以上为微波范围。采用超高频和微波频段工作的 RFID 标签一般统称为超高频 RFID 标签，典型工作频率为 433MHz、860～960MHz、2.45GHz、5.8GHz；但严格意义上，2.45GHz 和 5.8GHz 属于微波 RFID 标签，故本书将电子标签按工作频率分为四类。

超高频和微波 RFID 标签可以是有源的，也可以是无源的，通过电磁耦合方式与读写器进行通信。通信距离一般大于 1m，典型情况为 4～6m，最大可超过 10m。由于超高频频段的电波不能通过许多材料，特别是水、灰尘、烟雾等悬浮颗粒物质，因此其易受周围环境干扰；但是超高频和微波频段的读写器有很高的数据传输速率，并且在很短的时间内可以同时读取大量的电子标签。

超高频和微波 RFID 标签一般用于远距离识别和对快速移动物体的识别，例如近距离通信与工业控制领域、物流领域、生产线自动化、定位管理，以及高速公路的不停车电子收费（ETC）系统等。

 比一比：不同工作频率的电子标签都有哪些异同点？

5. 按封装类型样式分类

（1）贴纸式 RFID 标签。贴纸式 RFID 标签一般由面层、芯片与天线电路层、胶层与底层组成。贴纸式 RFID 标签价格便宜，具有可粘贴功能，能够直接粘贴在被标识的物体上，面层往往可以打印文字，通常被应用于工厂包装箱标签、资产标签、服装和物品的吊牌等，如图 1-6（a）所示。

（2）塑料 RFID 标签。塑料 RFID 标签采用特定的工艺与塑料基材（ABS、PVC 等），将芯片与天线封装成不同外形的标签。封装 RFID 标签的塑料可以采用不同的颜色，封装材料一般都能够耐高温，如图 1-6（b）所示。

（3）玻璃 RFID 标签。玻璃 RFID 标签将芯片与天线封装在不同形状的玻璃容器内，可以植入动物体内，用于动物的识别与跟踪，以及珍贵鱼类、狗、猫等宠物的管理，也可用于枪械、头盔、酒瓶、模具、珠宝或钥匙链的标识，如图 1-6（c）所示。

（4）抗金属 RFID 标签。抗金属 RFID 标签就是在电子标签的基础上加了一层抗金属材料，这层材料可以避免标签贴在金属物体上面之后出现失效的情况。抗金属 RFID 标签是由一种特殊的防磁性吸波材料封装成的电子标签，从技术上解决了电子标签不能附着于金属表面使用的难题，该类产品可防水、防酸、防碱、防碰撞，可在户外使用，如图 1-6（d）所示。

（a）贴纸式 RFID 标签

（b）塑料 RFID 标签

（c）玻璃 RFID 标签

（d）抗金属 RFID 标签

图 1-6　按封装类型样式分类的电子标签

1.1.3　RFID 和条形码的区别

条形码是一种信息的图形化表示方法，可以把信息制作成条形码，然后用相应的扫描设备把其中的信息输入到计算机中。当前比较常见的是一维条形码和二维条形码，如图 1-7 所示。

（a）一维条形码

（b）二维条形码

图 1-7　条形码

一维条形码只是在一个方向（一般是水平方向）表达相关的信息，通常为了便于阅读器的对准会有一定的高度。它是由黑白相间的条纹组成的图案，黑色部分称为"条"，白色部分称为"空"，条和空代表二进制的 0 或 1，对其进行编码，从而可以组合成不同粗细间隔的黑白图案，可以代表数字、字符和符号信息。一维条形码的特点是信息录入快，录入出错率低，但其数据容量较小，遭到损坏后便不能阅读。

二维条形码是在水平和垂直方向的二维空间存储信息的条形码，是用某种特定的几何形体按一定规律在平面上分布的图形来记录信息的技术，其可分为堆叠式二维码和矩阵式二维码。其中，堆叠式二维码形态上是由多行短截的一维条形码堆叠而成的；而较为常见的是矩阵式二维码，矩阵式二维码以矩阵的形式组成，在矩阵相应元素位置上用"点"表示二进制"1"，用"空"表示二进制"0"，并由"点"和"空"的排列组成代码。二维条形码弥补了一维条形码的不足，特点是信息密度高、容量大，不仅能防止错误而且能纠正错误，即使条形码部分损坏也能将正确的信息还原出来。二维条形码适用于多种阅读设备进行阅读。

条码识别技术和 RFID 技术被称为物联网时代的物品身份证，因为它们都可用来存储物品的信息，可以在一定程度上代表物品的身份，但 RFID（简称射频识别）技术所储存的信息更多，可以作为物品的唯一身份标识。此外，两者还有很多不同，如图 1-8 所示。

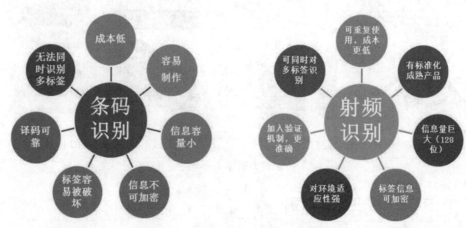

图 1-8　条码识别和射频识别的对比

具体来说，RFID 技术的优势在于：

（1）快速扫描：读写器可同时辨识读取多个电子标签。

（2）体积小型化、形状多样化，可应用于不同产品：RFID 技术在读取上并不受尺寸大小与形状限制，不需为了读取精确度而配合纸张的固定尺寸和印刷品质。

（3）抗污能力和耐久性：传统条形码的载体是纸张易受到污染，但 RFID 对水、油和化学药品等物质具有很强抵抗性，此外，由于条形码是附于塑料袋或外包装纸箱上，所以特别容易受到折损，而电子标签是将数据存在芯片中，因此可以免受污损。

（4）可重复使用：现今的条形码印刷上去之后就无法更改，而电子标签可以重复地新增、修改、删除标签内储存的数据，方便信息的更新。

（5）穿透性和无屏障阅读：在被覆盖的情况下，RFID 技术能够穿透纸张、木材和塑料等非金属或非透明的材质进行通信，而条形码扫描机必须在近距离且没有物体阻挡的情况下才可以辨读。

（6）数据的记忆容量大：一维条形码的容量是 50B，二维条形码最大的容量可储存 2～3000B，RFID 技术最大的容量则有数兆字节，且有不断扩大的趋势。

（7）安全性高：由于 RFID 技术承载的是电子信息，其数据内容可经由密码保护，使其内容不易被伪造或变造。

但同时 RFID 技术也存在如下缺点：

（1）电子标签本身就较为昂贵，再加上读写器及天线等设备，使得使用 RFID 技术的总成本较高。

（2）涉及安全隐私问题，个人安全信息或隐私机密可能会泄漏。

（3）含有金属和水分的物件或环境，会对 RFID 系统产生影响。

（4）各国开放频段不一，仍有一致性上的问题。

总的来说，RFID 技术还是利大于弊，未来前景向好。

 想一想：你认为条形码会很快被电子标签取代吗？

1.2　RFID 系统详解

1.2.1　RFID 系统的基本通信模型

RFID 系统的工作原理是：由读写器通过天线发送特定频率的射频信号，当电子标签进入有效工作区域时，电子标签产生感应电流，从而获得能量被激活，使得电子标签将自身编码信息通过内置天线发射出去；读写器的接收天线接收到从电子标签发送来的调制信号，经天线的调制器传输到读写器信号处理模块，经解调和解码后将有效信息传输到后台主机系统进行相关处理；主机系统根据逻辑运算识别该标签的身份，针对不同的设定做出相应的处理和控制，最终发出信号，控制读写器完成不同的读写操作。

从电子标签到读写器之间的通信和能量感应方式来看，RFID 系统一般可以分为电感耦合系统和电磁反向散射耦合系统。电感耦合系统是通过空间高频交变磁场实现耦合的，依据的是电磁感应定律，一般适合低频、高频工作频率的近距离 RFID 系统；电磁反向散射耦合系统，即雷达原理模型，其发射出去的电磁波碰到目标后反射，同时携带回目标信息，依据的是电磁波的空间传播规律，一般适合超高频、微波工作频率的远距离 RFID 系统。

在 RFID 系统中，读写器和电子标签之间的数据传输方式与基本的数字无线通信系统结构类似。按读写器到电子标签的数据传输方向，RFID 系统的基本通信模型主要由读写器（发送器）中的信号编码（信号处理）和调制器（载波电路）、传输介质（信道），以及电子标签（接收器）中的解调器（载波回路）和信号译码（信号处理）组成，如图 1-9 所示。

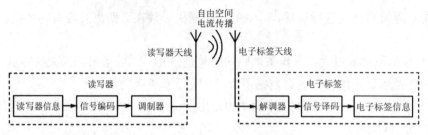

图 1-9　RFID 系统的基本通信模型

1. 为什么要调制?

在数字无线通信中,信号以电磁波的形式通过天线辐射到空间。为了获得较高的辐射效率,天线的尺寸一般应大于发射信号波长的四分之一。而基带信号包含的较低频率分量的波长较长,致使天线尺寸过大而难以实现;通过调制可以把基带信号的频谱搬至较高的载波频率上,从而极大减少辐射天线的尺寸。另外,调制可以扩展信号带宽,提高系统抗干扰、抗衰落能力,提高传输的信噪比。

调制本身是一个电信号变换的过程,是按 A 信号的特征然后去改变 B 信号的某些特征值(如振幅、频率、相位等),导致 B 信号的这个特征值发生有规律的变化,当然这个规律是由 A 信号本身的规律所决定的;由此,B 信号就携带了 A 信号的相关信息,在某种场合下,可以把 B 信号上携带的 A 信号的信息释放出来,从而实现 A 信号的再生,这就是调制和解调的原理。

RFID 系统属于数字无线通信系统,数字信号只有 0 和 1,这就像用数字信号去控制开关选择具有不同参量的振荡一样,因此把数字信号的调制方式称为键控。数字调制分为调幅、调相和调频三类,其实现原理如图 1-10 所示。最简单的方法是振幅键控(ASK),1 出现时接通载波,0 出现时关断载波,这相当于将原始基带信号频谱搬到了载波的两侧。如果用改变载波频率的方法来传输二进制符号,就是频移键控(FSK),当 1 出现时是低频,0 出现时是高频,这时其频谱可以看成码列对低频载波的开关键控加上码列的反码对高频载波的开关键控。如果用 0 和 1 来改变载波的相位,则称为相移键控(PSK),这时在比特周期的边缘出现相位的跳变,但在间隔中部保留了相位信息。

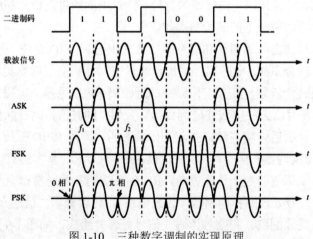

图 1-10　三种数字调制的实现原理

画一画：将你的学号后两位数字转换成 8 位二进制码（如 73 对应的二进制码为 01110011）进行调制，画出 ASK、FSK、PSK 的波形图。

2. 为什么要编码？

数字无线通信系统只需要传输二进制数据 0 和 1，通常用零电平表示 0，非零电平表示 1，按照这样的规定，在很多情况下直接进行数据传输是行不通的。比如传输一长串数据 0，发送方信道将处于全关闭状态；或者传输一长串数据 0，发送方信道将处于等幅输出状态。这两种情况下，接收方均无法判别发送方有没有发送数据，以及发送了什么数据。因此，为了产生电路能够识别的脉冲信号，必须对原始数据进行适当的编码，才能实现任意二进制数据的有效传输。另外，编码还可以使要传的信号与信道相匹配，防止信息受到干扰、碰撞。

编码是对信源输出的信号进行变换，通俗来说，就是用不同的脉冲信号表示 0 和 1。解码是编码的逆过程。对 RFID 系统而言，编码的对象通常是存储在存储器中的数字信息，常用的编码方式主要有反向不归零编码、曼彻斯特编码、FM0 编码三种，其实现原理如图 1-11 所示。反向不归零（NRZ）编码用高电平表示二进制 1，低电平表示二进制 0，而不使用零电平。在曼彻斯特（Manchester）编码中，某位的值是由该位长度内半个位窗时电平的变化（上升/下降）来表示的，在半个位窗时的负跳变表示二进制 1，半个位窗时的正跳变表示二进制 0，当发送连续的 0 或 1 时，则在数据的开始部分增加一个状态转换沿。FM0（Bi-phase Space）编码的工作原理是在一个位窗内采用电平变化来进行编码，如果电平从位窗的起始处跳变，则表示二进制 1；如果电平除了在位窗的起始处跳变，还在位窗中间跳变则表示二进制 0；另外，无论传输的数据是 0 还是 1，在位窗的起始处都需要发生跳变。

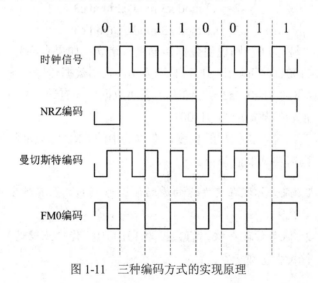

图 1-11 三种编码方式的实现原理

画一画：将你的学号后两位数字转换成 8 位二进制码（如 73 对应的二进制码为 01110011）进行编码，画出 NRZ 编码、曼彻斯特编码、FM0 编码的波形图。

3. 信息传输出错怎么办？

通信数据的完整性是数据安全传输的一个重要方面，它要求接收方收到的数据必须是发送方发出的正确无误的数据。在数据传输过程中，信道中的数据不可避免地会受到各种环境因素的干扰，窃听者有时也会篡改数据，导致接收方收到的数据与发送方发送的数据不一致。

保障数据完整性的措施之一是进行数据的完整性校验。完整性校验的基本方法是在传输的数据中额外增加一些纠错信息，这些纠错信息和传输的数据存在某种算数或逻辑关系，接收方可以利用这些关系和纠错码来判断接收的信息是否与发送方发出的信息一致。

RFID 系统中保障读写器与电子标签之间通信数据完整性的措施主要有奇偶校验法、纵向冗余校验法和循环冗余码校验法等。其中应用最广泛的是循环冗余码校验（CRC）法，其原理是利用除法及其余数来进行错误检测，这里以传输 4 位二进制数据为例来具体说明其实现过程。

假设传输 4 位二进制数据 x1～x4，附加 3 位二进制 CRC 监督位 c1～c3，以 7 位二进制数据为一个单位来传输。这里的监督位 c1～c3 由数据位 x1～x4 算出：

$$c1 = x2 \bmod x3 \bmod x4$$

$$c2 = x1 \bmod x3 \bmod x4$$

$$c3 = x1 \bmod x2 \bmod x4$$

注：mod 运算规则为 $A \bmod B$ 表示 A 与 B 的和除 2 的余数，即：$0 \bmod 0 = 0$、$0 \bmod 1 = 1$、$1 \bmod 0 = 1$、$1 \bmod 1 = 0$。

比如要传输的原始数据为 0110，可算出监督位 c1～c3 为 011，则发送 0110011。

接收方收到 7 位二进制数据 x1 x2 x3 x4 c1 c2 c3 后计算检验 s1～s3：

$$s1 = x4 \bmod c1 \bmod c2 \bmod c3$$

$$s2 = x2 \bmod x3 \bmod c2 \bmod c3$$

$$s3 = x1 \bmod x3 \bmod c1 \bmod c3$$

如果 s1～s3 的结果皆为 0，则说明数据传输没有错误；如果有不为 0，则说明传输有误。

比如收到数据 0110011，可算出 s1～s3 均为 0，表明数据传输正确；如果收到的数据是 0100011，此时可计算得到 s1=0、s2=1、s3=1，表明数据传输有误，且其第 3 位 x3 发生了错误，可以进行纠错，正确的数据应为 0110011。

通常监督位的长度决定纠错位数的长度，在本例中的 CRC 法只能纠错 1 个位的错误，如果想提高纠错能力，则需要增加监督位。

算一算： 1. 假如你现在要发送的原始数据为 1011，则其对应的监督位 c1～c3 是什么？

2. 假如你现在收到的数据为 1010010，传输正确吗？如果不正确，哪一位发生了错误？

4. 发生通信碰撞怎么办？

RFID 系统存在三种不同的通信碰撞形式，一是多个电子标签对读写器的干扰，二是多个读写器对电子标签的干扰，三是读写器对读写器的干扰，如图 1-12 所示。采用一定的策略或算法来避免通信碰撞发生叫作防碰撞或者防冲突。其中，多个读写器对电子标签的干扰问题主要由电子标签自身的抗干扰能力来解决，这里主要讨论第一种和第三种通信碰撞的解决方法。

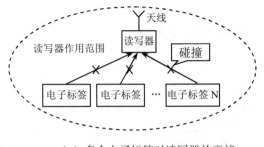

（a）多个电子标签对读写器的干扰

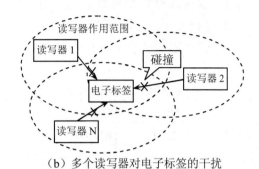

（b）多个读写器对电子标签的干扰

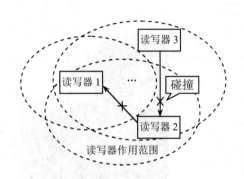

（c）读写器对读写器的干扰

图 1-12　三种 RFID 系统的通信碰撞形式

　　对于第一种通信碰撞情况，不同工作频率下的 RFID 系统可采用不同的策略来解决。在低频和高频段，由于读写器的辐射范围小，覆盖的电子标签有限，因此直接在读写器询问时插入随机延迟时间回答即可。而在超高频段，一般会有几十个电子标签存在于读写器的作用范围内，此时需要使用一定的算法来解决碰撞问题，比如二进制树（Binary Tree）法是一种行之有效的防碰撞算法，其原理是读写器先故意让通信产生碰撞，然后再调整询问条件，最终找出无碰撞条件的方法，这里以 4 个电子标签与读写器通信产生碰撞为例说明其实现过程。

　　假设 4 个电子标签的 ID 分别为 1001、1101、0001、0110，这些电子标签能够识别并执行读写器的命令。当收到"START"命令时，解除电子标签的禁止应答状态；当收到"STOP"命令时，满足条件的电子标签在之后的通信中都不许应答；当收到"REQ"命令时，满足条件的电子标签要把 ID 回传给读写器，不满足则无需响应。如图 1-13 所示，下达"REQ<1111"命令，要求区域内所有电子标签应答，若发生碰撞，做如下变化：将碰撞的最高置 0，其他碰撞位置 1，得到下次的"REQ <0111"命令，并以此类推。

　　对于第三种通信碰撞情况，目前有时隙分配、信道分配、载波侦听、功率控制等多种方法解决。分频法是一种简单有效的防碰撞方法，其原理是把分配到的频率带宽再细分为几个频带，读写器经过通信频率的跳变来选择适当的信道进行通信，从而避免碰撞。这里以 4 个读写器为例说明其实现过程，假设四台读写器 r1～r4，把分配到的频率带宽再细分为三个信道 f1～f3，则有：

项目
1

（1）读写器 r1 直接使用 f1 信道。

（2）读写器 r2 检测到 f1 已被占用，跳转到 f2 信道并使用。

（3）同理，读写器 r3 则跳转到 f3 信道并使用。

（4）读写器 r4 由于 f1～f3 全被占用，只能等待某个信道的让出。

	电子标签 1	电子标签 2	电子标签 3	电子标签 4	
命令	1001	1101	0001	0110	
START	READY	READY	READY	READY	
REQ <1111	1001	1101	0001	0110	4 个电子标签碰撞
REQ <0111	—	—	0001	0110	2 个电子标签碰撞
REQ <0011	—	—	0001	—	无碰撞，成功读取电子标签 3
STOP 0001			STOP		
REQ <1111	1001	1101		0110	3 个电子标签碰撞
REQ <0111	—	—		0110	无碰撞，成功读取电子标签 4
STOP 0110	—	—		STOP	
REQ <1111	1001	1101			2 个电子标签碰撞
REQ <1011	1001	—			无碰撞，成功读取电子标签 1
STOP 1001	STOP	—			
REQ <1111		1101			无碰撞，成功读取电子标签 2

图 1-13　二进制树法的实现过程

5. 信道如何进行数据传输？

同无线通信系统类似，电子标签与读写器之间是双向通信，通常有两种双工方式：频分双工和时分双工。电子标签和读写器使用不同的频率收发信号的方式叫作频分双工（FDD），而时分双工（TDD）是在同一频率下的不同时间段进行收发信号。简单而言，时分双工是一个双行车道，通过红绿灯来控制车辆来往，而频分双工是两个单行的车道，如图 1-14 所示。

图 1-14　FDD 和 TDD 的区别

6．用户如何衡量系统性能?

可以用来衡量 RFID 系统的技术参数比较多，比如系统的识读距离、识别速度、存储容量、防碰撞性能等，这些技术参数相互影响和制约。其中，最重要的也是用户最关心的指标是识读率（ρ_{OK}）和误码率（ρ_{ERROR}），其定义如下：

$$\rho_{OK} = \frac{正确识别电子标签数}{识别电子标签总数}$$

$$\rho_{ERROR} = \frac{误读电子标签数}{读取电子标签总数}$$

RFID 系统的识读率和误码率由组成系统的众多因素和现场安装情况，及使用环境决定，这两项指标可以综合评价复杂 RFID 系统的效能。

RFID 系统的
软硬件组件

1.2.2 RFID 系统的软硬件组件

RFID 系统的硬件组件包括电子标签、读写器（含读写器天线）、服务器；当然还包括电子标签与读写器之间的空中接口，以及读写器与服务器之间的用户接口，如图 1-15 所示。

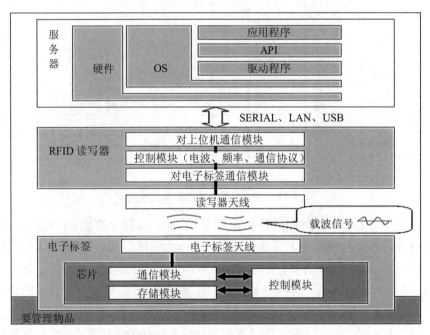

图 1-15 RFID 系统的硬件组件

1．电子标签

前面详细介绍过电子标签的分类，这里着重从其组成和构造方面来说。电子标签在构造上分为芯片和电子标签天线两部分，以及外部的封装材料，如图 1-16 所示。芯片是电子标签的核心部分，它的功能包括标签信息存储、标签接收信号的处理和标签发射信号的处理；电子标签天线是电子标签发射和接收无线信号的装置。

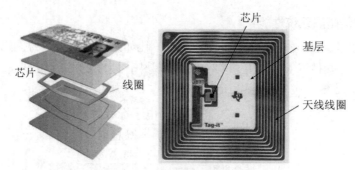

图 1-16　电子标签的构造

电子标签芯片电路的复杂度与标签所具有的功能相关，如图 1-17 所示。从读写器传输到电子标签的信息，包括给电子标签下达的命令和传输的数据两部分：从读写器传输到电子标签的命令，通过解调、解码电路送至控制器，控制器实现命令所规定的操作；从读写器传输到电子标签的数据，经解调、解码后，在控制器的管理下写入电子标签的存储器。而从电子标签传输到读写器的数据，在控制器的管理下从存储器输出，经编码器、负载调制电路输出到电子标签天线，再由电子标签天线发射给读写器。

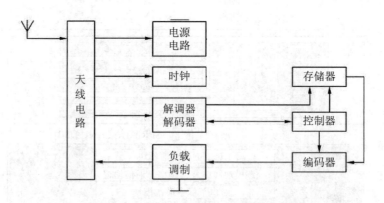

图 1-17　电子标签芯片的基本功能模块

电子标签除了芯片以外，外围器件仅有天线，然而天线部分的重要性往往被人们所忽略，当人们在设计完芯片以后才发现天线成为了应用中最大的障碍。电子标签天线的设计目标是传输最大的能量进出芯片，这就需要仔细设计天线和自由空间的匹配，以及电子标签天线与芯片的匹配，因此电子标签天线的设计应当与芯片的技术同步，并需要相互配合才能设计出符合要求的电子标签。此外，电子标签天线的设计还面临许多其他难题，如小尺寸要求、低成本要求、所标识物体的形状及物理特性要求、电子标签到贴标签物体的距离要求、贴标签物体的介电常数要求、金属表面的反射要求、局部结构对辐射模式的影响要求等，这些都将影响电子标签天线的特性，都是电子标签设计时需要考虑的问题。目前电子标签天线的制作工艺有线圈绕制法、铜箔或铝箔蚀刻法、烫印法和导电油墨印刷法等。

猜一猜：哪一个部件的设计较大程度影响电子标签的敏感度？

2. 读写器

读写器通过射频识别信号自动识别目标对象并获取相关数据，无需人工干预，可识别高速运动物体并可同时识别多个电子标签，操作快捷方便。如图 1-18 所示，读写器按放置方法的不同有桌面式、固定式和手持式三种，或者根据读写器核心模块和天线的组成方式分为天线一体型和天线分离型。

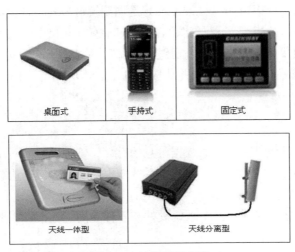

图 1-18 读写器的分类

典型的读写器一般由射频模块、控制单元，以及读写器天线三部分构成。其中，射频模块是影响读写器成本的关键部位，主要负责完成载波和调制信号的发射，以及实现电子标签返回信号的解调。控制模块是读写器的核心，一般由微处理器和存储器组成，控制模块处理的信号通过射频模块传输给读写器天线，由读写器天线发射出去。读写器天线是发射和接收信号的设备，读写器天线的设计对读写器的工作性能来说至关重要，一般要求低剖面、小型化，以及多频段覆盖；对于天线分离型读写器，还将涉及天线阵的设计问题。目前已经开始研究读写器应用的智能波束扫描天线阵，读写器可以按照一定的处理顺序，通过智能天线使系统能够感知天线覆盖区域的电子标签，增大系统覆盖范围，使读写器能够判定目标的方位、速度和方向信息，具有空间感应能力，如图 1-19 所示。

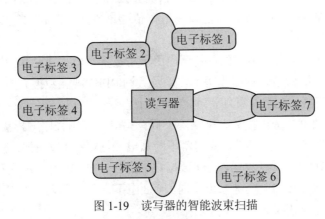

图 1-19 读写器的智能波束扫描

3. 服务器

服务器就是一种高性能计算机,通过读写器对电子标签进行读写并通过其数据处理系统进行管理和控制。这里不再赘述。

4. RFID 系统的接口

RFID 系统的接口有两类:电子标签与读写器之间的空中接口,以及读写器与服务器之间的用户接口。RFID 的空中接口(Air Interface)是调制解调方式、数据编码方式,以及协议其他规定内容的总称,它是一个形象化的术语,是相对于有线通信中的"线路接口"概念而言的。RFID 的用户接口一般集成在读写器上,通过 USB 口、网口、串口等通信接口与计算机连接,在计算机上运行应用软件来控制读写器并获取信息。

 查一查:天线一体型读写器和天线分离型读写器各有什么优缺点?

RFID 系统中的软件组件主要完成数据信息的存储、管理,以及对电子标签的读写控制,是独立于 RFID 系统硬件之上的部分。RFID 系统归根结底是为应用服务的,读写器与应用系统之间的接口通常由软件组件来完成。通常 RFID 软件组件包含有:

（1）边沿接口系统:完成 RFID 系统硬件与软件之间的连接,主要任务是从读写器中读取数据和控制读写器的行为。

（2）RFID 中间件:为实现所采集信息的传递与分发而开发的中间件。

（3）企业应用接口:主要是提供给 RFID 设备操作人员使用的,如设备供应商提供的系统演示软件、驱动软件、接口软件、集成商或者客户自行开发的 RFID 前端操作软件等。

（4）应用软件:也是系统的数据中心,主要指企业后端软件,如后台应用软件、管理信息系统软件等。

目前市场上存在各式各样 RFID 的应用,企业最想问的第一个问题是:"我要如何将我现有的系统与这些新读写器进行连接?"这个问题的本质是企业应用系统与硬件接口的问题,因此一个"中间介质"就是整个应用的关键。RFID 中间件就是扮演 RFID 系统硬件和应用软件之间的中介角色,它负责将原始的 RFID 数据转换为一种面向业务领域的结构化数据形式,并将其发送到企业应用系统中供企业使用,同时 RFID 中间件负责多类型读写器设备的即插即用、多设备间协同的软件,是连接读写器和应用系统的纽带,主要任务是在将数据送往企业应用系统之前进行标签数据校对、读写器协调、数据传送、数据存储和业务处理等,如图 1-20 所示。

使用 RFID 中间件主要有三个目的:隔离应用层与设备接口、处理读写器与传感器捕获的原始数据、提供应用层接口用于管理读写器,以及查询 RFID 观测数据。鉴于这些原因,大多数 RFID 中间件由读写器适配器、事件管理器和应用程序接口三部分组成。其中,读写器适配器的作用是提供一种抽象的应用接口,来消除不同读写器与应用程序编程接口(API)之间的差别。事件管理器的作用是过滤事件,读写器不断从电子标签读取大量未经处理的数据,一般说来应用系统内部存在大量重复数据,因此数据必须进行去重和过滤。应用程序接口的作用是提供一个基于标准的服务接口,这是一个面向服务的接口,即应用程序层接口,它为 RFID 数据的收集提供应用程序层语义。

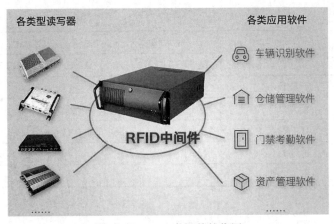

图 1-20　RFID 中间件的作用

　　RFID 中间件技术拓展了基础中间件的核心设施和特性,将企业级中间件技术延伸到 RFID 领域,是 RFID 产业链的关键共性技术。RFID 中间件屏蔽了 RFID 设备的多样性和复杂性,能够为后台业务系统提供强大的支撑,从而驱动更广泛、更丰富的 RFID 应用。那么,企业用户如何选择 RFID 中间件呢?首先根据表 1-1 中的功能指标和非功能指标确定需求;其次,由于目前在平台标准化、面向服务架构化、产品功能系列化等方面逐渐形成了成熟的 RFID 中间件,因此建议直接采用成熟的产品,缩短开发周期、降低开发难度、规避开发风险、提高开发质量、节省开发费用;具体来说,既有传统中间件产品开发背景,又有 RFID 中间件产品品牌背景的供应商是最佳的选择方案。

表 1-1　RFID 中间件需求确定

应用模式			成本模式		ROI 模式		战略模式
			贴-运	贴-检-运	WMS 贴标	自动贴标	集成贴标
功能指标	设备管理	标签读写	必选	必选	必选	必选	必选
		读写器	必选	必选	必选	必选	必选
		打印机	可选	可选	必选	必选	必选
		贴标机	—	—	可选	可选	必选
		标签机	—	—	—	—	可选
	数据管理	数据过滤	可选	初级报表	必选	必选	必选
		数据转换	—	可选	必选	必选	必选
		数据集合	—	可选	必选	必选	必选
	事件管理	事件过滤	—	—	必选	必选	必选
		事件转换	—	—	必选	必选	必选
		事件集合	—	—	必选	必选	必选
	应用集成	内部集成	—	—	—	局部集成	全面集成
		外部集成	—	—	—	—	可选
		B2B 集成	—	—	—	—	可选

项目 1

19

续表

应用模式		成本模式		ROI 模式		战略模式
		贴-运	贴-检-运	WMS 贴标	自动贴标	集成贴标
非功能指标	标准化	必选	必选	必选	必选	必选
	可靠性	必选	必选	必选	必选	必选
	可配置性	—	—	可选	必选	必选
	伸缩性	—	—	—	必选	必选
	数据安全性	—	—	—		必选

 **项目实训**

　　RFID 技术的实训一般采用实验箱等教学实验工具，本书 RFID 部分的实训采用凌阳物联网多网技术综合教学开发平台（型号：SP-MNTCE15A），如图 1-21 所示，它是一款以 ARM Cortex-A8 处理器为核心的高端异构网络实验箱，重在研究不同网络在物联网中的各种应用，包含 RFID 技术、传感器技术、ZigBee、Bluetooth、Wi-Fi 等各种数据通信方式，详细的实验内容可参照实验箱的用户手册（见"Books\凌阳物联网实验箱指导书.pdf"）。本教材选取了与项目内容相关的实训内容进行讲解，以加强对所学技术的掌握和运用。

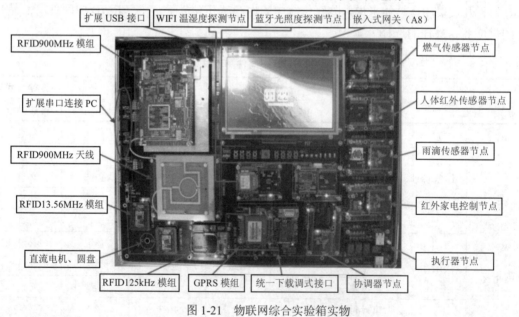

图 1-21　物联网综合实验箱实物

1.3　实训——RFID 模块自检实验

　　本节实训安排 RFID 系统的认识、模块的自检、实训注意事项等内容。

1. 实训目的

（1）了解实验箱的构造，识别 RFID 模块和条形码扫描枪。

（2）熟悉 RFID 模块的自检方法。

2. 实训设备

物联网综合实验箱一套。

3. 实训要求

（1）要求：识别 RFID 模块和对应的串行接口。

（2）实现功能：利用嵌入式网关，测试 RFID 模块是否正常工作。

（3）实验现象：进入 RFID 模块界面，刷卡后显示卡号信息。

4. 实验原理

物联网综合实验箱的 RFID 系统由一个 900MHz 读写模块、两个 13.56MHz 读写模块、一个 125kHz 读卡模块、一个条形码扫描枪构成，涵盖了 RFID 技术领域中低频、高频和超高频三个频段以及条形码扫描技术，RFID 系统主要实现电子标签读写（125kHz 读卡模块和条形码扫描枪只能读取），并将结果通过串口告知嵌入式网关或 PC 机。

（1）125kHz 读卡模块。当有卡靠近 125kHz 读卡模块时，该模块会以 UART 方式输出 ID 卡卡号，用户仅需简单地读取即可。125kHz 读卡模块完全支持 EM、TK 及其兼容卡片的操作，非常适合于门禁、考勤等系统的开发。125kHz 读卡模块和 ID 卡如图 1-22 所示。

图 1-22　125kHz 读卡模块和 ID 卡

（2）13.56MHz 读写模块。13.56MHz 读写模块采用非接触射频技术，内嵌 MFRC522 或其兼容射频基站。用户不必关心射频基站的复杂控制方法，只需通过简单地选定 UART 接口发送命令，即可实现对卡片的完全操作。该模块支持 Mifare One S50 和 S70，及其兼容芯片。13.56MHz 读写模块和 IC 卡如图 1-23 所示。

图 1-23　13.56MHz 读写模块和 IC 卡

项目 1

（3）900MHz 读写模块。900MHz 读写模块稳定读取距离为 2m，最远可达 4m，并且支持多卡识别，最多可同时识别 30 张以上电子标签，非常适合用于停车场车辆管理、图书管理、产品溯源等系统的开发。900MHz 读写模块和超高频 RFID 卡如图 1-24 所示。

图 1-24　900MHz 读写模块和超高频 RFID 卡

（4）条形码扫描枪。条形码扫描枪采用专为条形码扫描而特制的传感器，几乎可以轻松解读所有条码，包括高密度的线性条码和手机二维码，可读取标准一维、堆叠、二维条形码和邮政码，以及特定的 OCR 字符。条形码扫描枪和一维条形码如图 1-25 所示。

图 1-25　条形码扫描枪和一维条形码

5. 实训步骤

（1）为了确保硬件无故障，在给系统上电前要进行设备检查，确认各个节点及模组均已插好；连接 220V 电源线，打开物联网综合实验箱的电源，即打开左上角的 POWER 开关。

（2）启动嵌入式网关，在 7 寸液晶显示屏右下角处有三个按键，从左到右分别为复位按键 Reset、核心板电源按键 Power 和一键还原按键 Lock，如图 1-26 所示。当实验箱左上角 POWER 开关打开后，需按下 Power 键启动嵌入式网关；系统运行过程中，重启嵌入式网关需按下 Reset 键；进入一键还原界面，需按下 Lock 键。

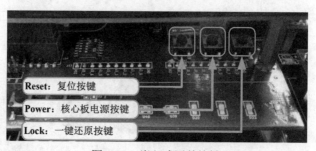

Reset：复位按键

Power：核心板电源按键

Lock：一键还原按键

图 1-26　嵌入式网关按键

（3）将"ARM 选通"开关拨至"ARM"端（上方），如图 1-27 所示。"ARM 选通"开关用来选择 RFID 模块的通信端口，拨至"ARM"端时，RFID 三个模块将受网关控制；拨至"PC"端时，RFID 三个模块将受 PC 控制，这时使用配套的 RFID_Tool V0.1 可以调试 RFID 三个模块。

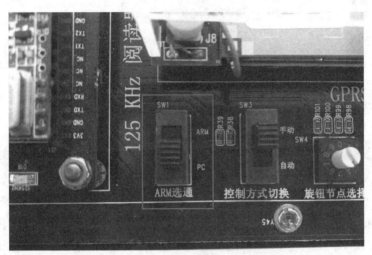

图 1-27　RFID 数据查看方式切换开关

（4）实验箱左侧有四个串行接口（串口），其中 VB1～VB3 是 RFID 模块与 PC 通信的接口，VB4 是条形码扫描枪接口，如图 1-28 所示。VB1 为 125kHz 读卡模块与 PC 通信的接口，VB2 为 13.56MHz 读写模块与 PC 通信的接口，VB3 为 900MHz 读写模块与 PC 通信的接口。

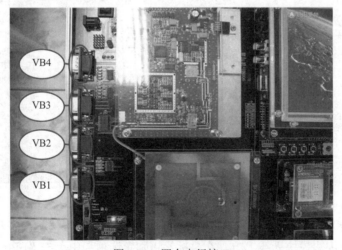

图 1-28　四个串行接口

（5）在待机界面单击液晶显示屏幕，进入模块选择界面，选择左侧 RFID 图标，进入 RFID 电子标签识别界面。

（6）单击"125k"标签，进入"125k"选面卡，如图 1-29 所示，将 125kHz ID 卡置于 125kHz 读卡模块天线上方，屏幕上出现 ID 号，说明 125kHz 读卡模块自检通过。

图 1-29　"125k"选项卡

（7）单击"13.56M"标签，进入"13.56M"选项卡，如图 1-30 所示，将 13.56MHz IC
卡置于 13.56MHz 读写模块天线上方，依次单击"寻卡""防冲突""选卡""密钥验证""读卡"
按钮后，在"块号"下拉列表框中选择"1"文本选项，继续单击"写卡"按钮，屏幕上均显
示成功，说明 13.56MHz 读写模块自检通过。

图 1-30　"13.56M"选项卡

（8）单击"900M"标签，进入"900M"选面卡，如图 1-31 所示，将几张 900MHz 超高
频卡置于 900MHz 读写模块天线上方，在"标签识别"选项卡中单击"EPC 标签识别"按钮，
屏幕上显示识别信息，说明 900MHz 读写模块自检通过。

（9）将条形码扫描枪输出头接到实验箱 VB4 串口扩展接口，单击屏幕左侧"扫描枪"图
标，进入扫描枪界面，如图 1-32 所示，根据配备的条形码扫描枪的不同型号，需要在左上角
"开始"按钮左侧的下拉列表框内选择对应的波特率，然后单击"开始"按钮，用条形码扫描
枪扫描准备好的条形码，屏幕上显示扫描信息，说明条形码扫描枪工作正常。

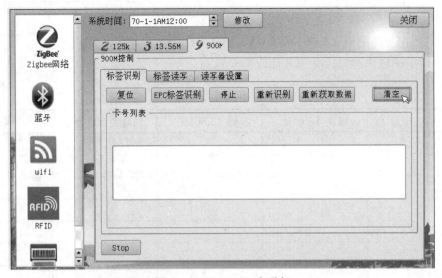

图 1-31　"900M"选项卡

图 1-32　扫描枪界面

6．结果记录

请将 RFID 模块和条形码扫描枪自检结果填入表 1-2。

表 1-2　实训结果记录

	是否正常	正常的卡号/扫描信息	不正常的解决办法
125kHz 读卡模块			
13.56MHz 读写模块			
900MHz 读写模块			
条形码扫描枪			

7. 拓展思考

（1）请找出身边的电子标签，然后利用物联网综合实验箱的 RFID 模块识别其工作频率，在表 1-3 中对应的框内画勾，并记录读取的卡号。

表 1-3　拓展练习结果记录

	低频 125kHz	高频 13.56MHz	超高频 900MHz	卡号
身份证				
公交卡				
校园一卡通				
银行/信用卡				
RFID 服装吊牌				
火车票学生优惠卡				
图书馆书籍标签				
…				

（2）有些电子标签（如身份证）可被读取，但无法显示其卡号，请思考其原因。

 巩固延伸

1. RFID 技术在人们的日常生活中扮演着越来越重要的角色，在全球各地都能见到其身影，如图 1-33 所示。

顾客进入商店，通过 RFID 试衣镜浏览店铺中所有商品，并提交试穿申请后，导购员将待试穿衣物摆放在试衣间。然后，顾客可以调整灯光亮度和颜色模拟使用场景，试衣镜在感应到衣服上的电子标签后显示试穿场景，并给出搭配建议。若顾客试穿满意可以直接在镜子上通过移动支付付款。

在迪斯尼乐园，游客佩戴 RFID 腕带就可以快速进入园区，RFID 腕带可和各景点的传感器互动从而实现快速排队，成为游客的房间钥匙、公园门票和支付账户，其还可追踪游客正在使用的工具、与哪些卡通人物进行互动、所在位置，以及园内购物记录。

（a）库普锐斯 RFID 试衣镜　　　　　　（b）迪斯尼 RFID 腕带

图 1-33　RFID 的应用场景

你还能想到哪些 RFID 的应用场景呢？该场景下的电子标签是工作在哪个频段呢？

2．RFID 世界网是国内最大的面向 RFID 行业的综合行业门户网站，主要提供业内新闻、企业、产品、供求、技术文章、解决方案、工程案例和展会信息等全方位资讯。请登录 RFID 世界网（http://www.rfidworld.com.cn），找出你最感兴趣的一个案例介绍给全班同学。

项目2 低频 RFID 技术及应用

学习目标

1. 知识目标
- 掌握低频 RFID 技术的基本原理
- 了解低频 RFID 技术的典型应用场景

2. 能力目标
- 能够使用 125kHz 读卡模块
- 能够搭建嵌入式开发平台下的低频 RFID 应用程序

相关知识

RFID 技术首先在低频得到广泛的应用和推广。低频 RFID 技术主要应用于门禁系统、动物芯片、工具识别、汽车防盗器等。

 **2.1** 低频 RFID 技术

低频 RFID 技术简介

2.1.1 低频 RFID 技术概述

低频 RFID 技术的工作频率范围为 30～300kHz，典型工作频率有 125kHz 和 133kHz，该频率主要是通过电感耦合的方式进行工作。与低频 RFID 技术相关的国际标准有 ISO 11784/11785（用于动物识别）、ISO 18000-2（125～135kHz）等。低频 RFID 技术的优缺点，有：

（1）低频电磁波可以穿透水、有机组织、木材等材料而不降低它的读取距离。

（2）虽然该频率的磁场区域下降很快，但是能够产生相对均匀的读写区域。

（3）工作在低频的读写器在全球没有任何特殊的许可限制。

（4）该频段非常适合近距离（一般情况下小于 10cm）的、低速度的、数据量要求较少的识别应用。

（5）低频 RFID 系统非常成熟，读写设备的价格便宜，电子标签芯片一般采用普通的 CMOS 工艺，具有省电、廉价的特点，但安全保密性差、易被破解。

（6）灵活性差，在短时间内只可以一对一地读取电子标签。

低频 RFID 系统由电子标签、读写器和后台控制器组成。其工作过程为：读写器将载波信号经天线向外发送，载波频率为 125kHz；标签进入读写器的工作区域后，由电子标签中电感线圈和电容组成的谐振回路接收读写器发射的载波信号，电子标签中芯片的射频接口模块由此信号产生出电源电压、复位信号及系统时钟，使芯片"激活"；芯片读取控制模块将存储器中的数据经调相编码后调制在载波上经电子标签天线回送给读写器；读写器对接收到的电子标签回送信号进行解调、解码后送至后台计算机；后台计算机根据标签号的合法性，针对不同应用做出相应的处理和控制。

2.1.2 低频 RFID 标签

低频 RFID 标签一般为无源 RFID 标签，与读写器之间传送数据时，低频 RFID 标签需位于读写器天线辐射的近场区内。低频 RFID 标签以其廉价、省电的特点在科学规范化养殖、野生动物跟踪保护等领域有着无法代替的绝对优势。首先低频 RFID 标签能够在各种恶劣的环境下工作，受温度、湿度、障碍物的影响都很小；其次无源 RFID 标签无需电源供电，能够做到很小的体积，拥有很长的使用寿命，应用于动物识别的低频 RFID 标签外观有颈圈式、耳牌式、注射式、药丸式，典型应用的动物有牛、猪、信鸽等，如图 2-1 所示。此外，低频 RFID 标签还有多种外观形式，满足多场景应用。

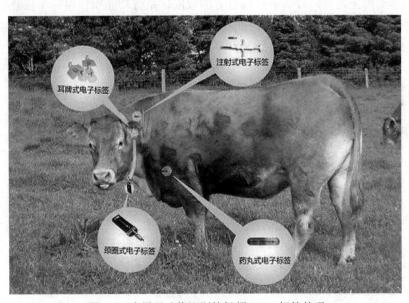

图 2-1　应用于动物识别的低频 RFID 标签外观

ID 卡（Identification Card，全称为身份识别卡）是一种典型的低频 RFID 标签。它是一种不可写入的感应卡，含固定的编号，主要有中国台湾 SYRIS 的 EM 格式、美国 HID、IT、MOTOROLA 等各类 ID 卡。ID 卡与磁卡一样，都仅仅使用了"卡的号码"而已，卡内除了卡号外，无任何保密功能，其"卡号"是公开、裸露的。所以说，ID 卡就是"感应式磁卡"。ISO标准 ID 卡的规格为：85.6mm×54mm×(0.80±0.04)mm（高×宽×厚），市场上也存在一些厚卡、薄卡或异型卡，如图 2-2 所示。

图 2-2　各种 ID 卡

ID 卡在弱电系统中一般作为门禁或停车场系统的使用者身份识别，由于其无须内置电源，使用时无接触且寿命长，因此在弱电系统中有广泛的应用。ID 卡的出现基本上淘汰了早期的磁卡或接触式 IC 卡。但由于 ID 卡不可写入用户数据，其记录内容仅限卡号只可由芯片厂一次性写入，开发商只可读出卡号加以利用，无法根据系统的实际需要制订新的号码管理制度；同时由于 ID 卡卡内无内容，故其卡片持有者的权限、系统功能操作要完全依赖于计算机网络平台数据库的支持。另外，现在行业内的基本共识是 ID 卡不适合做成一卡通，也不合适做消费系统。因 ID 卡无密钥安全认证机制，且不能写卡，所以消费数据和金额只能全部存在电脑的数据库内，而电脑是靠人员来管理的，从道理上及机制上完全存在作弊空间，另外，万一因电脑问题而导致消费数据丢失，则将出现灾难性后果。

找一找：生活中你还有见过什么外形的 ID 卡呢？

2.2　低频 RFID 技术的典型应用

目前，低频 RFID 技术的应用已经非常成熟，主要有以下几种应用场景。

1. 门禁和考勤管理系统

由于数字技术和微电子技术的发展，RFID 门禁系统早已超越了传统意义上的门道及钥匙管理功能。现代工作环境的安全要求、部门行政管理工作、日常考勤管理、公司餐饮消费等，无不和门禁系统息息相关，如图 2-3 所示。

RFID 门禁系统的具体实现方式是在大门口安装 RFID 低频远距离读写天线，携带低频 RFID 标签的人员到达安装有天线的通道时，天线就能感应到电子标签，并将电子标签中的信息 ID 回传到读写器，读写器通过有线传输到门禁控制器，控制器对电子标签信息的合法性判断并产生相应的控制动作，再将收到的电子标签 ID 传给后台管理软件，由后台管理软件自动判断、识别进出记录和方向，管理人员可以实时监控管理每个通道的人员进出情况，记录人员的门内外位置。门禁记录同时也可以作为考勤依据，在后台管理软件中添加考勤功能，对单位员工进行考勤管理。

图 2-3　RFID 门禁系统

此外，RFID 门禁系统具有以下功能。

（1）联动消防管理功能。当发生火警时，消防系统管理终端会发出一个开关量信号到门禁系统，迫使大门自动打开，避免造成人员堵塞。

（2）联动视频监控功能。当系统成功识别到电子标签信号时，会产生一个动作信号给摄像头进行现场图片抓拍，记录电子标签持有人现场刷卡情景，作为门禁管理辅助手段之一。

（3）联动红外报警功能。电子标签识别不成功或者没有电子标签而直接进入大门，大门两侧的红外报警系统会发出报警提示，提醒门岗管理人员及时发现非法闯入者。

2. 畜牧业的管理系统

低频 RFID 技术在畜牧行业的应用主要有两个方面：一是建立畜牧管理系统进行动物的精细养殖，二是建立动物的追踪管理系统。具体来说，低频 RFID 技术可以应用于畜牧业食品生产的全过程，包括饲养、防疫灭菌、产品加工、食品流通等各个环节，全面引入标准化的技术规程和质量监管措施，建立"从农场到餐桌"的食品供应链追踪与可溯源体系。

以牛肉产品追踪为例，如图 2-4 所示。首先由政府牵头建设肉类食品监管平台，实现供应链各环节关联企业和部门的信息接入和共享，实现从生产源头到零售环节的端到端监控。接下来，在牛只养殖环节，通过 RFID 和配套辅助手段实现其全程饲养跟踪，实现和后端的畜牧生产管理系统集成，并实现和行业主管部门的牲畜检疫检验系统对接；在牛肉运输环节，通过 RFID 和配套辅助手段在不同运输节点上部署道口监控系统，实现对整个运输过程的监控，并提供牛只检疫检验和运输消毒等活动；在牛只屠宰环节，通过低频 RFID 和配套辅助手段实现对牛只的健康状况核实和确认，集成屠宰场后端管理系统；在牛肉加工环节，通过低频 RFID 技术，配合条码识别技术实现牛只信息和肉类信息之间的关联；在牛肉批发、零售环节，通过低频 RFID 技术加速物流环节的效率，通过条码识别技术追溯其源头信息，强化其市场交易管理。最后，各个环节产生的相关信息均输入肉类食品监管平台，以备今后进行品质溯源。

图 2-4　牛肉产品追踪信息流

3. 无钥匙启动系统的应用

汽车无钥匙进入、一键启动、防盗等都是利用低频 RFID 技术来实现的。无钥匙启动系统不是传统的钥匙，而是一个智能钥匙，或者说智能卡，如图 2-5 所示。通过车主随身携带的智能卡里的芯片感应自动开关门锁，也就是说当驾驶者走近车辆一定距离时，门锁会自动打开并解除防盗；当驾驶者离开车辆时，门锁会自动锁上并进入防盗状态。一般装备有无钥匙启动系统的车辆，其车门把手上有感应按钮，同时也有钥匙孔，是以防智能卡损坏或没电时，车主仍可用普通方式开启车门。当车主进入车内时，车内的检测系统会马上识别智能卡，经过确认后车内的电脑才会进入工作状态，这时只需轻轻按动车内的启动按钮，就可以正常启动车辆了。也就是说，无论在车内还是车外，都可以保证系统在任何情况下都能正确识别驾驶者。

图 2-5　无钥匙启动系统

另外，利用低频 RFID 技术还实现了整车防盗，即通过对电路、油路、启动三点锁定，当防盗器被非法拆除，车辆照样无法启动。目前，中高级轿车的顶级配置都采用了无钥匙启动系统，如雷诺、奔驰、宝马等，并且市场销售和客户反馈都非常好，它所带来的便利和安全已经被用户接受和认可。

4. 马拉松赛跑系统的应用

数百年以来，人们为了及时传回马拉松比赛途中的消息，曾使用过马匹、自行车、摩托车、汽车一路跟踪；而低频 RFID 技术却可以轻而易举地解决马拉松运动员的定位和监控问题，如图 2-6 所示。运动员将储存有个人信息的低频 RFID 标签系在鞋带上或贴在号码布上，在沿途赛道每隔几公里放置读写设备，当运动员经过读写设备时，将会读取低频 RFID 标签的 ID卡号，这样运动员沿路的行踪可以随时在软件系统里显示和查询。

图 2-6 基于低频 RFID 技术的马拉松赛跑系统

基于低频 RFID 技术的马拉松赛跑系统可以精确牢靠地记载起跑和结尾的时刻，以及在竞赛过程中的各种情况，既节省了人力资源，也保证了竞赛的公平性与精确的运动员成果。同样，该系统也可以用于长距离跑、竞走、或自行车等竞赛项目，以及平常运动员的训练。

5. 自动停车场收费和车辆管理系统

目前停车场都是依靠人工管理的，当有车辆进出时，需要人工控制自动伸缩门，并且每当有外来车辆出入时，管理员只能逐个登记，十分费时费力，而且不免会有出现人为错误的时候。为此，利用低频 RFID 技术进行车辆管理和实时监控，不仅节省了车辆出入的时间，并且大大降低管理的工作强度。

RFID 智能停车场管理系统既保留了传统停车场管理系统的所有功能，又以原有收费介质为依托，对管理介质进行了改进，如图 2-7 所示。将标识车辆的电子标签附于汽车挡风玻璃上，并将汽车识别信息进行编码，校准电子标签，使其与系统一致。当带有电子标签的汽车进入阅读区域时，读写器向其发射射频信号，电子标签调节所接受的部分信号反射回阅读器，阅读器再将反射信号所含的识别密码反射至读码器，读码器从信号中分解出识别密码，根据用户确定的标准确认密码，并将密码传递至主计算机或其他数据记录设备中。当车辆到达出口时，系统通过读取 RFID 卡的信息自动识别卡号，并通过内部数据库里的信息检索，查到相应的车辆记录，这样界面显示出用户类型、车牌号码、车辆照片等信息，以便员工进行核对校验，一旦出现非法用户，系统将会产生报警提示。

图 2-7　RFID 智能停车场管理系统

 项目实训

2.3　实训——PC 机控制的 ID 卡读取实验

本节实训安排低频 RFID 模块的实际操作，首先在教师的指导下理解 ID 卡的基本原理；然后利用 RFID 读写器辅助教学工具 RFID_Tool 软件测试 125kHz 读卡模块的读取功能；最后分析 ID 卡的数据格式。

1. 实训目的

（1）了解 ID 卡的基本原理。

（2）熟悉 125kHz 读卡模块的使用方法。

2. 实训设备

（1）PC 机一台。

（2）RFID 读写器辅助教学工具 RFID_Tool 软件一套。

（3）物联网综合实验箱一套。

（4）串口线一条。

3. 实训要求

（1）要求：了解 ID 卡的基本原理。

（2）实现功能：利用 RFID_Tool 软件，测试 125kHz 读卡模块的读取功能。

（3）实验现象：刷卡后，RFID_Tool 软件显示 ID 卡的卡号。

4. 实验原理

物联网综合实验箱的 125kHz 读卡模块接口为 UART 接口，当有卡靠近模块天线时，模块会以 UART 方式输出 ID 卡卡号，用户仅需简单地读取即可，该读卡模块完全支持 EM、TK，及其兼容卡片的操作。

125kHz 阅读模声数据通信协议为：

（1）UART 接口一帧的数据格式为 1 个起始位，8 个数据位，无奇偶校验位，1 个停止位。

（2）输出波特率：19200bps。

（3）数据格式：共 5 字节数据，使用十六进制数表示，高位在前，格式为 4 字节数据+1 字节校验；1 字节校验由高位 4 字节数据通过异或运算（其运算法则为 $0 \oplus 0=0$、$1 \oplus 0=1$、$0 \oplus 1=1$、$1 \oplus 1=0$）得到。

例如，卡号数据为 00 ca 7f 9c，对应二进制数表示为 00000000 11001010 01111111 10011100，通过异或运算得到校验值为 $00000000 \oplus 11001010 \oplus 01111111 \oplus 10011100 = 00101001$，即十六进制数 29，则最终输出为 00 ca 7f 9c 29。当有卡进入射频区域内时，主动发出以上格式的卡号数据。表 2-1 为十六进制与二进制的转换。

表 2-1 十六进制与二进制的转换

十六进制	二进制	十六进制	二进制
0	0000	8	1000
1	0001	9	1001
2	0010	a	1010
3	0011	b	1011
4	0100	c	1100
5	0101	d	1101
6	0110	e	1110
7	0111	f	1111

5. 实训步骤

（1）为了确保硬件无故障，在给系统上电前要进行设备检查，确认各个节点及模组均已插好；连接 220V 电源线，打开物联网综合实验箱的电源，即打开左上角的 POWER 开关。

（2）PC 机串口通过串口线连接到实验箱左侧的串口 VB1，注意实验箱"ARM 选通"开关拨至"PC"端，如图 2-8 所示。

图 2-8 "ARM 选通"开关拨至"PC"端

（3）在 PC 机上双击打开 RFID_Tool 软件（见"Tools\RFID_Tool V0.1.rar"），进入 RFID_Tool 软件主界面，如图 2-9 所示。

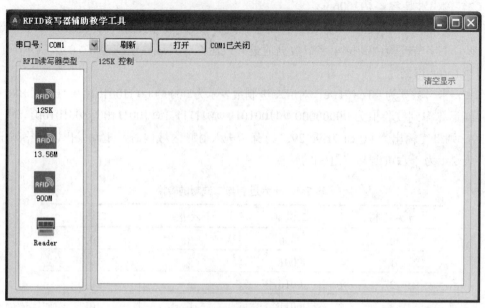

图 2-9　RFID_Tool 软件主界面

（4）选择当前 PC 机的串口号（默认为 COM1），RFID 读写器类型选为"125k"，然后单击"打开"按钮，出现如图 2-10 所示的 125k 测试界面。

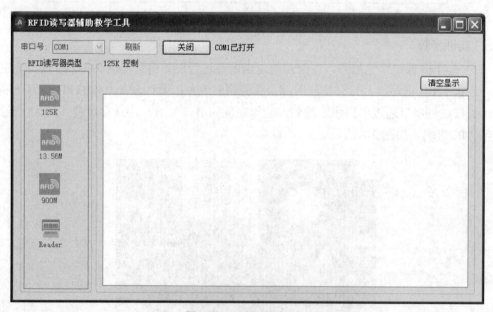

图 2-10　125K 测试界面

（5）刷一下 ID 卡，则 RFID_Tool 主界面将会显示该卡的卡号，如图 2-11 所示。

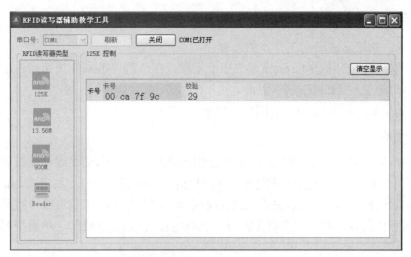

图 2-11　刷卡后显示的 ID 卡号

6. 结果记录

请将 ID 卡读取结果以及校验计算过程填入表 2-2 中。

表 2-2　实训结果记录

ID 卡号	
4 字节数据	
1 字节校验	
校验计算公式（提示：⊕运算）	

2.4　实训——基于 Qt 环境的 ID 卡读取实验

本节实训安排基于 Qt 环境的 ID 卡读取实验，首先在教师的指导下了解嵌入式开发和 Qt 环境的基本原理；然后利用虚拟机上的 Ubuntu 系统（Linux 系统中的一种）编译 Qt 应用程序；最后在物联网综合实验箱液晶显示屏上查看运行结果。

1. 实训目的

（1）了解嵌入式开发和 Qt 环境的基本原理。

（2）熟悉嵌入式开发的流程和 Qt 平台的搭建。

（3）学会使用 Qt 实现 125kHz ID 卡的读写程序。

2. 实训设备

（1）装有 Linux 系统或 Linux 虚拟机的 PC 机一台。

（2）物联网综合实验箱一套。

（3）串口线一条。

（4）网线一条。

3. 实训要求

（1）要求：熟练掌握嵌入式开发的流程。

（2）实现功能：使用 Qt Creator 建立一个工程，在单击"show"按钮后，物联网综合实验箱液晶显示屏上显示 125kHz 刷卡界面。

（3）实验现象：刷卡后，Qt 应用程序显示 ID 卡的卡号。

4. 实验原理

嵌入式系统的软件开发通常采用一种交叉编译调试的方式，即交叉编译调试环境建立在宿主机（即一台 PC 机）上，对应的开发板叫作目标板，运行装有 Linux 系统或 Linux 虚拟机的 PC 机（宿主机）开发时，使用宿主机上的交叉编译、汇编及连接工具形成可执行的二进制代码（这种可执行代码并不能在宿主机上执行，而只能在目标板上执行），然后把可执行文件下载到目标板上运行。

宿主机和目标板的处理器一般不相同，宿主机为 Intel 处理器，而目标板如实验箱嵌入式网关 Cortex-A8 的核心芯片为三星 S5PV210。GNU 编译器提供这样的功能，即在编译器编译时可以选择开发所需的宿主机和目标板，从而建立开发环境。所以，进行嵌入式开发前的第一步工作就是要安装一台装有指定操作系统的 PC 机作为宿主开发机，对于嵌入式 Linux，宿主机上的操作系统一般要求为 Ubuntu（中文称为友帮拓、优般图或乌班图，是一个以桌面应用为主的开源 GNU/Linux 系统）。

Qt 是一个多平台的 C++图形用户界面应用程序框架。它提供给应用程序开发者建立艺术级的图形用户界面所需的所有功能。Qt 完全面向对象，很容易扩展，并且允许真正地组件编程。Qt 也是流行的 Linux 桌面环境 KDE 的基础，KDE 是所有主要的 Linux 发行版的一个标准组件。

为了帮助开发人员更容易高效的开发基于 Qt 这个应用程序框架的程序，Qt 公司推出了 Qt Creator 这一个轻量级的集成开发环境。Qt Creator 可以实现代码的查看、编辑、界面的查看，以及图形化的方式设计、修改、编译等工作，甚至在 PC 环境下还可以对应用程序进行调试。同时，Qt Creator 还是一个跨平台的工具，它支持包括 Linux、Mac OS、Windows 在内的多种操作系统平台。这使得不同的开发工作者可以在不同平台下共享代码或协同工作。

Qt 本身是一个跨平台的应用程序框架，而且它的源码非常容易获得。原则上用户可以使用它的源码，将其编译成任何可以运行在多种操作系统下，具体的编译方法可以查看 Qt 官方文档，这里不再赘述。在配套提供的 Ubuntu 虚拟机镜像中，已经安装好了 Qt Creator，以及 Qt Embedded for A8。在本实训中，主要介绍利用 Qt Creator 创建应用程序、编译和在开发板上运行 Qt 程序的方法。

常见的 Qt 应用程序的开发有两种方式：一是使用文本编辑器编写 C++代码，然后在命令行下生成工程并编译；二是使用 Qt Creator 编写 C++代码，并为 Qt Creator 安装 Qt Embedded SDK，然后利用 Qt Creator 编译程序。由于 Qt Creator 具有良好的可视化操作界面，同时它包含了一个功能非常强大的 C++代码编辑器，所以第二种方法是我们的首选。

5. 实训步骤

（1）安装 VMware Player 虚拟机软件。双击 VMware Player 虚拟机安装文件（见

"Tools\VMware- player-3.1.0-261024.exe"），开始安装虚拟机软件，等待系统自动弹出图 2-12
所示的"VMware Player Setup"对话框（一），单击"Next"按钮进入下一步。

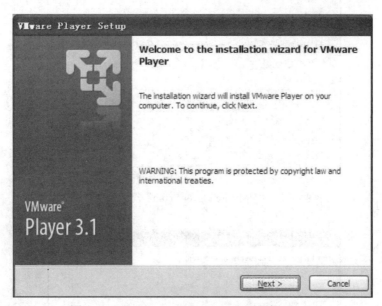

图 2-12 "VMware Player Setup"对话框（一）

在系统弹出的"VMware Player Setup"对话框（二）中，我们可选择任意磁盘路径，如图
2-13 所示，选择完成后单击"Next"按钮，进入下一步。

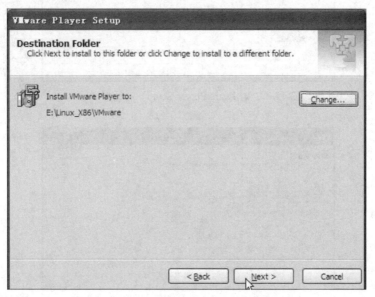

图 2-13 "VMware Player Setup"对话框（二）

接着在系统弹出的"VMware Player Setup"对话框（三）、"VMware Player Setup"对话框
（四）、"VMware Player Setup"对话框（五）中均保持默认选项，并单击"Next"按钮，进入
下一步，如图 2-14 至图 2-16 所示。

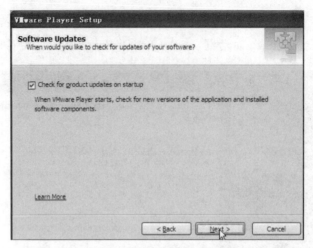

图 2-14　"VMware Player Setup"对话框（三）

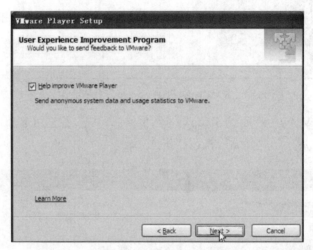

图 2-15　"VMware Player Setup"对话框（四）

图 2-16　"VMware Player Setup"对话框（五）

然后，系统将弹出图 2-17 所示的"VMware Player Setup"对话框（六），此地单击"Continue"按钮，进入下一步。

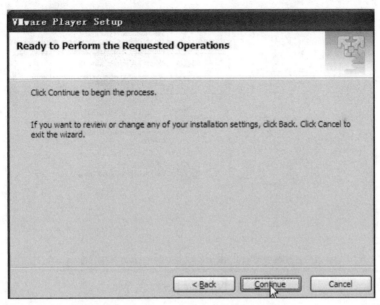

图 2-17　"VMware Player Setup"对话框（六）

接下来在安装结束后，系统将弹出"VMware Player Setup"对话框（七）提示安装已完成，此时单击"Restart Now"按钮进入程序，如图 2-18 所示，至此虚拟机安装完毕。

图 2-18　"VMware Player Setup"对话框（七）

（2）在 VMware Player 虚拟机软件中安装 Ubuntu 10.10。打开 VMware Player 虚拟机软件，出现图 2-19 所示的 VMware Player 界面。

项目 2

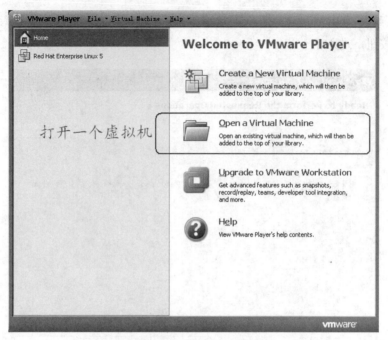

图 2-19　VMware Player 主界面

　　在主界面中单击"Open a Virtual Machine"文本选项，弹出图 2-20 所示的"Open Virtual Mochine"对话框，选择已经配置过的 Ubuntu 系统，将"Tools\Ubuntu 10.10.v4.7z"解压至 PC 机相应磁盘中（注意：此磁盘为要安装 Ubuntu 系统的磁盘，可用空间至少 15GB）；在对话框中选中.VMX 文件，并单击"打开"按钮，此时将返回到 VMware Player 主界面；接着在主界面中单击"Play virtual machine"文本选项，即可打开 PC 机 Ubuntu 操作系统，进行程序开发，如图 2-21 所示。

图 2-20　虚拟机系统路径

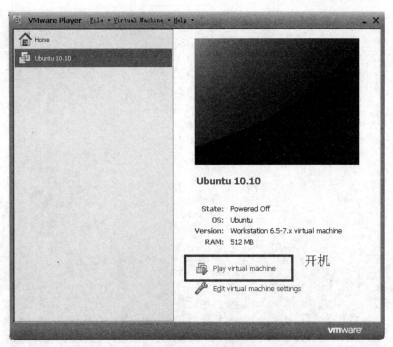

图 2-21 单击 "Play virtual machine" 文本选项

在等待片刻之后将出现登录界面，此时用户名选择 "UNSP"，并输入密码 "111111"，登录到系统，如图 2-22 所示。

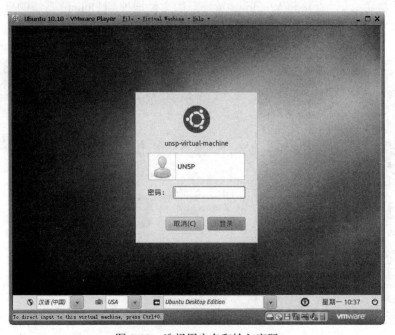

图 2-22 选择用户名和输入密码

如果认为默认的 Ubuntu 系统的显示界面不符合屏幕要求，可在 "系统" → "首选项" → "显示器" 中更改系统的分辨率，如图 2-23 所示。

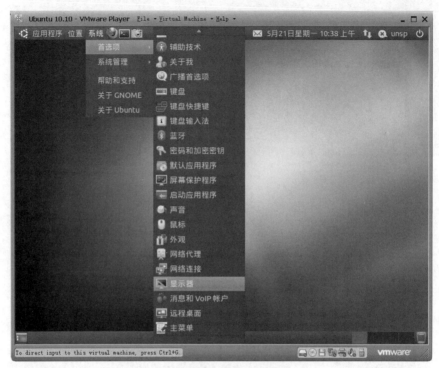

图 2-23　更改系统的分辨率

（3）Ubuntu 系统和 Windows 系统之间相互复制文件。将文件或文件夹复制到 Ubuntu 系统内的方法非常简单，可直接将 Windows 系统上的文件拖拽到 Ubuntu 系统的桌面即可完成复制工作，如图 2-24 所示。

图 2-24　拖动文件到 Ubuntu 系统中

将文件从 Ubuntu 系统复制到 Windows 系统的方法类似，只需要从 Ubuntu 系统中将文件拖动到 Windows 系统的文件夹内即可，如图 2-25 所示。

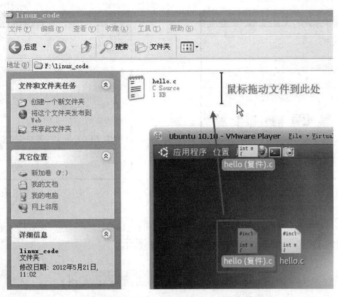

图 2-25 拖动文件到 Windows 系统中

（4）物联网综合实验箱与 PC 机的硬件连接。一般情况下，物联网综合实验箱同时需要两种方式与 PC 机建立连接：串口和以太网；首先使用标准 9 针串口线，将嵌入式网关的 UART0与 PC 机的串口相连；然后使用网线，将物联网综合实验箱的以太网接口与 PC 机的网卡直接相连，或者将物联网综合实验箱与路由器相连。这样就完成了硬件连接，如图 2-26 所示。

图 2-26 物联网综合实验箱与 PC 机的硬件连接

（5）串口通信软件设置。在 PC 机中需要使用串口通信软件来对物联网综合实验箱进行控制，通常情况下，使用超级终端软件即可（或者用户也可以使用其他同类型的软件，这里仅针对超级终端软件做详细设置说明）。

双击 hypertrm.exe（见"Tools\windows 7 超级终端.rar"），打开超级终端软件，此时在打开的"连接描述"对话框中输入超级终端名称，名称可任意设置，并单击"确定"按钮，如图2-27 所示。

接着在弹出的"连接到"对话框中选择串口，如果串口线接在串口 1 上就在"连接时使用"下拉列表框中选择"COM1"选项，并单击"确定"按钮，如图 2-28 所示。

图 2-27　输入超级终端名称

图 2-28　选择串口

随后我们可在弹出的"COM 属性"对话框中设置串口属性,其中"每秒位数"设置为"115200","数据流控制"选择"无",如图 2-29 所示。

图 2-29　设置串口属性

此时,将物联网综合实验箱左上角的电源 POWER 开关打开,按下 A8 嵌入式网关的电源开关键"Power",则可以在超级终端软件中看到图 2-30 所示的启动提示信息。

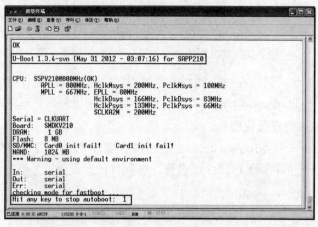

图 2-30　启动提示信息

看到"Hit any key to stop autoboot"的提示，表示嵌入式网关正在准备启动 Linux 系统。此时，如果不做任何操作，则在倒计时结束后将会启动 Linux 系统；如果在倒计时的过程中按下键盘的空格键，即可进入到 U-Boot 的命令行，可以对系统启动参数进行调整，或者可以重新安装操作系统等；待系统正常启动之后，可以看到"SAPP210.XXXX login:"的提示，如图 2-31 所示，其中，XXXX 根据不同的物联网综合实验箱可能会有所不同。此时，表示 Linux 系统已经正常启动，等待用户登录。

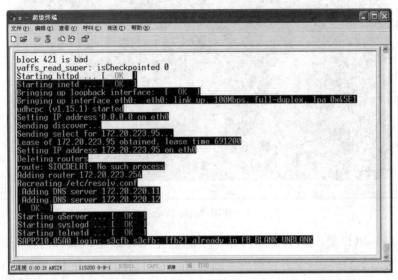

图 2-31　Linux 系统启动完成

按下 Enter 键，进入登陆，输入用户名"root"，密码"111111"，即可登录到系统，如图 2-32 所示（注意：密码输入时超级终端软件中不会有任何显示）。登录成功之后，可以看到类似于"[root@SAPP210/root]#"的提示。

图 2-32　登录到实验箱的 Linux 系统

可以看到，实验箱的 Linux 系统启动过程中，会输出一些带有颜色的符号，导致超级终端软件的屏幕出现黑白相间的花屏；此时，可以执行"clear"命令来清屏，如图 2-33 所示。

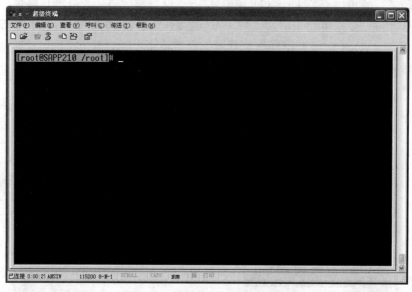

图 2-33　使用"clear"命令清屏

（6）网络环境设置。如果物联网综合实验箱使用网线连入局域网，而局域网中存在 DHCP 服务器，则物联网综合实验箱启动过程中，将会自动获取到 IP 地址，正如上面的图 2-31 中看到的这些提示一样；其中，"172.20.223.95"即为物联网综合实验箱的 IP 地址；将物联网综合实验箱连入局域网，用 DHCP 服务器为其分配 IP 地址，是我们推荐的做法；然而，如果没有局域网的条件，或者局域网不具备 DHCP 服务器，则也可以通过手动配置的方式，来为嵌入式网关分配 IP 地址；手动配置实验仪 IP 地址必须设置电脑为静态 IP，具体方法为：首先设置 PC 机为静态 IP，在桌面"网上邻居"图标上右击鼠标，选择"属性"，在打开的窗口中找到"本地连接"，单击鼠标右键，选择"属性"，找到"Internet 协议（TCP/IP）"选项，如图 2-34 所示；鼠标左键双击该选项，弹出"Internet 协议（TCP/IP）属性"对话框，按照图 2-35 设置 IP 地址，并单击"确定"按钮，就为 PC 机设置好了静态 IP（注意：在本例中，将 PC 机的 IP 地址设置为 192.168.87.10，如用户对计算机网络熟悉，也可以按照自己的需要进行设置）。

在超级终端软件中，执行命令"ipconfig eth0 -i 192.168.87.130 -m 255.255.255.0 -g 192.168.87.1"，即可为物联网综合实验箱手动配置 IP 地址，其中"-i"后面的参数是物联网综合实验箱的 IP 地址，"-m"后面的参数是子网掩码，"-g"后面的参数是网关地址，如果不需要网关，可以将"-g"及其后面的参数省略；设置完成之后，需要执行"service network restart"命令重启网络服务，使设置生效；需要注意的是，物联网综合实验箱的 IP 地址需要设置为与电脑同一个网段，在本例中，电脑的 IP 地址为"192.168.87.1/255.255.255.0"，因此物联网综合实验箱的 IP 地址为"192.168.87.130/255.255.255.0"；当看到"eth0：link up"的提示，表示配置已经生效，如图 2-36 所示。

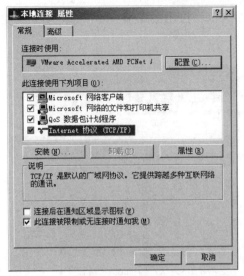

图 2-34 查看 Internet 协议（TCP/IP）属性

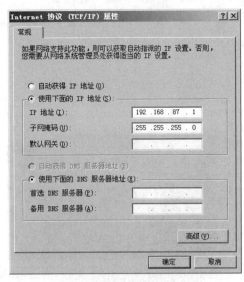

图 2-35 设置 PC 机的静态 IP

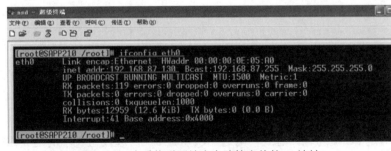

图 2-36 手动配置物联网综合实验箱的 IP 地址

如需查看物联网综合实验箱当前的 IP 地址，可以执行命令"ifconfig eth0"，如图 2-37 所示；如需将物联网综合实验箱重新配置成自动获取 IP 地址，只需执行命令"ipconfig eth0 -a"，并重启网络服务即可。

图 2-37 查看物联网综合实验箱当前的 IP 地址

（7）在 Ubuntu 系统下新建 Qt 工程。在 Ubuntu 系统中，可以看到桌面上有一个 Qt Creator 的图标，如图 2-38 所示，双击运行它。

在打开的 Qt Creator 主界面中，单击菜单栏的"File"按钮，在弹出的下拉菜单中左键单击"New File or Project"选项，如图 2-39 所示。

图 2-38　Ubuntu 系统桌面上的 Qt Creator 图标

图 2-39　Qt Creator 的新建工程

接着在"New"对话框中选择新建的工程类型，这里需要在左侧选择"Qt C++ Project"文本选项，并在右侧选择"Qt Gui Application"文本选项，如图 2-40 所示，并单击"Choose"按钮。

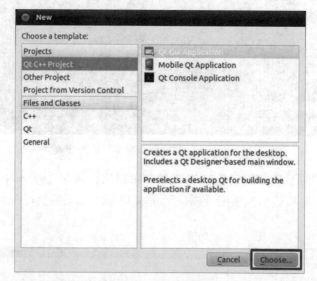

图 2-40　选择工程类型

在"Qt Gui Application"对话框（一）中输入工程名称，并选择创建工程的路径，最后单击"Next"按钮，如图 2-41 所示。

在"Qt Gui Application"对话框（二）中选择编译的方式，勾选"Qt 4.7.0 OpenSource"复选按钮表示的是 PC 机的编译方式，勾选"Qt forA8"复选按钮表示的是嵌入式版本的编译方式，一般两项都选择，最后单击"Next"按钮，进入下一步，如图 2-42 所示。

在"Qt Gui Application"对话框（三）中选择基类类型为"QWidget"，并输入类名，最后单击"Next"按钮，进入下一步，如图 2-43 所示。

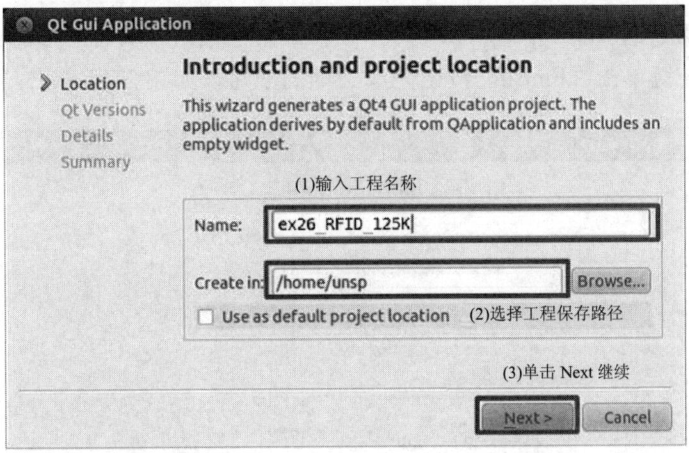

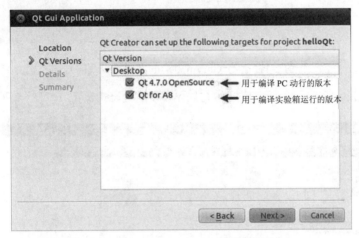

图 2-41 "Qt Gui Application"对话框（一）

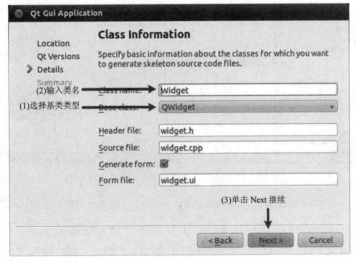

图 2-42 "Qt Gui Application"对话框（二）

图 2-43 "Qt Gui Application"对话框（三）

接着在弹出的"Qt Gui Application"对话框（四）中我们可以看到当前新建工程的目录结构，检查无误后左键单击"Finish"按钮完成工程的创建，如图 2-44 所示。

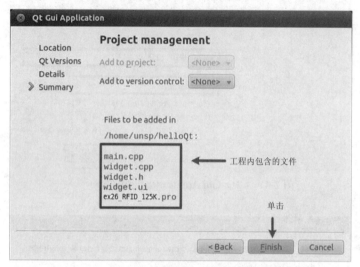

图 2-44　"Qt Gui Application"对话框（四）

进入 Qt Creator 的编辑界面，其具体布局结构如图 2-45 所示。

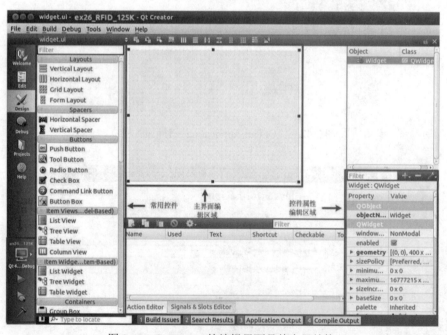

图 2-45　Qt Creator 的编辑界面具体布局结构

（8）在 Ubuntu 系统中编译 RFID_125K 程序。首先，将文件夹"include""lib"和"rfidWidget"（见"Code\ex26_RFID_125K"）复制到新建工程的目录下；接着，左键单击工程编辑图标，在 Qt 工程目录中右键单击"ex26_RFID_125K"下拉列表框，在弹出的列表中选择"Add Existing Files"文本选项，如图 2-46 所示。

图 2-46 添加文件

此时，在弹出的"Add Existing Files"对话框中，选择添加"rfidWidget"文件夹下的"rfid_125k.h""rfid_125k.cpp""rfid_125k.ui""ioportManager.h""ioportmanager.cpp"文件，并单击"打开"按钮，如图 2-47 所示。

图 2-47 选择添加的文件

如图 2-48 所示，回到 Qt Creator 的编辑界面后，左键单击工程文件"ex26_RFID_125K.pro"，在其中添加代码：

```
LIBS +=-L ../ex26_RFID_125K/lib \
-lcrfid
INCLUDEPATH += ./include
```

该代码表示要连接数据库的动态库，且包含其对应头文件。

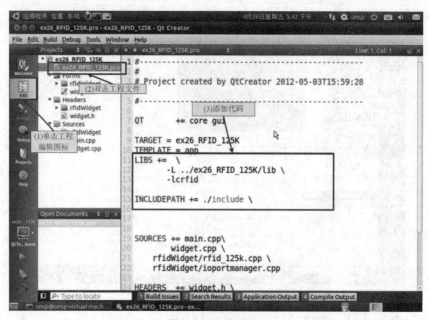

图 2-48　添加代码

接着，左键单击工程编辑图标，进入工程编辑后左键双击"widget.ui"文件，如图 2-49 所示。

图 2-49　进入 widget.ui 的图形编辑窗口

进入"widget.ui"的图形编辑窗口后左键选中"Push Button"文本选项，并将其拖动到编辑窗口，双击改名为"show"，如图 2-50 所示；右键单击"show"按钮，在弹出的菜单栏中左键单击"Go to slot"命令，如图 2-51 所示；在弹出的对话框中选中"clicked()"文本选项，后左键单击"OK"按钮，如图 2-52 所示。

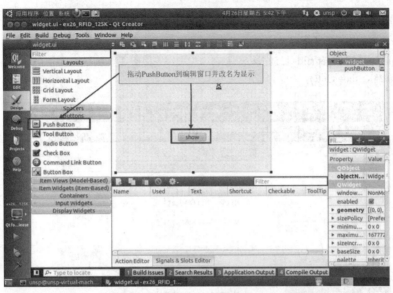

图 2-50　拖动"Push Button"文本选项到编辑窗口

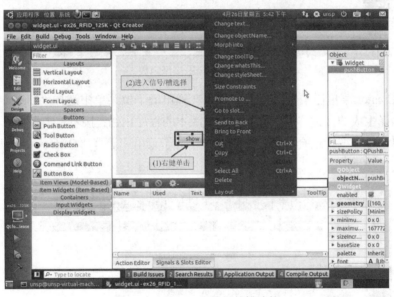

图 2-51　"show"按钮的槽连接

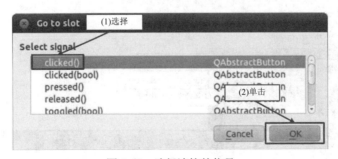

图 2-52　选择连接的信号

如图 2-53 所示，回到 Qt Creator 的编辑界面后在出现的"widget.cpp"文件代码中，对应的行添加代码（调用接口函数）：

```
#include <rfidWidget/rfid_125k.h>
Rfid_125K::showOut();
```

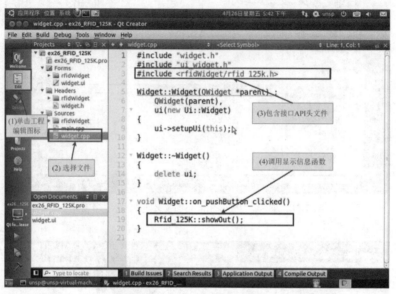

图 2-53　调用接口函数

单击 Qt Creator 菜单栏中"Build"按钮，在弹出的下拉菜单中选择"Clean All"命令，清理一下之前编译生成的文件，防止编译嵌入式版本的程序出错；接着单击编译选择图标，在弹出的下拉菜单中单击编译选择下标，最后在弹出的子菜单中选择"Qt for A8 Release"命令，如图 2-54 所示。

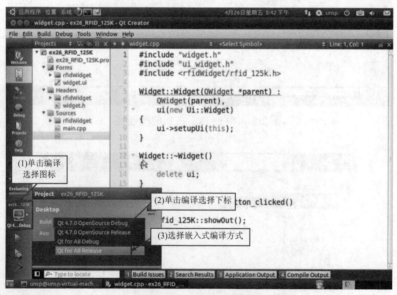

图 2-54　选择编译方式

单击"Project"图标，在弹出的"ex26_RFID_125k"下"Build Settings"选项卡的"General"选项组中取消对"Shadow build"复选按钮的勾选，如图 2-55 所示。

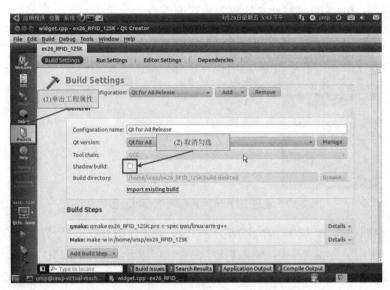

图 2-55 取消对"shadow build"复选按钮的勾选

单击菜单栏中的"Build"选项，在弹出的下拉菜单中单击"Build All"命令编译工程，如图 2-56 所示；当看到编译选择按钮上方的进度条变成绿色，即表示编译完成。

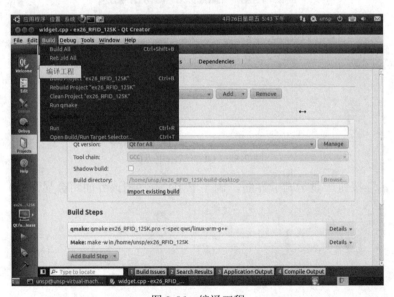

图 2-56 编译工程

（9）将编译生成的文件复制到物联网综合实验箱上并运行文件。在工程的保存目录中，可以找到一个名为"ex26_RFID_125K-build-desktop"的文件夹，编译生成的可执行程序即在此文件夹中；将编译好的可执行程序 ex20_RFID_125K 文件从 Ubuntu 系统复制到 Windows 系统，然后在 Windows 系统中双击"我的电脑"图标，在打开的窗口地址栏中输入"ftp://开发板的 IP 地址",如本书 2.4 节图 2-57 所示,其中开发板的 IP 地址可以参考本书 2.4 节图 2-37 中的"ifconfigeth0"命令来查看;接下来,同操作本地文件一样,我们可以使用复制/粘贴的方式将编译好的 ex20_RFID_125K 文件放入物联网综合实验箱内。

图 2-57 通过 FTP 访问物联网综合实验箱的文件

我们需确保物联网综合实验箱的综合演示程序没有处于 RFID 的演示界面,否则会与本实训抢夺串口资源;在超级终端软件中,输入"ls"命令,可以看到 ex20_RFID_125K 文件已经被复制到了物联网综合实验箱的系统内;执行"chmod +xex20_RFID_125K"命令,为 ex20_RFID_125K 文件增加可执行权限;执行"./ex20_RFID_125K"命令,即可运行 ex20_RFID_125K 程序,在物联网综合实验箱上使用触摸屏即可对应用程序进行操作,并查看运行结果,如图 2-58 所示。

图 2-58 Qt 的显示主界面

单击"显示"按钮,显示刷卡界面,刷一下 ID 卡,则该界面将会显示 ID 卡的卡号,如图 2-59 所示。

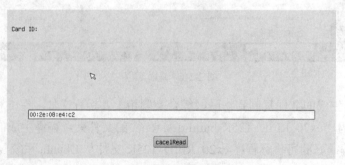

图 2-59 RFID_125K 刷卡界面

6. 结果记录

请将液晶显示屏上的刷卡结果记录下来。

**巩固延伸**

1. 目前物联网已经涵盖智能家居、智能交通、智慧农业等多个领域，这些应用场景的实现都离不开 RFID 技术。随着世界旅游、商务的兴旺，酒店业也随之迅速发展起来，而拥有完善智能化体系的智慧酒店悄然兴起，势头蔓延之速，大有将传统酒店取而代之之势。

简单来说，智慧酒店是指酒店拥有一套完善的智能化体系，其服务可通过数字化与网络化实现一键操控，简化各环节流程。在智慧酒店的整个系统中，RFID 技术功不可没，能使宾客获得额外的高科技体验，如图 2-60 所示。智慧酒店具体包括酒店宾客提醒系统、酒店自动呼梯系统、酒店自动乘梯系统、酒店智能引导系统、酒店门锁系统、酒店贵重物品/固定资产管理系统、酒店婚宴/会议签到系统、酒店消费管理系统等功能需求，请你根据本项目所学知识，分析其中运用低频 RFID 技术的部分是如何实现的。

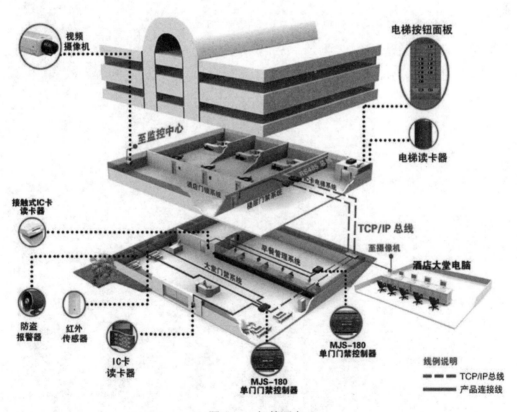

图 2-60　智慧酒店

2. 通信技术都有其标准，如果电子标签和读写器不遵循同一个标准，它们就不能正确地通信。有关 RFID 技术的国际标准现在主要由国际标准化组织（ISO）和 EPCglobal 两大组织来制定（注：也有人认为，国际上有三大 RFID 技术标准制定组织，其中包括日本的 UID 标准组织），如图 2-61 所示。国际标准化组织和国际电工委员会（IEC）从 1998 年开始共同着手制定 RFID 标准，已出台的 RFID 标准主要关注基本的模块构建、空中接口、涉及到的数据结构，以及其实施问题；而 EPCglobal 主要针对超高频段的 RFID 技术进行研究和制定标准。

　　掌握了标准，就掌握了技术的制高点和专利。近年来，RFID 技术获得井喷式发展，标准制定与竞争异常激烈。我国虽然起步较晚，但标准制定问题受到我国政府的高度重视，2005 年原信息产业部曾成立电子标签标准工作组，积极推进相关标准的制定和推广。请你利用网络资源查找有关 RFID 技术的标准都有哪些？

（a）ISO　　　　　　　　　　　　　（b）EPCglobal

图 2-61　RFID 技术的国际标准制定组织

项目 3　高频 RFID 技术及应用

学习目标

1. 知识目标
- 掌握高频 RFID 技术的基本原理
- 了解高频 RFID 技术的典型应用场景

2. 能力目标
- 能够使用 13.56MHz 读写模块
- 能够搭建嵌入式开发平台下的高频 RFID 应用程序

相关知识

高频 RFID 技术从 1995 年初步商业化开始到如今已成为广泛、成熟的实际应用，取得了相当不错的成绩。高频 RFID 技术广泛应用于校园一卡通、金融 IC 卡、身份识别管理、商品管理等。

3.1　高频 RFID 技术

高频 RFID 技术简介

3.1.1　高频 RFID 技术概述

高频 RFID 技术的工作频率一般为 3～30MHz，典型工作频率为 13.56MHz，该频段工作原理与低频 RFID 技术完全相同，即采用电感耦合方式进行工作。与高频 RFID 技术相关的国际标准主要有 ISO 14443 和 ISO 15693，其中 ISO 14443 识别距离近，但价格低、保密性好；ISO 15693 的最大优点在于识别效率高，使用较大功率的读写器可将识别距离扩展至 1.5m 以上。高频 RFID 技术的特性有：

（1）除对金属比较敏感外，高频电磁波可以穿过大多数材料，但往往会缩短读取距离。

（2）该频段在全球都得到认可并没有特殊的限制。

（3）工作在高频的 RFID 系统具有成熟的防碰撞机制，可以同时读取多个电子标签。

（4）属于中短距离识别（一般情况下小于 1m），读写速度居中，可以把某些数据写入电子标签中。

（5）高频 RFID 系统也比较成熟，读写设备的价格较低，电子标签产品最丰富，存储容量为 128bit～8KB。

（6）安全性要求较高的 RFID 应用，目前该频段是唯一选择，从最简单的写锁定到流加密，甚至是加密协处理器都有集成。

高频 RFID 系统的工作原理是通过读写器向电子标签发一组固定频率的电磁波，电子标签内有一个 *LC* 串联谐振电路，其频率与读写器发射的频率相同，这样在电磁波激励下，*LC* 串联谐振电路产生共振，从而使电容内有了电荷；在这个电荷的另一端，连接有一个单向导通的电子泵，将电容内的电荷送到另一个电容内存储，当所积累的电荷达到 2V 时，此电容可作为电源为其他电路提供工作电压，将电子标签内数据发射出去或接收读写器的数据。

3.1.2　高频 RFID 标签

高频 RFID 标签是实际应用中使用最多的一种电子标签，一般以无源 RFID 标签为主，其工作能量同低频 RFID 标签一样，也是通过电感耦合的方式从读写器耦合天线的辐射近场中获得。高频 RFID 标签不再需要线圈进行绕制，可以通过蚀刻或印刷的方式制作天线。

IC 卡（Integrated Circuit Card，全称为集成电路卡）是一种典型的高频 RFID 标签，又称为智能卡、智慧卡、微电路卡或微芯片卡等，其可读写容量大，安全保密性好，数据记录可靠，使用寿命长，具有防磁、防静电、防机械损坏和防化学破坏等能力。IC 卡分成接触式和非接触式两种，这里主要讨论后一种。非接触式 IC 卡采用 RFID 无线通信技术与阅读器进行通信，成功地解决了无源和免接触的难题，是电子器件领域的一大突破；其主要的功能包括安全认证、电子钱包、数据储存等，常用的门禁卡、二代身份证属于安全认证的应用，而银行卡、交通卡等则是利用电子钱包的功能，如图 3-1 所示。

图 3-1　各种 IC 卡

全球大多数非接触式 IC 卡的技术选择的是 PHILIPS 的 Mifare 系列卡，主要芯片有 S50、S70 等。S50 卡应用更为广泛，数据保存期可达 10 年，可改写 10 万次，读无限次，数据传输速率为 106kbit/s，其芯片内部包括射频处理单元、数据控制单元和电子可擦可编程只读存储器 EEPROM。S50 卡的存储器容量为 1KB，分为 16 个扇区，每个扇区由 4 块（块 0、块 1、块 2、块 3）组成，我们也将 16 个扇区的 64 个块按绝对地址编号为 0～63，每块有 16B，如图 3-2 所示。

扇区	块	块内字节																存储对象
		0	1	2	3	4	5	6	7	8	9	10	11	12	13	14	15	
15	3	Key A						Access bit				Key B						控制块
	2																	数据块
	1																	数据块
	0																	数据块
14	3	Key A						Access bit				Key B						控制块
	2																	数据块
	1																	数据块
	0																	数据块
⋮	⋮																	⋮
1	3	Key A						Access bit				Key B						控制块
	2																	数据块
	1																	数据块
	0																	数据块
0	3	Key A						Access bit				Key B						控制块
	2																	数据块
	1																	数据块
	0																	厂商段

图 3-2 S50 卡的存储结构

第 0 扇区的块 0（即绝对地址块 0）用于存放厂商代码，已经固化，不可更改，其中 0～3 字节为卡序列号；每个扇区的块 0、块 1、块 2 为数据块（注意第 0 扇区的块 1、块 2 为数据块），可用于存储数据，数据块有两种应用：一是用于一般的数据保存，可以进行读、写操作，二是用作数据值，可以进行初始化值、加值、减值、读值操作；每个扇区的块 3 为控制块，包含密码 A（6 字节）、存取控制（4 字节）、密码 B（6 字节，可选），每个扇区的密码和存取控制都是独立的，可以根据实际需要设定各自的密码及存取控制，扇区中的每个块（包括数据块和控制块）的存取条件是由密码和存取控制共同决定的，在存取控制中每个块都有相应的三个控制位，三个控制位以正和反两种形式存在于存取控制字节中，这决定了该块的访问权限。

 查一查：S70 卡和 S50 卡的区别有哪些？

3.2 高频 RFID 技术的典型应用

高频 RFID 技术发展迅速，在商业、金融、医疗、保险、交通、能源、通信、安全管理、身份识别等领域的应用日益广泛，下面列举几种常见的应用场景。

1. 电子票证的应用

经常乘坐火车的旅客应该注意到，如今各个火车站乃至小小的火车票代售点都无法买到粉色软纸火车票了，取而代之的是纸质相对较硬、淡蓝色底的"磁介质"车票。但是，许多人可能不知道的是，一种防伪性能更高的"智能火车票"已进入日常生活，如图 3-3 所示，全国铁路系统火车票迎来了新一次升级换代。

从外表上看，"智能火车票"与传统红色纸质车票并无多大区别，其秘密在车票夹层里，内置电子标签芯片和天线，芯片内存储的信息经过加密处理，配备专用的票证读写器，能在乘客进、出站时自动读取车票数据，并在乘客出站后自动销毁车票数据。电子标签车票采用高频 RFID 技术，在买票的时候，把身份证号写入车票的电子标签芯片，实现了车票和身份证的关联；验票时，车票和身份证一起验，就实现了车票的实名制，彻底杜绝火车票倒卖现象。

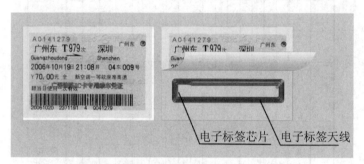

图 3-3　广深铁路使用的高频 RFID 标签车票

此外，高频 RFID 技术还可以应用于电子门票管理系统，有效地解决了各大景区、活动场馆票务和信息管理等传统问题，实现了电子门票的售票、验票、查询、统计、报表等综合控制与管理功能，对提高景区和展会的综合管理水平和管理效率有着显著作用。

2. 平安校园、校讯通出入口通道应用

百年大计、教育为本，"平安校园"的建设被政府和学校提到了一个前所未有的高度，作为学生入校平安短信方式的"校讯通"系统已经悄然兴起，如图 3-4 所示。"校讯通"系统不仅只在学生出入校考勤、校园安全管理方面发挥作用，而且利用这一平台，家、校双方还能够及时方便地传递信息，使学生在成长过程中得到随时随地的关爱服务，充分实现了社会、学校、家庭和谐共育的教育格局，是现在教育信息化的必然选择。

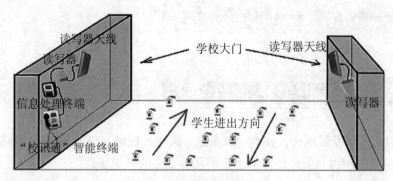

图 3-4　"校讯通"系统

学生、教师信息采集是"校讯通"系统中处于核心地位的一部分内容，如何正确地识别学生出入校并准确地将平安短信发给家长是关键所在，现在系统集成商们普遍采用的是高频

RFID 技术。学生携带电子标签在通过校门时，被放置在校门周边的设备感应到信息并上报到软件端，便完成了一次信息采集的过程。高频 RFID 技术的安全性较好，电子标签漏读率最小，且可以集成餐饮消费、身份认证、学籍管理等功能，实现真正的"一卡在手，学习无忧"。

3. 图书管理系统

图书因为种类繁多、数量巨大、借阅周转快等特点，其智能化管理迫切需要一个完善的系统解决方案。依托强大的高频 RFID 技术，RFID 智能图书管理系统可以大大改进管理方式、提高工作效率、降低管理人员的劳动强度，实现图书馆 24 小时自助借还、图书精准分拣等无人值守操作，如图 3-5 所示。

图 3-5 RFID 智能图书管理系统

该系统的核心是采用高频 RFID 技术实现数据自动采集功能，结合数据库及软件管理系统实现图书馆自助借还、图书盘点、图书上架、图书检索、图书防盗、借阅证管理、图书证发放、馆藏信息统计等功能。具体来说，RFID 智能图书管理系统包括以下几个子系统：

（1）图书入馆系统：图书入馆系统将新入馆图书信息录入高频 RFID 标签，贴在每本图书上，并将图书信息存放位置等信息传至后台管理数据库。

（2）架位管理系统：架位管理系统为图书管理员在图书上架及整理错架书籍时使用，盘点图书管存情况，能够减少管理员的工作负担，有效提高工作效率。

（3）自助借书卡办理系统：自助借书卡办理系统方便读者自行办理借书卡。

（4）自助查询续借系统：利用自助查询续借系统，读者可在任何有网络的电脑上，自助查询图书的在馆情况、存放位置等，并可以办理图书的续借。

（5）自助借书还书系统：自助借书还书系统提供读者自助借书还书功能，减少管理员工作量，提高图书馆服务档次。

（6）安全门禁系统：安全门禁系统自动读取图书的借还情况，有效防止书籍被盗。

4. 服装行业全供应链的应用

近年来，海澜之家、UR、拉夏贝尔、汇美集团等企业已纷纷基于供应链整体考虑，在工厂、仓库、门店等环节引入高频 RFID 技术。与此同时，越来越多的服装企业也有计划或正在开展此类尝试，以此降低经营成本，提高利润率和竞争力。

相比普遍采用的条形码，高频 RFID 技术在读取效率、记录内容、读取距离、使用寿命等方面具有绝对优势，贯穿于服装生产、仓储管理、物流运输、门店销售等各个环节。据了解，服装行业应用高频 RFID 技术的典型场景有：

（1）生产环节：每一件服装对应一枚电子标签，包含所有从生产到售出的信息数据，使管理者能够准确、高效地定位问题可能出现的地方，并且在生产过程中，可以利用电子标签管理、控制生产进度及调度，记录不同的工序和工段实际产生的结果。

（2）仓储环节：利用高频 RFID 技术的多目标识别和非可视化识别特性，可以提高收货、配货、发货、盘点等仓储作业效率和库存管理准确率。

（3）销售环节：门店可采用手持式读写器进行服装统计，消费者购买服装时，销售员通过读写器向消费者展示服装的详细信息，结合集成有高频 RFID 功能的显示屏等设备，门店可以更好地向顾客展示商品的详细信息，包括穿着效果、搭配推荐等，方便店员为顾客提供更个性化的服务，商品销售后还可将电子标签回收重复利用以节省成本，另外店内服装未经售出而通过零售门店出入口时，会引发门禁系统声光报警，起到防盗作用，并且通过手持式读写器或专用盘点设备，门店可以实时对在架商品和库存商品进行盘点，大幅缩短盘点时间，提高盘点准确率，如图 3-6 所示。

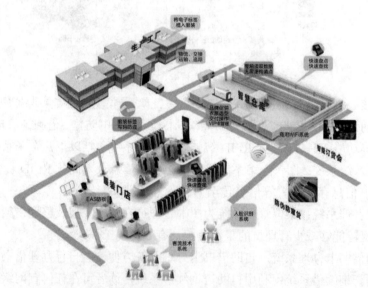

图 3-6 RFID 技术在服装行业全供应链的应用场景

5. 三表预收费系统

随着计算机技术的飞速发展，越来越多的水电、燃气公司在抄表收费方面都开始采用高频 RFID 技术来代替"一人、一笔、一本"的传统抄表收费模式，通过与营业收费软件的连接，使营业管理从抄表到核算全部实现无人计算，自动化运行，极大地避免了人为差错，提高了抄收率，堵住了管理上的漏洞。

如图 3-7 所示，基于高频 RFID 技术三表（即电表、水表、燃气表）预收费系统主要由基于高频 RFID 技术的单相三表、智能读写器和预收费三表管理系统构成，其工作原理是采用微机对上传的数据进行显示、分析和管理，基于高频 RFID 技术的单相三表采用单片机系统对现场数据进行采集、计量和对用户负载进行监控，用高频 RFID 标签作为二者之间进行信息交换的载体。首先，在预收费三表管理系统中建立用户基本档案信息，发行管理卡并充值，用户将已充值的管理卡放在基于高频 RFID 技术的单相三表感应区内，三表读取卡中数据，解密并判断数据的有效性。若数据有效则开启三表继电器，允许用户使用，同时三表将会自动把当前工作状态、运行状态等数据写入到用户卡中；当用户持卡再次充值时，管理部门能够记录用户三表的运行信息，以便监测用户的使用情况；当用户卡剩余费用用尽时，基于高频 RFID 技术的单相三表将自动跳开继电器，切断电源，直到用户持卡充值并重新刷卡后才能继续恢复使用。

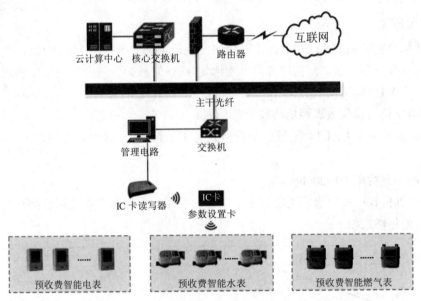

图 3-7　基于高频 RFID 技术的三表预收费系统

 项目实训

3.3　实训——PC 机控制的 IC 卡读写实验

本节实训安排高频 RFID 模块的实际操作，首先在教师的指导下理解 IC 卡的基本原理；然后利用 RFID 读写器辅助教学工具 RFID_Tool 软件测试 13.56MHz 读写模块的读写数据功能；最后分析 IC 卡的数据格式。

1. 实训目的

（1）了解 IC 卡的基本原理。

（2）熟悉 13.56MHz 读写模块的使用方法。

2．实训设备

（1）PC 机一台。

（2）RFID 读写器辅助教学工具 RFID_Tool 软件一套。

（3）物联网综合实验箱一套。

（4）串口线一条。

3．实训要求

（1）要求：了解 IC 卡的基本原理。

（2）实现功能：利用 RFID_Tool 软件，测试 13.56MHz 读写模块的读写数据功能。

（3）实验现象：读/写数据后，RFID_Tool 软件显示 IC 卡卡号。

4．实验原理

物联网综合实验箱的 13.56MHz 读写模块内嵌低功耗射频基站 MFRC522，用户不必关心射频基站的复杂控制方法，只需通过简单地选定 UART 接口发送命令就可以实现对卡片的完全操作，13.56MHz 读写模块支持 Mifare One S50、S70、FM11RF08，及其兼容卡片。

13.56MHz 读写模块数据通信协议为：

（1）异步半双工 UART，一帧的数据格式为 1 个起始位，8 个数据位，无奇偶校验位，1 个停止位。

（2）输出波特率：19200bps。

（3）数据格式：使用十六进制数表示，分为发送数据包和接收数据包两种格式。

发送数据包格式如下：

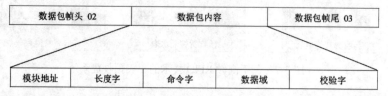

1）模块地址：对于单独使用的模块来说固定为 0000，对于网络版模块来说为 0001～fffe（ffff 为广播）。

2）长度字：指明从长度字到校验字的字节数。

3）命令字：本条命令的含义，各命令的具体含义见表 3-1。

4）数据域：该条命令的内容，此项可以为空。

5）校验字：从模块地址到数据域最后一字节的逐字节累加值。

接收数据包格式如下：

1）模块地址：对于单独使用的模块来说固定为 0000，对于网络版模块来说为本身的地址。

2）长度字：指明从长度字到数据域最后一字节的字节数。

3）接收到的命令字：本条命令的含义，各命令的具体含义见表 3-1。

4）执行结果：00 表示执行正确，01～ff 表示执行错误。

5）数据域：该条命令的内容，返回执行状态和命令内容。

6）校验字：从模块地址到数据域最后一字节的逐字节累加值。

表 3-1　各命令的具体含义

命令	命令字	发送数据域	正确返回	错误返回
寻卡	46	1 字节寻卡模式 （model=26 为寻未进入休眠状态的卡；model=52 寻所有状态的卡）	2 字节卡类型值 TagType （TagType=04 00 为 Mifare One S50 卡；TagType=02 00 为 Mifare One S70 卡）	非 0
防冲突	47	1 字节 bent（bent=04）	4 字节卡序列号	非 0
选卡	48	4 字节卡序列号	1 字节卡容量	非 0
密钥验证	4a	1 字节密钥验证 model+1 字节绝对块号+6 字节密钥 （1 字节密钥验证 model=60 为验证 A 密钥；model=61 为验证 B 密钥）	00	非 0
读卡	4b	1 字节绝对块号 （S50 块号为 0～63；S70 块号为 0～255）	16 字节读出的数据	非 0
写卡	4c	1 字节绝对块号+16 字节要写入的数据 （S50 块号为 0～63；S70 块号为 0～255）	00	非 0

5. 实训步骤

（1）为了确保硬件无故障，在给系统上电前要进行设备检查，确认各个节点及模组均已插好；连接 220V 电源线，打开物联网综合实验箱的电源，即打开左上角的 POWER 开关。

（2）PC 机串口通过串口线连接到实验箱左侧的串口 VB2，注意实验箱"ARM 选通"开关拨至"PC"端，如图 3-8 所示。

图 3-8　"ARM 选通"开关拨至"PC"端

（3）在 PC 机上双击打开 RFID_Tool 软件（见"Tools\RFID_Tool V0.1.rar"），进入 RFID_Tool 软件主界面，如图 3-9 所示。

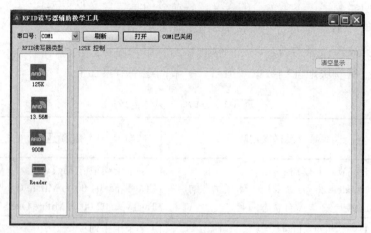

图 3-9   RFID_Tool 软件主界面

（4）选择当前 PC 机的串口号（默认为 COM1），RFID 读写器类型选为"13.56M"，然后单击"打开"按钮，出现如图 3-10 所示的 13.56M 测试界面。

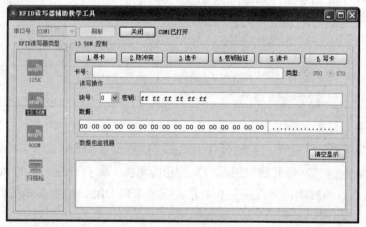

图 3-10   13.56M 测试界面

（5）将 IC 卡放置到 13.56MHz 读写模块的上方，依次单击"13.56M 控制"下的"1.寻卡""2.防冲突""3.选卡""4.密钥验证"按钮，结合通信协议观察"数据包监视器"中的数据和相应的操作是否成功，如图 3-11 所示。

（6）密钥验证成功后便可对 IC 卡进行读写操作，首先在"读写操作"下选择块号，填入卡的 6 字节密钥（默认全为 ff），单击"13.56M 控制"下的"5.读卡"按钮，读取成功后，"数据"一栏会显示读取到的 16 字节数据和对应的 ASC II 码信息；接着在"读写操作"下选择块号，填入卡的 6 字节密钥（默认全为 ff），并将 16 字节数据填入"数据"文本框，单击"13.56M 控制"下的"6.写卡"按钮，结合通信协议观察"数据包监视器"中的数据，以及写入数据是否成功。

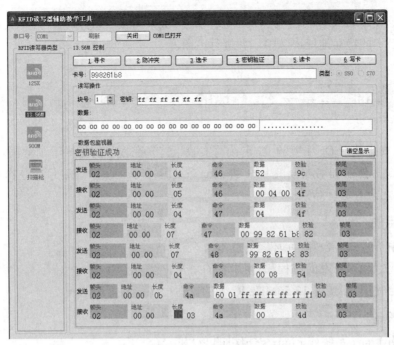

图 3-11 验证密钥

6. 结果记录

（1）请将 IC 卡读取结果记录在表 3-2 中。

表 3-2 实训结果记录

IC 卡号		
绝对地址块 0 的读取结果	16 字节数据	
	ASCⅡ 码信息	

（2）请解释 RFID_Tool 软件中"数据包监视器"里的"防冲突"操作接收数据的具体意思，并填写在表 3-3 中。

表 3-3 "防冲突"操作接收数据格式分析

	取值	含义
帧头		
模块地址		
长度字		
命令字		
执行结果		
数据域		
校验字		
帧尾		

（3）现欲使用 ASCⅡ码传输一条信息（如"I love you，baby！"），请将其对应的十六进制数据写入 IC 卡的绝对地址块 2 中，并进行截图。

3.4　实训——基于 Qt 环境的 IC 卡读写实验

本节实训安排基于 Qt 环境的 IC 卡读写实验，首先在教师的指导下了解嵌入式开发和 Qt 环境的基本原理；然后利用虚拟机上的 Ubuntu 系统编译 Qt 应用程序；最后在物联网综合实验箱液晶显示屏上查看运行结果。

1. 实训目的

（1）了解嵌入式开发和 Qt 环境的基本原理。

（2）熟悉嵌入式开发的流程和 Qt 平台的搭建。

（3）学会使用 Qt 实现 13.56MHz IC 卡的读写程序。

2. 实训设备

（1）装有 Linux 系统或 Linux 虚拟机的 PC 机一台。

（2）物联网综合实验箱一套。

（3）串口线一条。

（4）网线一条。

3. 实训要求

（1）要求：熟练掌握嵌入式开发的流程。

（2）实现功能：使用 Qt Creator 建立一个工程，在单击"show"按钮后，物联网综合实验箱液晶显示屏上显示 13.56MHz 刷卡界面。

（3）实验现象：刷卡后，Qt 应用程序可进行 IC 卡的读写操作。

4. 实验原理

见 2.4 节实验原理。

5. 实训步骤

本次实训的步骤（1）～（7）同 2.4 节实训步骤。

（8）在 Ubuntu 系统编译 RFID_13.56M 程序。首选，将文件夹"include""lib"和"rfidWidget"（见"Code\ex27_RFID_IEEE14443_Search"）复制到新建工程的目录下；接着左键单击工程编辑图标，在 Qt 工程目录中右键单击"ex27_RFID_IEEE14443_Search"下拉列表框，在弹出的列表中选择"Add Existing Files"文本选项，如图 3-12 所示。

此时，在弹出的"Add Existing Files"对话框中，选择添加"rfidWidget"文件夹下的所有文件，并单击"打开"按钮，如图 3-13 所示。

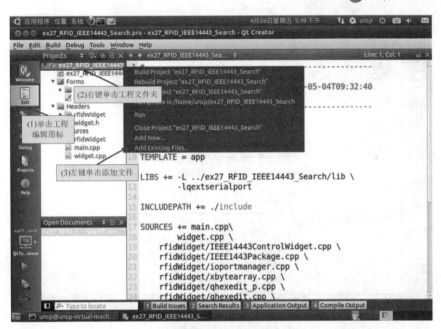

图 3-12 添加文件

图 3-13 选择添加的文件

如图 3-14 所示，回到 Qt Creator 的编辑界面后，左键单击工程文件"ex27_RFID_IEEE14443_Search.pro"，在其中添加代码：

LIBS += -L ../ex27_RFID_IEEE14443_Search/lib \
-lqextserialport
INCLUDEPATH += ./include

该代码表示要连接数据库的动态库，且包含其对应头文件。

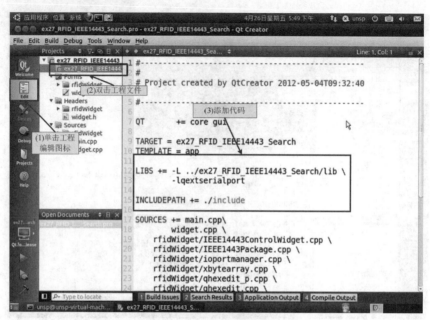

图 3-14 增加编译连接代码

接着，左键单击工程编辑图标，进入工程编辑后左键双击"widget.ui"文件，如图 3-15
所示。

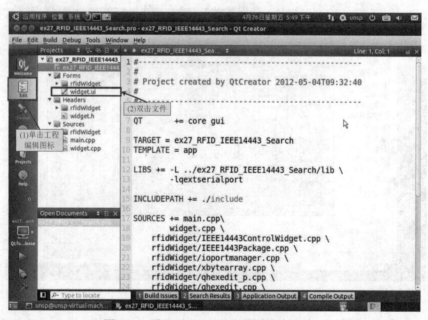

图 3-15 进入"widget.ui"的图形编辑窗口

进入"widget.ui"的图标编辑窗口后左键选中"Push Button"文本选项，并将其拖动到编
辑窗口，双击改名为"show"，如图 3-16 所示；右键单击"show"按钮，在弹出的菜单栏中
左键单击"Go to slot"命令，如图 3-17 所示；在弹出的"Go to slot"对话框中选中"clicked()"
文本选项后左键单击"OK"按钮，如图 3-18 所示。

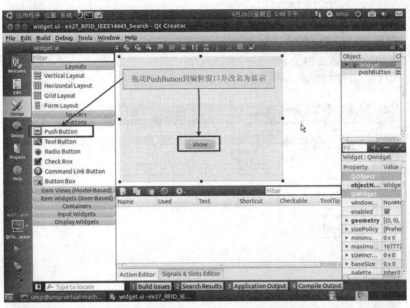

图 3-16 拖动"Push Button"文本选项到编辑窗口

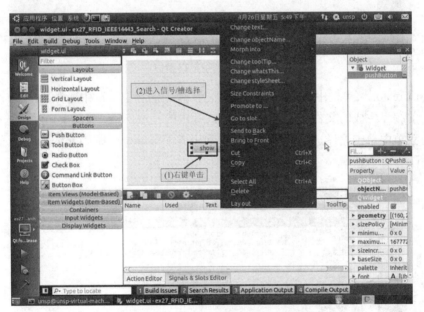

图 3-17 "show"按钮的槽连接

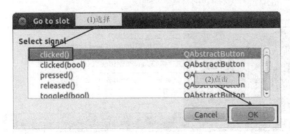

图 3-18 选择连接的信号

如图 3-19 所示，回到 Qt Creator 的编辑界面后在出现的 "widget.cpp" 文件代码中对应的行添加代码（调用接口函数）：

```
#include<rfidWidget/IEEE14443ControlWidget.h>
IEEE14443ControlWidget::showOut();
```

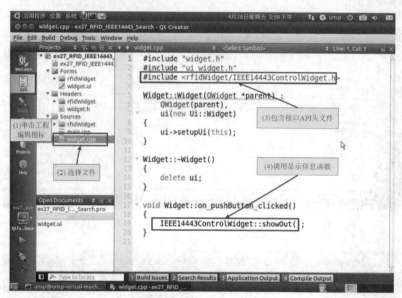

图 3-19　调用接口函数

单击 Qt Creator 菜单栏中的 "Build" 按钮，在弹出的下拉菜单中选择 "Clean All" 命令，清理一下之前编译生成的文件，防止编译嵌入式版本的程序出错；接着单击编译选择图标，在弹出的下拉菜单中单击编译选择下标，最后在弹出的子菜单中选择 "Qt for A8 Release" 命令，如图 3-20 所示。

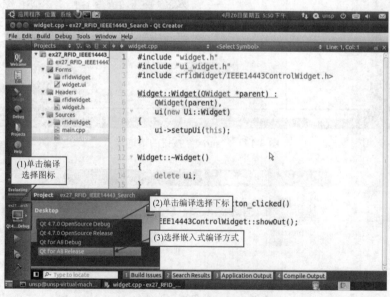

图 3-20　选择编译方式

单击"Project"图标，在弹出的"ex27_RFID_IEEE14443_Search"下"Build Settinga"选项卡的"General"选项组中取消对"Shadow build"复选按钮的勾选，如图 3-21 所示。

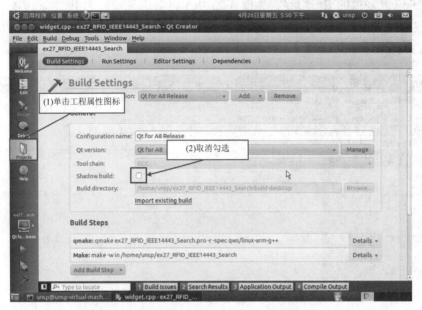

图 3-21　取消对"Shadow build"复选按钮的勾选

单击菜单栏中的"Build"选项，在弹出的下拉菜单中单击"Build All"命令编译工程，如图 3-22 所示；当看到编译选择按钮上方的进度条变成绿色，即表示编译完成。

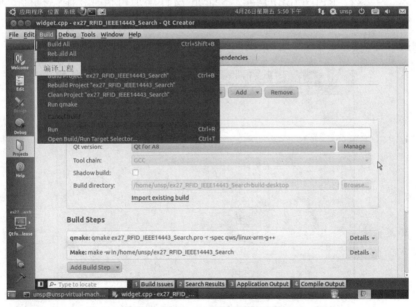

图 3-22　编译工程

（9）将编译生成的文件复制到物联网综合实验箱上并运行。在工程的保存目录中，可以找到一个名为"ex27_RFID_IEEE14443_Search-build-desktop"的文件夹，编译生成的可执行程序即在此文件夹中；将编译好的可执行程序 ex27_RFID_IEEE14443_Search 文件从 Ubuntu 系统复制到 Windows 系统，然后在 Windows 系统中双击"我的电脑"图标，在打开的窗口地址栏中输入"ftp://开发板的 IP 地址"，如图 3-23 所示，其中开发板的 IP 地址可以参考本书 2.4节图 2-37 中的"ifconfigeth0"命令来查看；接下来，同操作本地文件一样，我们可以使用复制粘贴的方式将编译好的 ex27_RFID_IEEE14443_Search 文件放入物联网综合实验箱内。

图 3-23　通过 FTP 访问物联网综合实验箱的文件

我们需确保物联网综合实验箱的综合演示程序没有处于 RFID 的演示界面，否则会与本实训抢夺串口资源；在超级终端软件中，输入"ls"命令，可以看到 ex27_RFID_IEEE14443_Search文件已经被复制到了物联网综合实验箱的系统内；执行 "chmod +xex27_RFID_IEEE14443_Search"命令，为 ex27_RFID_IEEE14443_Search 文件增加可执行权限；执行"./ex27_RFID_IEEE14443_Search"命令，即可运行 ex27_RFID_IEEE14443_Search 程序，在物联网综合实验箱上使用触摸屏即可对应用程序进行操作，并查看运行结果，如图 3-24 所示。

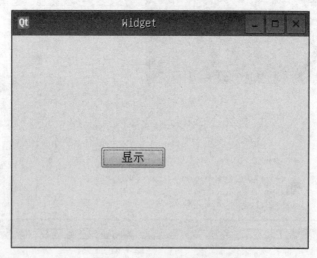

图 3-24　Qt 的显示主界面

单击"显示"按钮，显示刷卡界面，如图 3-25 所示。

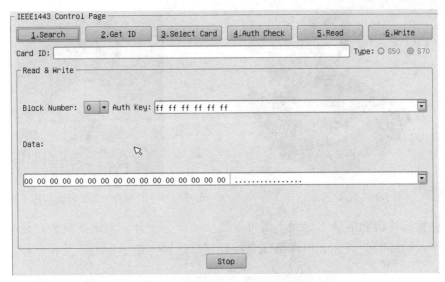

图 3-25　RFID_13.56M 刷卡界面

将 IC 卡放置到 13.56MHz 读写模块的上方，依次单击该界面上的"1.Search""2.Get ID"
"3.Select Card""4.Auth Check"按钮，卡号显示栏将显示读取到的 IC 卡号；密钥验证成功后
便可对 IC 卡进行读写操作，首先在"Read&Write"下选择块号（图中"Block Number"），填
入卡的 6 字节密钥（默认全为 ff），单击"5.Read"按钮，读取成功后，"Data"文本框会显示
读取到的 16 字节数据，以及对应的 ASC Ⅱ 码信息；接着在"Read&Write"下选择块号，填入
卡的 6 字节密钥（默认全为 ff），并将 16 字节数据填入"Data"文本框，单击"6.Write"按钮，
观察写入数据是否成功。

6. 结果记录

请将液晶显示屏上的读写数据结果记录下来。

🗨️巩固延伸

1. NFC 技术是近年来在手机上应用较多的技术，如图 3-26 所示，是在高频 RFID 技术的
基础上发展而来的，从本质上与 RFID 技术没有太大区别，都是基于地理位置相近的两个物体
之间的信号传输；但 NFC 技术与 RFID 技术还是有区别的，NFC 技术增加了点对点通信功能，
通信的双方设备是对等的，而在 RFID 技术中通信的双方设备是主从关系。请你结合本项目所
学，从技术细节、应用领域等方面对比 NFC 技术和高频 RFID 技术的异同之处。

2. 电子标签对于 RFID 技术的推广具有极其重要的影响，一旦拥有价格低廉的电子标签，
将可以迅速推广应用，而电子标签成本居高不下的原因主要是依赖性采购国外芯片。令人欣慰
地是，国内几大电子标签芯片企业一直都在努力实现电子标签芯片国产化，其中高频 RFID 技
术领域的中国"芯"已接近国际先进水平，成为国内 RFID 行业的骄傲。我国自主开发了符合
ISO 14443 Type A、Type B 和 ISO 15693 标准的高频 RFID 标签芯片，并成功地应用于交通卡
和二代身份证等项目中，如图 3-27 所示。

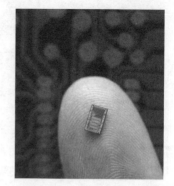

图 3-26　NFC 技术　　　　　　　　　　　图 3-27　电子标签芯片

　　电子标签芯片产业链从上游到下游可以简单地分为设计、制造、封装、设备、材料和软件等数个关键环节，请你利用网络或科技期刊跟进国内电子标签芯片各个环节发展的最新进展。

项目 4　超高频 RFID 技术及应用

学习目标

1. 知识目标
- 掌握超高频 RFID 技术的基本原理
- 了解超高频 RFID 技术的典型应用场景

2. 能力目标
- 能够使用 900MHz 读写模块
- 能够搭建嵌入式开发平台下的超高频 RFID 应用程序

相关知识

超高频 RFID 技术因其优良的性能表现得到了世界各国的重视,现已开始进入大规模应用阶段。超高频 RFID 技术通常应用于近距离通信与工业控制领域、物流领域、生产线自动化、定位管理等。

4.1　超高频 RFID 技术

超高频 RFID 技术简介

4.1.1　超高频 RFID 技术概述

超高频 RFID 技术使用的频段范围为 300MHz～3GHz,常见的工作频率有 433MHz、860～960MHz,这个频段通过电磁反向散射耦合的方式进行能量和信息的传输。超高频 RFID 技术主要由 EPCglobal 组织制定的 EPC 技术体系标准来规范,现在主流为第二代标准 EPC Class1 Gen2(又称 C1G2 标准),该标准详细表述了超高频 RFID 标签、读写器,以及信息网络系统的通信和处理。超高频 RFID 技术的特性有:

(1)超高频电磁波不能通过许多材料,特别是水、灰尘、烟雾等悬浮颗粒物质,对环境的敏感性较高。

(2)全球对该频段的无线电频谱管制法令不同,欧洲和亚洲部分地区定义为 840～845MHz 和 920～925MHz,北美定义为 902～928MHz,日本定义为 950～956MHz。

(3)该频段有较远的读取距离,一般为 1～10m 左右,但是对读取区域很难进行规定。

(4)超高频 RFID 标签的天线一般是长条和标签状,有线性和圆极化两种设计,满足不同应用的需求，且成本相对较低，但读写设备的价格非常昂贵，系统应用和维护的成本也很高。

（5）具有很大的数据容量和很高的数据传输速率，一般可以达到 100kbps 左右，可以识别高速运动物体，也可以在很短的时间内同时读取大量的电子标签。

（6）该频段的安全特性一般，不适合安全性要求高的应用领域。

超高频 RFID 系统的工作原理是当读写器对电子标签进行识别时，首先发出未经调制的电磁波，此时位于远场的电子标签天线接收到电磁波信号并在天线上产生感应电压，电子标签内部电路将这个感应电压进行整流并放大用于激活电子标签芯片；当电子标签芯片激活之后，用自身的全球唯一标识码对电子标签芯片阻抗进行变化，当电子标签芯片的阻抗和电子标签芯片之间的阻抗匹配较好时则基本不反射信号，而阻抗匹配不好时则将几乎全部反射信号，这样反射信号就出现了振幅的变化，这种情况类似于对反射信号进行幅度调制处理；读写器通过接收到经过调制的反射信号判断该电子标签的标识码并进行识别。

EPC 系统体系
和标准

4.1.2 超高频 RFID 标签

超高频 RFID 标签的应用场景相当广阔，具有识别距离远、数据记忆容量大、传送数据速度快、能一次性识别多个对象、可重复使用等优点。有源和无源电子标签都很常见，且无源电子标签成本低、体积小、使用方便，工作时由读写器天线辐射场提供射频能量，将无源电子标签唤醒。

电子产品代码标签是全球统一标准的超高频 RFID 标签，是电子产品代码（Electronic Product Code，EPC）技术的载体，EPC 旨在为每一件单品建立全球的、开放的标识标准，实现全球范围内对单件产品的跟踪与追溯，从而有效提高供应链管理水平、降低物流成本，是一个完整的、复杂的、综合的系统。EPC 标签内存有识别每一件单品的特定标识码（即 EPC），其编码长度有 64 位、96 位、256 位三种，目前大多采用 EPC-96，形象地说可以为地球上的每一粒大米赋一个唯一的标识码。如图 4-1 所示，EPC 标签是无源标签，按照标签功能级别分为 Class0～Class5，目前只有 Class0 和 Class1 统一了功能级别，因此超高频 RFID 技术的标准也主要是针对这两个级别的 EPC 标签制定的。

图 4-1　EPC 标签

EPC 标签芯片带有一定容量的存储器，被分成 Reserved（保留内存，用于存储 32 位杀死口令和 32 位访问口令）、EPC（用于存储 EPC 代码、16 位协议-控制字和 16 位 CRC 校验码）、TID（用于存储全球唯一的序列号，不可改写，共 64 位）和 User（用于存储用户自定义的数据，不同的标签品牌容量不同，可进行读写操作）四个存储区，如图 4-2 所示。不同的存储区中，电子标签操作的最小内存单元为块，每个块是 16 位，从第 0 块开始编址，例如对于杀死口令而言，它所占的内存区域为 Reserved 区的第 0 块和第 1 块地址。

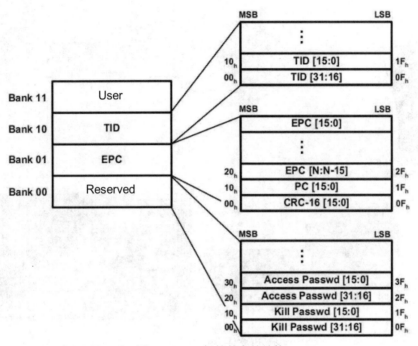

图 4-2 EPC 标签的存储结构

EPC 标签具有自毁功能，从而永久失效，还有可选的密码保护、访问控制和可选的用户内存等特性。EPC 标签因其统一标准、大幅降低价格、与互联网信息互通的特点，得到广泛应用。

 查一查：C1 Gen2 标准可以概括为哪几个要点呢？

4.2 超高频 RFID 技术的典型应用

超高频 RFID 技术近年来闯入公众的视野，其应用领域有望进一步丰富，同时呈现新的发展趋势。

1. 航空行李的管理和应用

据统计，全球航空业去年为丢失和延误的行李支付的费用竟高达 25 亿美元。许多航空公司现已采用 RFID 技术来加强对行李的追踪、分配和传输，提高安全管理，以避免误送情况的发生。如图 4-3 所示，高频 RFID 系统可以简单地整合到现有的行李标签、办理登机手续的打印机和行李分类设备中形成高频 RFID 机场系统，该系统能够自动扫描行李，而不管行李的摆放方向和是否叠放；机场在每次航班前后读取应用于行李的电子标签，就可以识别和跟踪行李而无需人工干预；当行李通过机场或在飞机的行李舱中移动时，无源电子标签也不会干扰飞行系统。

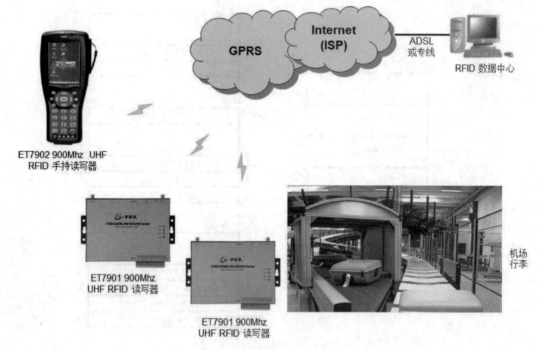

图 4-3　高频 RFID 机场系统

　　高频 RFID 机场系统的优势主要体现为：解决行李丢失问题、货物的仓储管理、运输过程与货物的追踪、节省管理成本和提高工作效率、尽可能减低飞机的意外风险、货物和人员的跟踪定位、应付恐怖袭击和保安作用、对机场员工的进出范围授权、远距离测定位、具备升级功能。

2. 生产线自动化的管理和应用

　　现在很多传统制造企业的生产流程中，大部分生产模式以单件流生产模式为主，这种生产线模式的最大缺点是通常在某些瓶颈工序会积压大量半制成品，削弱管理人员对生产周期的预测、控制及应变能力，已越来越难以应付定单规格多且交货期短的市场要求。

　　如图 4-4 所示，RFID 生产线管理系统成为解决上述问题的有效方案之一，通过采用高频 RFID 技术，系统能够自动采集生产数据和设备状态数据，为生产管理者提供生产线所有工序环节的"实时数据"，并且能够结合各工序设备的工艺特点和相关的工艺、质量指标参数，进行各生产重要环节的工艺参数和设备运行参数等生产信息的在线监测和分析，帮助企业实现生产过程中半成品工序、成品工序的计量、仓储出入库管理的自动化和信息化集成，从而做到对生产操作进行自动实时跟踪，可有效地对各生产岗位进行监督、对产品质量的稳定性和工艺参数的执行率进行监督。RFID 生产线管理系统为生产流水线上的每一个单品工件使用一张电子标签，在每个工位上安装一台读写器。当工人每完成一次作业时，系统通过 RFID 采集设备自动将工件的信息直接发送到电脑系统，系统自动完成计件工资计算和各种生产统计工作，从而创造附加值、提高生产率，并大幅度节省投资。

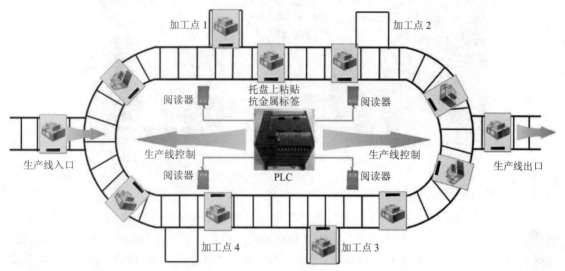

图 4-4　RFID 生产线管理系统

RFID 生产线管理系统在生产过程中采用 RFID 刷卡方式完成工序流转和数据采集，解决了生产过程控制的问题，同时完成了从采购、库存、销售到财务核算的整套信息系统规划，实现了销售、采购、库存、生产、财务、质量、成本、设备、工艺、人员管理的有机整合，以及公司全面信息化和无纸化。

3. 铁路运输管理系统

早在 20 世纪 90 年代中期，原铁道部在中国铁路车号自动识别系统建设中，就确立了 RFID 技术为解决货运火车自动抄车号的最佳方案。高频 RFID 技术在交通运输中具有其他技术不可替代的优势和特点，使得铁路信息化建设更上一层楼。

基于高频 RFID 技术的 RFID 铁路运输管理系统由四大部分构成，如图 4-5 所示。一是机车/货车电子标签，安装在机车、货车底部的中梁上，每个电子标签相当于每辆车的身份证；二是地面识别系统，由安装在轨道间的地面天线、车轮传感器及安装在探测机房的射频装置、工控机等组成，可以对运行的列车进行准确的识别；三是后台的集中管理系统，车站主机房配置专门的计算机，把工控机传送来的信息通过集中管理系统进行处理、存储和转发；四是中央数据库管理系统，这是全路标签编程站的总指挥部，把标签编程站申请的每批车号与中央车号数据库进行核对，对重车号重新分配新车号，再向标签编程站返回批复的车号信息，即集中统一地处理、分配和批复车号信息。RFID 铁路运输管理系统将为列车运输和顾客管理提供决策援助，显著提高铁路运营管理水平和工作效率，大幅度增强铁路运输能力、服务质量、设备及资源利用率。

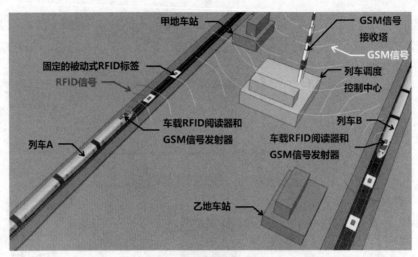

图 4-5　RFID 铁路运输管理系统

4．母婴识别及婴儿防盗管理系统

目前大多医院妇产科在婴儿初生时，一般给母、婴佩戴标志环，一直到出院，以此来识别母亲及婴儿，此标志环为纯物理介质，容易被调换；并且，出于家属急切探望母婴的需求，实际管理中很难控制闲散人员随便出入。因此，如何解决婴儿被盗、防止报错是妇产医院急需解决的技术问题。

根据医院的实际情况和管理需求，采用高频 RFID 技术设计的母婴识别及婴儿防盗管理系统，立足于开放原则，既支持集中式管理，又支持人性化的服务，将对大型综合医院的妇产科或妇儿医院的母婴识别管理、婴儿防盗管理、通道权限管理等起到重大的作用，如图 4-6 所示。医院提供婴儿 RFID 腕带、母亲或家属 RFID 腕带，护理人员负责电子标签的发放、绑定和维护功能，建立新生儿和母亲电子标签专属档案，并可以查看历史腕带记录，另外，为方便肉眼辨识，在腕带上可以粘贴婴儿的基本信息，如父母姓名、出生日期、性别、护士姓名等。RFID腕带可以起到母婴互动、防盗报警、防抱错、标签防拆和视频联动的作用，以及实现签入签出、护婴记录、综合查询的功能。医院在活动空间内布置读写器，用于采集母婴的实时信息，并且提供出入口监控功能，一旦某个携带 RFID 腕带的婴儿未经许可进入出入口监视区域，就立即通过通信网关向控制电脑发送信息，触发报警。

5．资产管理系统的应用

企业单位或者政府行政事业单位的资产主要是车辆、办公设备、无形资产、服务器、计算机、办公家具等设备，在目前的资产管理上主要采用财务系统的资产管理系统，无法实现真正的资产合理、科学的管理。

如图 4-7 所示，RFID 固定资产管理系统不同于以往以财务管理为主的固定资产管理系统，在充分调查研究的基础上，采用工作流管理，实现资产的申购、借用、盘点、出入库等相关功能，跟踪资产整个生命周期内的使用情况，提供多种报告以对资产使用情况、流转情况、折旧情况、需求统计等做出多角度的分析以支持企业的资产管理，同时提供了财务系统集成等相关内容。该系统的具体实现流程是企业根据资产清单表，按照资产种类或部门有序分配标签号，生成资产信息对应表，导入 RFID 固定资产管理系统，完成资产信息绑定；根据资产信息对应表正确粘贴标签，粘贴后进行对外观和手持式读写器读取检验，避免人工粘错（坏）标签，保证粘贴无误；贴标完成，系统可开始正常运作走流程；新增物资时，同样按照资产种类或部门有序分配标签号，更新资产信息对应表，导入 RFID 固定资产管理系统，完成资产信息绑定；盘点时，在系统生产资产盘点表，手持式读写器通过无线或有线下载资产盘点表，可全盘或按部门进行盘点，盘点过程中，可以直观看到盘点是否准确，或什么资产缺失，盘点完成后，手持式读写器生成盘点差异表，支持无线或有线上传数据库。RFID 固定资产管理系统采用高频 RFID 技术采集数据，高频 RFID 标签作为资产标识。此系统极大地提高了资产管理部门的工作效率，摆脱了繁重的手工劳动，实现了资产整个生命周期的运营管理。

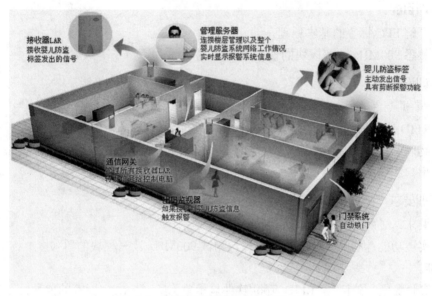

图 4-6　母婴识别及婴儿防盗管理系统

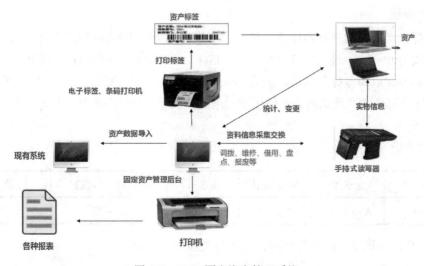

图 4-7　RFID 固定资产管理系统

 **项目实训**

4.3　实训——PC 机控制的 EPC 单（多）标签识别及读写实验

本节实训安排超高频 RFID 模块的实际操作，首先在教师的指导下理解 EPC 标签的基本原理；然后利用 RFID 读写器辅助教学工具 RFID_Tool 软件测试 900MHz 读写模块的单（多）标签识别及读写数据功能；最后分析 EPC 标签的数据格式。

1. 实训目的

（1）了解 EPC 标签的基本原理。

（2）熟悉 900MHz 读写模块的使用方法。

2. 实训设备

（1）PC 机一台。

（2）RFID 读写器辅助教学工具 RFID_Tool 软件一套。

（3）物联网综合实验箱一套。

（4）串口线一条。

3. 实训要求

（1）要求：了解 EPC 标签的基本原理。

（2）实现功能：利用 RFID_Tool 软件，测试 900MHz 读写模块的单（多）标签识别及读写数据功能。

（3）实验现象：刷卡后，RFID_Tool 软件显示单（多）张 EPC 标签的卡号；读/写数据后，RFID_Tool 软件显示 EPC 标签卡号。

4. 实验原理

物联网综合实验箱的 900MHz 读写模块是工作在 902～928MHz 频段的一类远距离读卡设备，读取距离为 0～2m，最大功耗 5W，支持 ISO 180006C（即 EPC G2）或 ISO 180006B 协议，支持单标签读取和多标签读取，具备 Wiegand26\34\42、RS232、RS485 数据接口。

900MHz 读写模块的数据格式：使用十六进制数表示，分为命令帧、状态帧和信息帧三种格式。

（1）命令帧格式如下：

包类型	包长度	命令类型	设备号	命令参数（可选）	校验
a0	$N+3$ 字节	1 字节	1 字节	N 字节	1 字节

1）包类型：主机发送给读写模块的数据包类型固定为 a0。

2）包长度：表示包长度后面的字节数总和。

3）命令类型：本条命令的含义，各命令的具体含义见表 4-1。

4）设备号：当设备号为 00 时，表示群发。

5）命令参数：若为"读卡"，则命令参数包含要读取的数据区域（Reserved 区为 00、EPC 区为 01、TID 区为 02、User 区为 03）、要读取的数据地址（Reserved 区地址范围为 0～3、EPC 区地址范围为 2～7、TID 区地址范围为 0～7、User 区地址范围为 0～31）、要读取的数据长度（单位为字，即 2 个字节）三部分；若为"写卡"，则命令参数包含写入模式（单个字写入为 00）、要写入的数据区域、要写入的数据地址、要写入的数据长度、写入的数据五部分；若为"读写器设置"，则命令参数包含参数地址高字节（由于地址仅一个字节，所以实际使用时，固定为 00）、参数地址低字节、参数值三部分，其中参数地址低字节和参数值规定如下：

参数地址低字节	参数含义	参数值	数值含义	注意
87	读卡模式	0，1	0：EPC 单标签识别 1：EPC 多标签识别	
70	工作模式	1，2，3	1：主从模式 2：定时模式 3：触发模式	工作在模式 2、3 时，主从模式仍然有效
71	定时器参数	N 为 10～100	读卡时间间隔为 $N \times 10\text{ms}$	
72	数据报告接口	1，2，3	1：RS485 链路（默认串口） 2：Wiegand 链路 3：RS232 链路	工作模式为 2、3 时有效

6）校验：规定校验范围是从包类型到参数最后一个字节为止所有字节的校验和，读写模块接收到数据包后需要计算校验和检错。

（2）状态帧格式如下：

包类型	包长度	命令类型	设备号	状态码	校验
e4	04	1 字节	1 字节	1 字节	1 字节

1）包类型：读写器完成主机命令后返回给主机的数据包类型固定为 e4。

2）包长度：表示包长度后面的字节数总和。

3）命令类型：本条命令的含义，各命令的具体含义见表 4-1。

4）设备号：当设备号为 00 时，表示群发。

5）状态码：表明执行命令后的结果，00 表示成功，非零表示失败。

6）校验：规定校验范围是从包类型到参数最后一个字节为止所有字节的校验和，接收到数据包后需要计算校验和检错。

（3）信息帧格式如下：

包类型	包长度	命令类型	设备号	信息数据	校验
e0	N+3 字节	1 字节	1 字节	N 字节	1 字节

1）包类型：主机从读写模块接收的数据包类型固定为 e0。

2）包长度：表示包长度后面的字节数总和。

3）命令类型：本条命令的含义，各命令的具体含义见表 4-1。

4）设备号：当设备号为 00 时，表示群发。

5）信息数据：若为"读卡"，则信息数据显示要读取的数据区域、要读取的数据地址、要读取的数据长度、读取的数据四部分；若为"写卡"，则信息数据显示 00 表示写入成功；若为单标签读取，则信息数据显示天线号（1 字节）、卡号（12 字节）；若为"EPC 多标签识别"，则信息数据为 00，且在整个信息帧后面继续显示多个 EPC 卡号帧，具体格式如下：

包类型	EPC 卡号	天线号	校验	结束符
00 00	12 字节	1 字节	1 字节	ff

6）校验：规定校验范围是从包类型到参数最后一个字节为止所有字节的校验和，接收到数据包后需要计算校验和检错。

表 4-1　各命令的具体含义

命令	命令类型	命令	命令类型
读写器设置	60	停止	a8
复位	65	重新获取数据	ff
EPC 标签识别（单）	82	读卡	80
EPC 标签识别（多）	fc	写卡	81

5. 实训步骤

（1）为了确保硬件无故障，给系统上电前要进行设备检查，确认各个节点及模组均已插好；连接 220V 电源线，打开物联网综合实验箱的电源，即打开左上角的 POWER 开关。

（2）PC 机串口通过串口线连接到实验箱左侧的串口 VB3，注意实验箱"ARM 选通"开关拨至"PC"端，如图 4-8 所示。

图 4-8　"ARM 选通"开关拨至"PC"端

（3）在 PC 机上双击打开 RFID_Tool 软件（见"Tools\RFID_Tool V0.1.rar"），进入 RFID_Tool 软件主界面，如图 4-9 所示。

图 4-9　RFID_Tool 软件主界面

（4）选择当前 PC 机的串口号（默认为 COM1），RFID 读写器类型选为"900M"，然后单击"打开"按钮，出现如图 4-10 所示的 900M 测试界面。

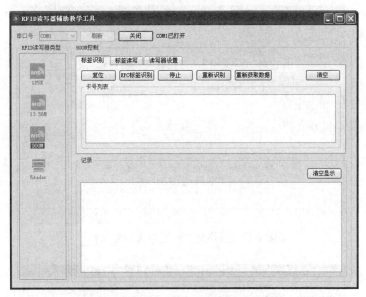

图 4-10　900M 测试界面

（5）单击"读写器设置"标签进入"读写器设置"选项卡，如图 4-11 所示，依次选择"读卡模式"选项组中的"EPC 读单卡"，以及"工作模式"选项组中的"主从模式"，然后单击"应用设置"按钮。

（6）切换到"标签识别"选项卡，将单张 EPC 标签放置到天线的上方；单击"EPC 标签识别"按钮，如图 4-12 所示，则单张 EPC 标签的卡号就会显示在"卡号列表"文本框中，对照通信协议查看软件"记录"栏中发送和接收的数据。

（7）再次单击"读写器设置"选项卡，如图 4-13 所示，依次选择"读卡模式"选项组中的"EPC 读多卡"，以及"工作模式"选项组中的"定时模式"，"数据报告接口"选择"默认串口"，"定时间隔"设置为"20"，然后单击"应用设置"按钮。

项目
4

图 4-11 进入"读写器设置"选项卡

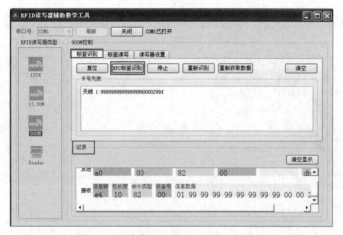

图 4-12 转换到"标签识别"选项卡

图 4-13 再次转入"读写器设置"选项卡

（8）再次切换到"标签识别"选项卡，将多张 EPC 标签放置到天线的上方；如图 4-14 所示，则"卡号列表"文本框将会显示识别到的多张 EPC 标签的卡号；读写器配成"EPC 读多卡"及"定时模式"后，"复位"按钮和"重新识别"按钮具有相同的作用，即读取天线区域内 EPC 标签的卡号，"重新获取数据"按钮则是将读写器缓冲区中的所有数据再次发送到串口；对照通信协议查看软件"记录"栏中发送和接收的数据。

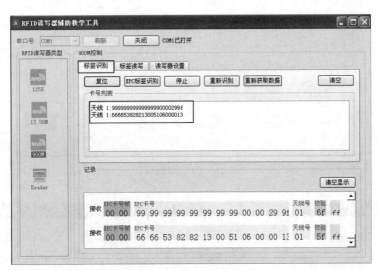

图 4-14　EPC 多标签识别成功

（9）重复步骤（5），然后单击"标签读写"选项卡，如图 4-15 所示。

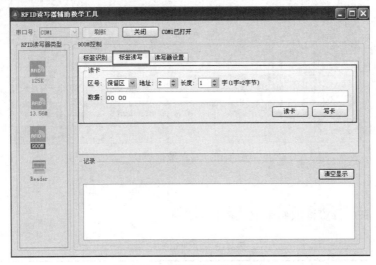

图 4-15　"标签读写"选项卡

（10）将 EPC 标签放置到天线的上方，单击"读卡"按钮，则读取的数据会显示在"数据"文本框中，如图 4-16 所示；更改要读取的"区号""地址"，以及"长度"，观察现象。

（11）单击"写卡"按钮，写入数据成功后"记录"栏显示"写入成功"，如图 4-17 所示；更改要读取的"区号""地址"，以及"长度"，观察现象。

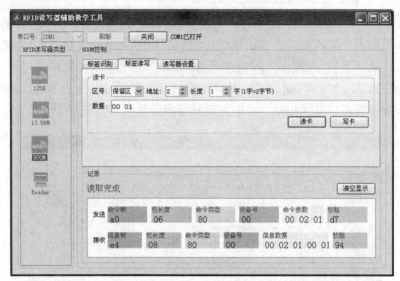

图 4-16   读取数据成功

图 4-17   写入数据成功

6. 结果记录

（1）请将 EPC 标签读取结果记录在表 4-2 中。

表 4-2   实训结果记录

EPC 单标签识别的卡号	
EPC 多标签识别的卡号	
"EPC 区"地址"2"中长度为"1"个字的数据	

（2）请解释 RFID_Tool 软件"记录"栏中"复位"操作命令帧和"读卡"操作信息帧的具体意思，并将这两者的命令帧格式填入表 4-3 和表 4-4 中。

表 4-3 "复位"操作命令帧格式分析

	取值	含义
包类型		
包长度		
命令类型		
设备号		
命令参数		
校验		

表 4-4 "读卡"操作信息帧格式分析

	取值	含义
包类型		
包长度		
命令类型		
设备号		
信息数据		
校验		

（3）请将学号写入"User 区"地址"0"中，并进行截图。

4.4 实训——基于 Qt 环境的 EPC 单（多）标签识别及读写实验

本节实训安排基于 Qt 环境的 EPC 单（多）标签识别及读写实验，首先在教师的指导下了解嵌入式开发和 Qt 环境的基本原理；然后利用虚拟机上的 Ubuntu 系统编译 Qt 应用程序；最后在物联网综合实验箱液晶显示屏上查看运行结果。

1. 实训目的
（1）了解嵌入式开发和 Qt 环境的基本原理。
（2）熟悉嵌入式开发的流程和 Qt 平台的搭建。
（3）学会使用 Qt 实现超高频 EPC 标签的读写程序。

2. 实训设备
（1）装有 Linux 系统或 Linux 虚拟机的 PC 机一台。
（2）物联网综合实验箱一套。
（3）串口线一条。

（4）网线一条。

3. 实训要求

（1）要求：熟练掌握嵌入式开发的流程。

（2）实现功能：使用 Qt Creator 建立一个工程，在单击"show"按钮后，物联网综合实验箱液晶显示屏显示 900MHz 刷卡界面。

（3）实验现象：刷卡后，Qt 应用程序可进行 EPC 单（多）标签识别及读写操作。

4. 实验原理

见 2.4 节实验原理。

5. 实训步骤

本次实训的步骤（1）～（7）同 2.4 节实训步骤。

（8）在 Ubuntu 系统编译 RFID_900M 程序。首先，将文件夹"include""lib"和"rfidWidget"（见"Code\ex30_RFID_UHF900_Indentify_Single"）复制到新建工程的目录下；接着左键单击工程编辑图标，在 Qt 工程目录中右键单击"ex30_RFID_UHF900_Indentify_Single"下拉列表框，在弹出的列表中选择"AddExisting Files"文本选项，如图 4-18 所示。

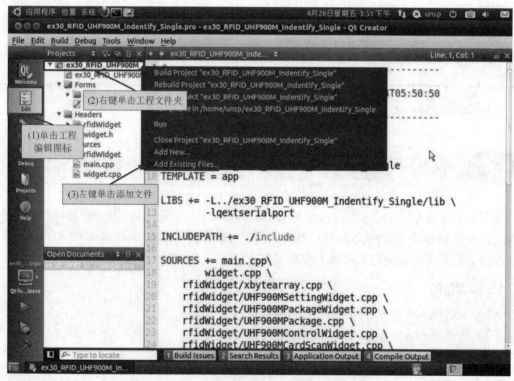

图 4-18　添加文件

此时，在弹出的"Add Existing Files"对话框中，选择添加"rfidWidget"文件夹下的所有文件，并单击"打开"按钮，如图 4-19 所示。

图 4-19　选择添加的文件

如图 4-20 所示，回到 Qt Creator 的编辑界面后，左键单击工程文件"ex30_RFID_UHF900_Indentify_Single.pro"，在其中添加代码：

```
LIBS += -L ../ex30_RFID_UHF900M_Indentify_Single/lib \
-lqextserialport
INCLUDEPATH += ./include
```

该代码表示要连接数据库的动态库，且包含其对应头文件。

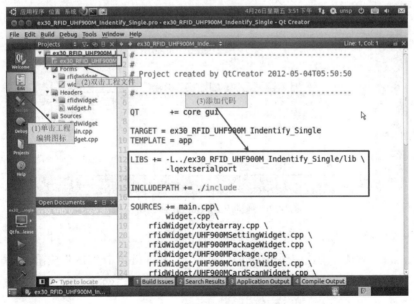

图 4-20　增加编译连接代码

接着，左键单击工程编辑图标，进入工程编辑后左键双击"widget.ui"文件，如图 4-21 所示。

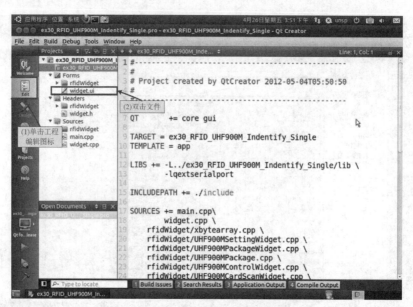

图 4-21　进入 "widget.ui" 的图形编辑窗口

　　进入 "widget.ui" 的图形编辑窗口后左键选中 "Push Button" 文本选项，并将其拖动到编辑窗口，双击改名为 "显示"，如图 4-22 所示。

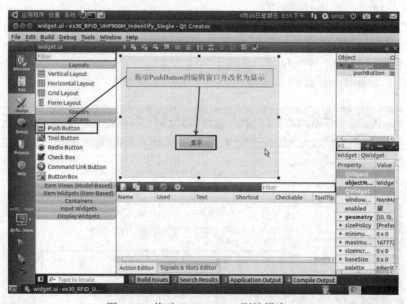

图 4-22　拖动 Push Button 到编辑窗口

　　右键单击 "显示" 按钮，在弹出的菜单栏中左键单击 "Go to slot" 命令，如图 4-23 所示；在弹出的 "Go to slot" 对话框中选中 "clicked()" 文本选项后左键单击 "OK" 按钮，如图 4-24 所示。

　　如图 4-25 所示，回到 Qt Creator 的编辑界面后在出现的 "widget.cpp" 的文件代码中，对应的行添加代码（调用接口函数）：

```
#include<rfidWidget/UHF900MControlWidget.h>
UHF900MControlWidget::showOut();
```

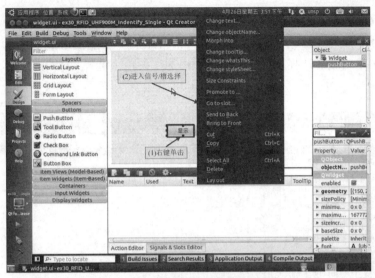

图 4-23 "显示"按钮的槽连接

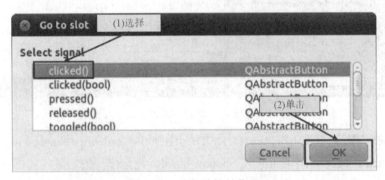

图 4-24 选择连接的信号

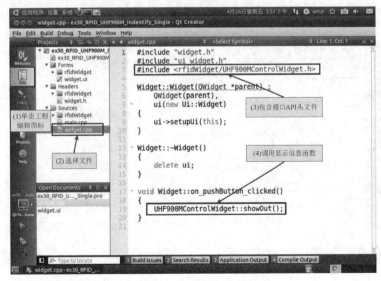

图 4-25 调用接口函数

单击 Qt Creator 菜单栏中"Build"按钮，在弹出的下拉菜单中选择"Clean All"命令，清理一下之前编译生成的文件，防止编译嵌入式版本的程序出错；接着单击编译选择图标，在弹出的下拉菜单中单击编译选择下标，最后在弹出的子菜单中选择"QtforA8Release"命令，如图 4-26 所示。

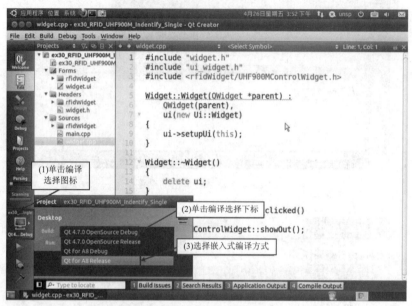

图 4-26　选择编译方式

单击"Project"图标，在弹出的"ex3D_RFID_UHF900M_Indentify_single"下"Build Settings"选项卡的"General"选项组中取消对"Shadow build"复选按钮的勾选，如图 4-27 所示。

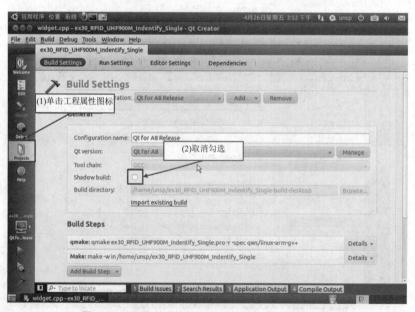

图 4-27　取消对"Shadow build"复选按钮的勾选

单击菜单栏中的 "Build" 选项,在弹出的下拉菜单中左键单击 "Build All" 命令编译工程,如图 4-28 所示;当看到编译选择按钮上方的进度条变成绿色,即表示编译完成。

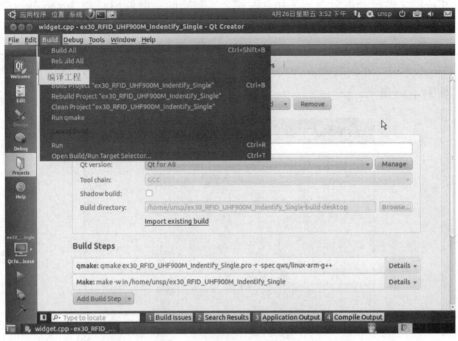

图 4-28　编译工程

(9) 将编译生成的文件复制到物联网综合实验箱上并运行。在工程的保存目录中,可以找到一个名为 "ex30_RFID_UHF900_Indentify_Single-build-desktop" 的文件夹,编译生成的可执行程序即在此文件夹中;将编译好的可执行程序 ex30_RFID_UHF900_Indentify_Single 文件从 Ubuntu 系统复制到 Windows 系统,然后在 Windows 系统中双击 "我的电脑" 图标,在打开的窗口地址栏中输入 "ftp://开发板的 IP 地址",如图 4-29 所示,其中开发板的 IP 地址可以参考本书 2.4 节图 2-37 中的 "ifconfigeth0" 命令来查看;接下来,同操作本地文件一样,我们可以使用复制粘贴的方式将编译好的 ex30_RFID_ UHF900_Indentify_Single 文件放入物联网综合实验箱内。

图 4-29　通过 FTP 访问物联网综合实验箱的文件

项目 4

我们需确保物联网综合实验箱的综合演示程序没有处于 RFID 的演示界面，否则会与本实训抢夺串口资源；在超级终端软件中，输入"ls"命令，可以看到 ex30_RFID_UHF900_Indentify_Single 文件已经被复制到了物联网综合实验箱的系统内；执行"chmod +xex30_RFID_UHF900_Indentify_Single"命令，为 ex30_RFID_UHF900_Indentify_Single 文件增加可执行权限；执行"./ex30_RFID_UHF900_Indentify_Single"命令，即可运行 ex30_RFID_UHF900_Indentify_Single 程序，在物联网综合实验箱上使用触摸屏即可对应用程序进行操作，并查看运行结果，如图 4-30 所示。

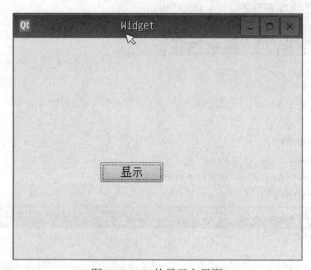

图 4-30 Qt 的显示主界面

单击"显示"按钮，显示刷卡界面，如图 4-31 所示。

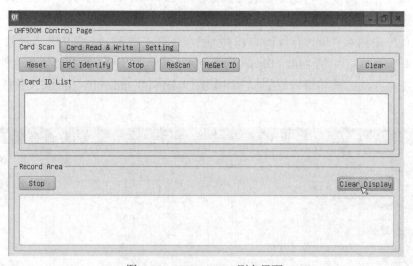

图 4-31 RFID_900M 刷卡界面

单击"Setting"选项卡，依次选择读卡模式下面的"Single EPC Scan"以及工作模式下面的"C/S Mode"，然后单击"Apply Setting"按钮，切换到"Card Scan"选项卡，将单张 EPC

标签放置到天线的上方，单击"EPC Identify"按钮，则单张 EPC 标签的卡号就会显示在"Card ID List"一栏；再次单击"Setting"选项卡，依次选择读卡模式下面的"Multi EPC Scan"以及工作模式下面的"Timer Mode"，数据报告接口选择"Default"，定时间隔设置为"20"，然后单击"Apply Setting"按钮，再次切换到"Card Scan"选项卡，将多张 EPC 标签放置到天线的上方，则"Card ID List"一栏将会显示识别到的多张 EPC 标签的卡号。

单击"Setting"选项卡，依次选择读卡模式下面的"Single EPC Scan"以及工作模式下面的"C/S Mode"，然后单击"Apply Setting"按钮，然后单击"Card Read & Write"选项卡，将 EPC 标签放置到天线的上方，单击"Read"按钮，则读取的数据会显示在"Data"一栏中；单击"Write"按钮，写入数据成功后"Record Area"一栏显示"Write OK"。

6. 结果记录

请将液晶显示屏上的读写数据结果记录下来。

💬 巩固延伸

1. 通常，微波频段工作的 RFID 标签也统称为超高频 RFID 标签，其典型的工作频率为 2.45GHz、5.8GHz，一般用于远距离识别与快速移动物体识别，目前较为成功的应用案例是 ETC 系统。如图 4-32 所示，ETC（Electronic Toll Collection）是高速公路的不停车电子收费系统，通过安装在车辆挡风玻璃上的车载电子标签与在收费站 ETC 车道上的微波 RFID 读写器之间的专用短程通信，利用计算机联网技术与银行进行后台结算处理，从而达到车辆通过路桥收费站不需停车而能交纳路桥费的目的；同时，ETC 系统也在努力进入新的领域，如公共停车场和社区等场合。你还知道超高频 RFID 技术应用在哪些领域吗？

图 4-32　ETC 系统

2. RFID 技术优势的一大特点是非接触式无线通信识别，这恰恰带来了信息通过无线电波泄漏到外部的风险，而且由于电子标签的工作原理同追踪定位等某些间谍设备类似，有时会引起社会公众的争议和抵制，如图 4-33 所示。可见，RFID 技术的安全问题是当前 RFID 技术推广和普及的一个不可规避的关键问题。

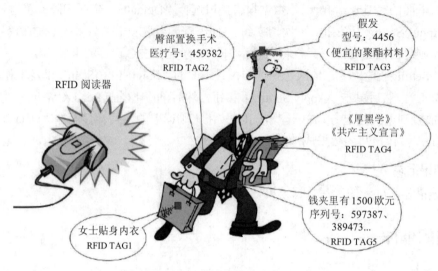

图 4-33　RFID 技术的安全和隐私问题

　　一般情况下，读写器和后台服务器之间的通信可以认为是安全可靠的，关键是电子标签、读写器的安全隐患，因此我们把 RFID 系统的安全问题主要分为物理安全、通信安全、信息安全三个方面。请分组探讨这些安全课题和应对策略。

项目 5　RFID 系统搭建与开发

 学习目标

1. 知识目标
- 掌握 RFID 系统搭建的流程
- 了解 RFID 系统开发的方法

2. 能力目标
- 能够使用 125kHz 读卡模块实现门禁考勤系统
- 能够使用 900MHz 读写模块实现药品购销管理系统

相关知识

搭建 RFID 系统是一个复杂的过程，这一过程大体上分为规划、设计、实施、测试、分析、优化六个阶段，下面我们来详细讨论每个阶段的方法和注意事项。

5.1　RFID 系统的实践指南

5.1.1　RFID 系统的规划

搭建 RFID 系统首先要明确业务流程、分析技术可行性，以及核算成本收益。这里以连锁零售企业的商品配送业务为例来说明 RFID 系统的规划方法。

某连锁零售企业具体的商品配送业务为：仓库每天早上收到公司总部发来的商品配送指令，从仓库里分拣出要配送的商品，在下午四点之前完成配送商品的捆包；捆包完的商品放入纸箱按每个店铺进行划分放到货盘上；从下午四点开始进行货物配送，离仓库较近的店铺当天送达，较远的次日早上送达。由此可知，其原始业务流程可分解为仓库出货和店铺进货两个流程，如图 5-1 所示。

现在准备利用 RFID 技术来提高管理运作效率、优化供应链结构，则仓库出货和店铺进货的流程发生相应改变，如图 5-2 所示。（注：图中 HHT 为手持式读写器，并且具备数据存储、计算和通信功能。）

有了业务流程图，下一步进行技术可行性分析。具体方法可结合现场因素的评估情况，然后按照 RFID 系统技术可行性分析流程（图 5-3）进行分析。

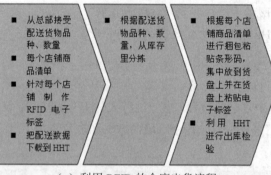

（a）仓库出货流程

（b）店铺进货流程

图 5-1　连锁零售企业原始业务流程

（a）利用 RFID 的仓库出货流程

（b）利用 RFID 的店铺进货流程

图 5-2　利用 RFID 技术的连锁零售企业业务流程

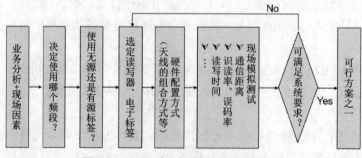

图 5-3　RFID 系统技术可行性分析流程

用一用：依照上述流程图，试分析引入 RFID 系统后的连锁零售企业商品配送业务的技术可行性。

接着进行成本收益核算，建议把引入 RFID 技术的成本和收益单独列算，最后进行综合评估。成本项核算清晰可循，但收益项核算较为困难，可从企业实际的经营战略角度进行分析，表 5-1 为引入 RFID 系统的成本收益核算参考项。

表 5-1　引入 RFID 系统的成本收益核算参考项

成本项		收益项
硬件购置成本	电子标签	进行自动化管理所节省的业务开支
	读写器（含天线）	
	服务器、网络设备等	
软件购置成本	RFID 中间件	企业竞争力提高带来的收益
	系统开发工具软件	
	应用软件、驱动软件等	
项目管理费用	交通住宿费	效率提升带来的收益
	会议费等	
系统运行维护成本	系统日常管理维护费用	长期发展效益
	系统升级与损耗费用	
相关人员成本	系统开发、安装、测试等人员费用	节省的人员劳动力费用
	RFID 人员教育培训费用	

5.1.2　RFID 系统的设计

RFID 系统的规划通过后，就可以进行 RFID 系统的设计，具体过程分为需求分析、概要设计和详细设计三个步骤。

RFID 系统的
设计过程

需求分析是对业务流程和用户需求更加细致地考量，并转化为完整的规格说明，该步骤需要和用户一起收集、编写、协商和修改，其分析步骤和具体要素可参照表 5-2。

表 5-2　RFID 系统需求分析分析步骤和具体要素

分析步骤	具体要素
需求采访	公司领导的要求
	使用人员、维护人员的意见
	当前业务要改善的关键点
	对系统识读率、误码率的要求
	对系统安全性的要求
流程的分析重组	对现有流程进行细致的分析
	引入 RFID 技术后业务流程的重组

分析步骤	具体要素
数据流的分析	完成业务需要怎样的数据
	电子标签中写入什么数据
	数据的流向
RFID 对象物的详细分析	对象物的材质、形状、大小
	对象物的移动速度、方向
	对象物的作业方式
适用环境的详细调查	作业现场的周边环境、电气设备
	作业现场的空间结构
	作业现场的温湿度
	RFID 系统设备的安装空间
与现有系统的融合	与现有系统的融合时机
	与现有系统的数据统一

概要设计的主要任务是把需求分析中得到的需求定义转换为软硬件结构和数据结构，建立系统的逻辑模型。首先依据业务需求和标准评估选择系统的技术标准，如果 RFID 系统是企业或部门内部的封闭系统，就没有必要一定要采用 ISO/EPC 国际标准；设计软件结构的具体任务是将一个复杂业务系统按功能进行模块划分、建立模块的层次结构及调用关系、确定模块间的接口协议及人机界面等；设计硬件结构的具体任务是确定电子标签、读写器、天线、网络设备的具体型号、数量，设计它们的拓扑结构和数据接口；数据结构设计包括电子标签数据结构、中间件数据结构、应用程序数据结构，以及数据库的设计。

详细设计是对概要设计中的软硬件结构和数据结构进行细化，是系统开发人员和安装测试人员具体作业时的依据。其中，软件结构的细化是指对软件系统进行详细的系统架构、模块算法设计，制定处理单元之间的输入输出格式，设计具体的人机交互界面等；硬件结构的细化是指设计读写器、电子标签安装配置的具体参数，比如读写器天线的高度、方位、功率等，还包括硬件设备的设定、电源配置、安装尺寸、辅助设备等；数据结构的细化是指对标签、中间件、应用服务程序数据和数据库进行确切的物理结构定义，物理结构主要指数据库的存储记录格式、存储记录安排和存储方法。

比一比：以管理学生个人信息的数据结构为例，说说概要设计和详细设计的区别。

5.1.3 RFID 系统的实施

规划、设计阶段完成后，进入到 RFID 系统的实施阶段，也就是开发和制造过程，这一阶段的主要任务是数据和算法的具体设计、程序的编写、电子标签数据的烧写、读写器和网络设备的连接调试，以及单体模块的测试。

目前 RFID 应用系统的开发可以基于成熟的开发平台进行。所谓开发平台是指可以提供开发 RFID 相关应用的通用组件，包括软硬件和多种通信接口，用户可利用此平台灵活地进行定制以实现各种应用。RFID 开发平台具有通用性，无须关注底层细节，直接把整个开发平台当作一个模块来使用即可，为二次开发缩短周期、减少成本。图 5-4 为一种基于 MCF52235 的 RFID 通用开发平台。

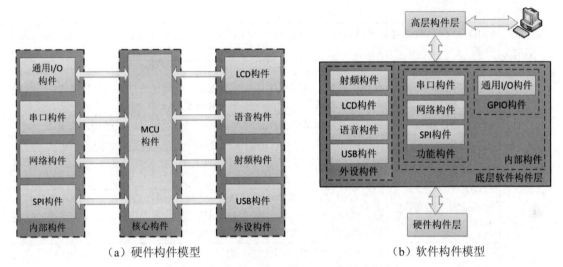

（a）硬件构件模型　　　　　　　　　（b）软件构件模型

图 5-4　基于 MCF52235 的 RFID 通用开发平台

5.1.4 RFID 系统的测试

RFID 系统的测试是 RFID 技术研发和应用实践过程中的重要技术保障，因此，按照一定的测试方法和流程进行模拟仿真试验和现场综合测试是必要的。

RFID 系统的测试环境应包含以下几个主要方面：

（1）测试场地。由于 RFID 产品性能参数不同，其读取范围也从几厘米到几十米、上百米不等，需要有多样的测试场地。

（2）测试设备。测试设备是针对电子标签及读写器的数据采集设备，如场强仪、测速仪等；专业的测试数据分析设备，如实时频谱分析仪、矢量网络分析仪、矢量信号发生器、EMI/EMC 预兼容测试系统等。

（3）测试工具。测试工具包括电子标签测试系统、读写器测试系统、射频设计与仿真软件系统、辅助分析工具等。

（4）辅助测试设施。如贴有标签的货箱、托盘、叉车、集装箱等都是辅助测试设施。

除此之外，在部分测试过程中还可能需要用到特殊设备，例如需要测试系统在无干扰环境下的表现就需要对外界信号进行屏蔽，这就需要使用电波暗室或 RFID 终端系统模拟实验室等。

RFID 系统测试的主要内容可以分为功能测试、性能测试、安全性测试和一致性测试几类，其测试内容和具体项目见表 5-3。

表 5-3　RFID 系统测试的主要内容

测试分类	测试内容	具体项目
功能测试	电子标签功能测试	电子标签功能测试包括电子标签解调方式和返回时间测试、电子标签反应时间测试、电子标签反向散射测试、电子标签返回准确率测试、电子标签返回速率测试等
	读写器功能测试	读写器功能测试包括读写器调制方式测试、读写器解调方式和返回时间测试、读写器指令测试等
	RFID 后台系统功能测试	RFID 后台系统功能测试包括 RFID 中间件系统功能测试和 RFID 应用系统功能测试
性能测试	电子标签性能测试	电子标签性能测试包括工作距离测试、标签天线方向性测试、标签最小工作场强测试、标签返回信号强度测试、抗噪声测试、频带宽度测试、各种环境下标签读取率测试、标签读取速度测试等
	读写器性能测试	读写器性能测试包括识别速率测试、灵敏度测试、发射频谱测试等
	RFID 系统通信链路性能测试	RFID 系统通信链路性能测试测试不同参数（改变标签的移动速度、附着材质、数量、环境、方向、操作数据大小，以及多标签的空间组合方案等）的系统通信距离、系统通信速率
	电子标签及读写器空中接口测试	电子标签及读写器空中接口测试是针对电子标签和读写器相互通信的测试，以确定电子标签与读写器的通信参数，如工作频率、工作场强、数据速率和编码、调制参数、帧结构、通信时序等测试
	RFID 后台系统性能测试	RFID 后台系统性能测试包括 RFID 中间件系统性能测试和 RFID 应用系统性能测试
安全性测试	电子标签安全性测试	电子标签安全性测试主要对电子标签上存储器、采用的加密机制、电子标签上不同信息区进行测试
	读写器的安全性测试	读写器的安全性测试主要对读写器上存储器、采用的加密机制、使用的系统软件进行测试
	电子标签和读写器通信链路安全性测试	电子标签和读写器通信链路安全性测试包括电子标签的访问控制、安全审计测试、电子标签内容操作（如读、写、复制、删除、修改等）安全性；电子标签和读写器之间空中接口通信协议安全测试
	RFID 后台系统安全性测试	RFID 后台系统安全性测试包括 RFID 中间件与读写器之间的通信过程安全性测试、RFID 中间件系统自身的安全性测试、RFID 应用系统安全性测试
一致性测试	一致性测试	一致性测试主要是测试待测目标是否符合某项国内或国际标准（例如 ISO/IEC 18047 系列标准）定义的空中接口协议，包括电子标签空中接口一致性测试、读写器空中接口一致性测试

　　这里以通信范围的测试为例，介绍一种简易实用的 RFID 系统测试方法。如图 5-5 所示，测试设备需要用到计算机、读写器、电子标签、天线支架、电子标签支架和两把硬尺，最好选择空旷的场地进行，首先准备极坐标网格图，将读写器天线置于网格图的中心，使天线平面和 0 度射线垂直，如图 5-6（a）所示；然后以读写器天线为中心，分别在不同的射线方向上移动电子标签（尽可能与天线平面所在法线对称），分别在网格纸上标出电子标签读取的临界位置，用笔连接各个测试点坐标，即可绘制出天线包络图，如图 5-6（b）所示。

列一列：根据表 5-3，试列出连锁零售企业商品配送业务 RFID 系统的测试项目。

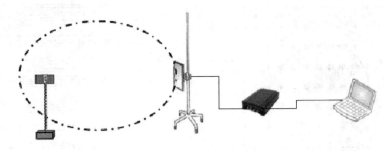

图 5-5 通信范围测试场景

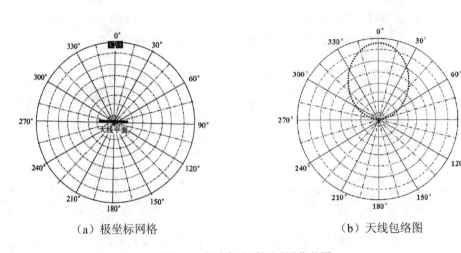

（a）极坐标网格　　　　　　　　　　　　　（b）天线包络图

图 5-6 极坐标方法测试通信范围

5.1.5 RFID 系统的分析

RFID 系统的分析方法

对于测试数据的分析，可以采用专业软件（如 Matlab）绘制图表进行分析，找出杂乱数据中的规律性。实际测试发现，读写器发射功率、读写器天线辐射角度、电子标签部署密度等因素都会影响系统性能。

发射功率增大，整体识别范围增大，新识别的电子标签不一定位于新增加的识别区域中，可能位于之前的识别区域中，如图 5-7（a）所示。对于某一个电子标签而言，一旦它能够获得足够的能量，被成功识别后，继续增加读写器的能量，它一直都能够被成功识别；如果需要识别尽可能多的电子标签，需要采用大的发射功率，功率小的时候能够识别的电子标签在功率增大时也一定能够被成功识别，因而功率越大，识别的电子标签数目越多；但是，处于识别范围内的电子标签由于受到路径损耗、多径效应、信号干扰等因素的影响，也未必能够 100% 被识别，如图 5-7（b）所示。

对于一个特定的电子标签而言，当辐射角度较小时（辐射方向与电子标签接近平行状态），到达标签的能量较小，若要激活电子标签，则要增加读写器的发射功率；当辐射角度较大时（辐射方向与电子标签接近正交状态），所需要的读写器发射功率较小，如图 5-8（a）所示。对于一定数目的电子标签而言，读写器天线的辐射角度越小，能够识别的电子标签数目越少；当辐射角度增大时，能够识别的电子标签数目增多，如图 5-8（b）所示。

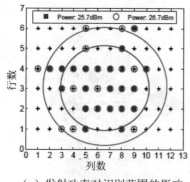

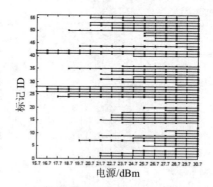

（a）发射功率对识别范围的影响　　　　　（b）发射功率对单个电子标签的影响

图 5-7　读写器发射功率对系统性能的影响

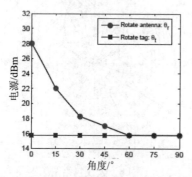

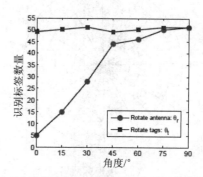

（a）不同辐射角度激活电子标签的最小功率　　（b）不同辐射角度识别的电子标签数量

图 5-8　读写器天线辐射角度对系统性能的影响

在实际环境中，读写器的有效识别范围受到电子标签部署密度的影响，不能采用理论上的读写器天线辐射模型来计算有效识别区域；如果电子标签部署密度较大，使得读写器的有效识别区域变小，可以通过增大读写器的发射功率、移动读写器实现多次扫描等操作来读取更多的电子标签，提升系统的性能，如图 5-9（a）所示；电子标签的识别时间只与被识别的电子标签个数有关，而与其他因素没有直接关系，读写器的发射功率、读写器天线辐射角度、读写器天线与电子标签之间的距离对整体识别时间的影响都是因为其影响了识别的电子标签个数，如图 5-9（b）所示。

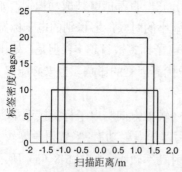

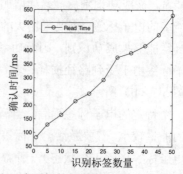

（a）电子标签部署密度对识别性能的影响　　（b）电子标签部署密度对识别时间的影响

图 5-9　电子标签部署密度对系统性能的影响

此外，读写器天线与电子标签之间的距离、读写器天线与电子标签的相对位置等因素也会对 RFID 系统的性能产生影响，这里不再详述。

从理论上来说，读写器天线发射出来的射频电磁波以球状发散出去（定向天线以一定的方向呈锥形状扩散），因此读取范围投影到平面上应该是一个规则的圆形区域，读写器识别区域的中心位置能量密度最大，随着区域外扩，能量密度也逐渐减小，如图 5-10（a）所示。然而，在实际测试情况中，由于受到路径损耗、多径效应、信号干扰等因素的影响，读写器的有效识别区域并非是规则的圆形区域，如图 5-10（b）所示；并且，由于多径效应等因素的存在，处于读写器识别区域中的电子标签并非能够被全部读取，也就是说电子标签的识别率难以达到100%，如图 5-10（c）所示。

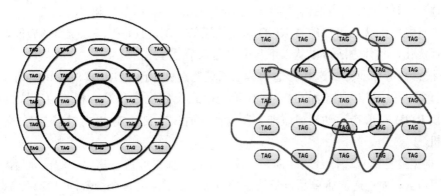

（a）理论上读写器发射功率对识别范围的影响　　　　（b）实际情况下的读取区域

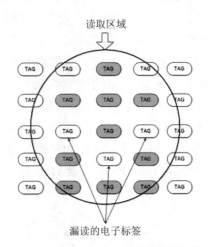

（c）实际读取区域中漏读的电子标签

图 5-10　实际系统与理论模型的差异

通过分析实际系统与理论模型之间的差异，以及各个因素对系统性能的影响可以指导 RFID 系统的优化策略、提高系统性能。

5.1.6　RFID 系统的优化

从 RFID 系统测试和分析阶段可知，现场性能往往达不到设计要求，

RFID 系统的优化手段

因此 RFID 系统优化是整个系统搭建过程中重要的环节,可以使系统尽可能地和现场环境相协调。RFID 系统优化方法可分为硬件系统优化、软件系统优化、其他优化手段三大类。

硬件系统优化方法可以从以下几个方面进行:

(1)调整读写器天线的位置和朝向。

(2)分析 RFID 对象物材质(金属、含水等),改变电子标签粘贴方式,如垫上垫圈固定、用细绳挂住或内嵌等,如果效果不佳,则可以考虑调整电子标签的粘贴位置。

(3)采用冗余方案,即多标签冗余或多天线冗余。

(4)检查现场电子标签数量是否超过读写器读取的限度。

(5)调查读写器和服务器之间的通信情况,采用屏蔽性好的连接线。

(6)满足系统运行所需通信效能的前提下,尽量选择小功率输出。

通过硬件系统的优化可以改善 RFID 系统的通信范围,但要提高系统整体效能,需要对软件系统进行优化,具体方法可以从以下几个方面入手。

(1)根据业务作业方式选择合适的读写器读写模式,已知 RFID 对象物运动规律、人工操作或由计算机程序控制读写的时候选择手动模式,如收费和站点相关的手持式公交刷卡机;不可知 RFID 对象物运动规律或非人工操作的时候选自动模式,如固定在公交车前门的自动刷卡机。

(2)根据业务需求选择合适的读写器读写方式,如果业务上需要一对一读写,则选择单个标签读写方式,如普通商店单品点货结账的柜台;如果需要多个标签同时读写,则选择多个标签读写方式,如智能商店一次性结账的出口。

(3)命令序列的搭配方式会影响读写器的工作效率,比如读取标签用户区数据,可以采用两种命令序列方式:先发送读取电子标签 ID 的命令,再发送读取用户区数据的命令;预先知道电子标签 ID,只发送读取用户区数据的命令,显然后者读取效率要高。

(4)根据使用环境干扰因素的多少,适当增加读写器和电子标签之间通信的重试次数。

(5)电子标签的存储空间分成几个块,数据写入按块操作,需要先将块内数据消除后再写入,且数据写入时间是读取时间的几十倍,因此尽量把一个数据存储到一个块内,经常同时使用的数据尽可能放到同一个块内,例如图 5-11 中的数据 B 表示顾客的本次购买物品金额,数据 E 表示兑奖积分,这两项会经常同时使用,因此 B 和 E 优化到一个数据块 1 中,D 优化到一个数据块 4 中,会很好地改善系统效率。

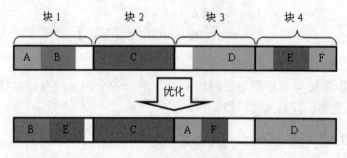

图 5-11　电子标签存储块分配的优化

RFID 硬件系统和软件系统的优化方法可以有效解决大部分现场问题，但有些情况下还是会出现意想不到的问题，下面介绍几种实用的优化手段。

（1）读写器作用范围可能存在射频信号盲点，如果距离读写器天线较近的某点位置不能读取电子标签，但比此点更远的周边范围内电子标签读取没有问题，就说明这个点位置可能是射频信号盲点；在 RFID 系统规划设计阶段就应找出确切的信号盲点，安装时进行详细的调整；若系统现场运行碰到盲点，则可以考虑移动电子标签位置方向、调整读写器天线、防电磁波反射等方法。

（2）电磁波的反射有时会干扰 RFID 系统的通信，有时反而会增强通信信号强度；对于反射的负面影响，先要分析周边环境，找出可能存在的反射面，如墙壁、隔断等，再用吸波材料遮挡或吸波涂料涂覆等方法来克服；对于反射的正面影响，可以利用这种正面效应进行运作，并且尽量保持周边环境不要有大的变化。

 想一想：你还能想到哪些 RFID 系统优化的手段？

除了上述软硬件系统和其他优化手段，还要考虑系统中间件、服务器和网络设备的优化；如果经过所有的优化还是满足不了业务需求，作为最后的方法可以和用户协商是否可以更改业务流程，找到业务流程和 RFID 技术的平衡点。

 **项目实训**

5.2　实训——125kHz 门禁考勤系统实现

本节实训安排利用 125kHz 读卡模块和 ID 卡构建一个 125kHz 门禁考勤系统，由教师指导学生完成接近于实际应用场景的系统搭建和操作，使学生理解系统的架构和基本原理，掌握业务的流程和操作方法。

1. 实训目的
了解利用 125kHz 读卡模块完成门禁考勤的方法。

2. 实训设备
（1）装有 Linux 系统或 Linux 虚拟机的 PC 机一台。
（2）物联网综合实验箱一套。
（3）串口线一条。
（4）网线一条。

3. 实训要求
在物联网综合实验箱上运行门禁考勤软件，利用 125kHz 卡实现考勤记录、信息录入、删除，以及修改等功能。

4. 实验原理

见 2.4 节实验原理。

5. 实训步骤

本次实训的步骤（1）～（6）同 2.4 节实训步骤。

（7）将可执行文件复制到物联网综合实验箱上并运行。

在 Windows 系统中双击"我的电脑"图标，在打开的窗口地址栏中输入"ftp://开发板的 IP 地址"，如图 5-12 所示，其中开发板的 IP 地址可以参考本书 2.4 节图 2-37 中的"ifconfigeth0"命令来查看；然后将本实验配套源码文件夹（见"Code\Attendance"）中编译好的可执行程序 Attendance 文件复制到实验箱内。

图 5-12　通过 FTP 访问物联网综合实验箱的文件

我们需确保物联网综合实验箱的综合演示程序没有处于 RFID 的演示界面，否则会与本实训抢夺串口资源；在超级终端软件中，输入"ls"命令，可以看到 Attendance 文件已经被复制到了物联网综合实验箱的系统内；执行"chmod+xAttendance"命令，为 Attendance 文件增加可执行权限；执行"./Attendance"命令，即可运行 Attendance 程序，如图 5-13 所示。

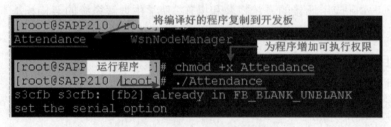

图 5-13　运行 Attendance 程序

（8）门禁考勤系统的操作。程序运行之后，可以在物联网综合实验箱触摸屏上看到图 5-14 所示的 Attendance 主界面。

其中，"Clock in"选项卡为刷卡界面，在此界面下，当刷卡时，系统会显示卡号和与之关联的姓名，如果该卡没有登记，则在"Name"栏将显示"No such person!"，如图 5-15 所示。

在"Manage"选项卡，可以对用户信息进行管理，并可以查看考勤记录，如图 5-16 所示。

图 5-14　Attendance 主界面

图 5-15　刷卡无效时的界面

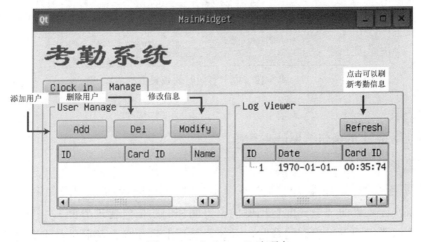

图 5-16　"Manage"选项卡

在"Manage"选项卡中单击"Add"按钮可以打开添加用户窗口，如图5-17所示。

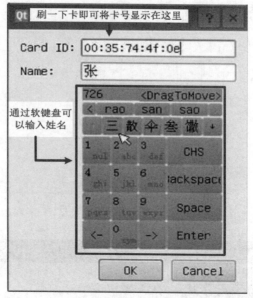

图5-17　添加用户界面

添加用户之后，再次回到"Clock in"选项卡，此时刷卡将会显示用户名，如图5-18所示。

图5-18　刷卡有效时的效果

6. 结果记录

请将液晶显示屏上的操作结果记录下来。

7. 拓展思考

利用本实训配套源码，重新开发某音乐节实名制电子门票系统，要求如下：

（1）重新设计主界面（主界面包括刷门票界面和门票信息管理界面）。

（2）在刷门票界面下，当刷门票时，系统会显示卡号和与之关联的姓名，如果该门票没有登记，则在"Name"栏显示"Invalid Tickets"。

（3）在信息管理界面下，删除刷卡记录界面，只保留门票信息管理界面。

（4）其余你想优化的地方。

完成以上步骤后，重新编译，并在物联网综合实验箱上运行该软件，将液晶显示屏上的操作结果记录下来。

5.3 实训——900MHz 药品购销管理系统实现

本节实训安排利用 900MHz 读写模块和 EPC 标签构建一个 900MHz 药品购销管理系统，由教师指导学生完成接近于实际应用场景的系统搭建和操作，使学生理解系统的架构和基本原理，掌握业务的流程和操作方法。

1. 实训目的

了解利用 900MHz 读写模块完成药品购销管理的方法。

2. 实训设备

（1）装有 Linux 系统或 Linux 虚拟机的 PC 机一台。

（2）物联网综合实验箱一套。

（3）串口线一条。

（4）网线一条。

3. 实训要求

在物联网综合实验箱上运行图书管理软件，利用 EPC 标签实现药品信息的买入、卖出，以及库存和购销记录查询等功能。

4. 实验原理

见 2.4 节实验原理。

5. 实训步骤

本节实训的步骤（1）～（6）同 2.4 节实训步骤。

（7）将可执行文件复制到实验箱上并运行。在 Windows 系统中双击"我的电脑"图标，在打开的窗口地址栏中输入"ftp://开发板的 IP 地址"，如图 5-19 所示，其中开发板的 IP 地址可以参考本书 2.4 节图 2-37 中的"ifconfigeth0"命令来查看；然后将本实验配套源码文件夹（见"Code\DrugSaleManageSystem"）中编译好的可执行程序 DrugSaleManageSystem 文件复制到实验箱内。

我们需确保物联网综合实验箱的综合演示程序没有处于 RFID 的演示界面，否则会与本实训抢夺串口资源；在超级终端软件中，输入"ls"命令，可以看到 DrugSaleManageSystem 文件已经被复制到了物联网综合实验箱的系统内；执行"chmod +xDrugSaleManageSystem"命令，为 DrugSaleManageSystem 文件增加可执行权限；执行"./DrugSaleManageSystem"命令，即可运行 DrugSaleManageSystem 程序，如图 5-20 所示。

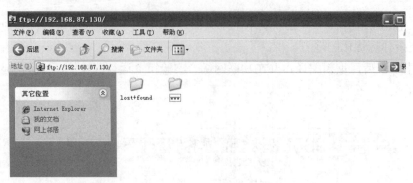

图 5-19　通过 FTP 访问物联网综合实验箱的文件

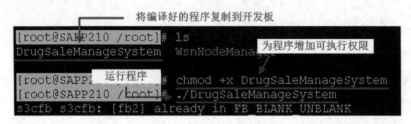

图 5-20　运行 DrugSaleManageSystem 程序

（8）药品购销管理系统的操作。程序运行之后，可以在物联网综合实验箱触摸屏上看到图 5-21 所示的主界面。

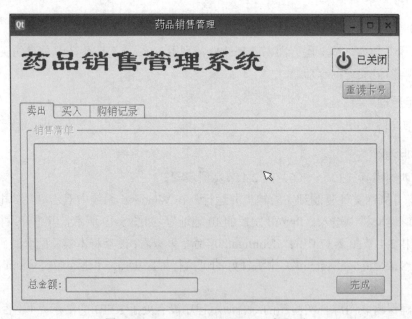

图 5-21　DrugSaleManageSystem 主界面

右上角按钮名称显示为"已关闭"时，表示系统未工作，此时界面内的所有功能均不可操作，单击右上角的"已关闭"按钮，打开 900MHz 读写模块，此时，按钮名称将变为"已打开"，同时下面的选项卡变为可用状态，如图 5-22 所示。

项目 5

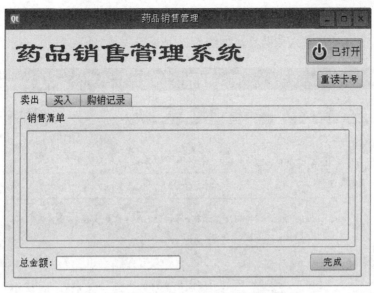

图 5-22　打开 900MHz 读写模块的主界面

第一次运行程序，药品信息数据库为空，无法执行"卖出"的动作，所以需要首先切换到"买入"选项卡，并刷一下 EPC 标签，此时会弹出图 5-23 所示的"药品信息修改"对话框，在其中用户可以为药品指定价格和名称。

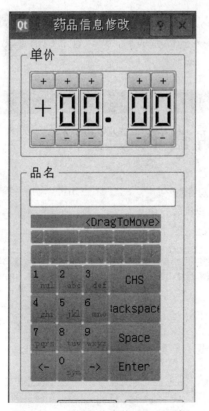

图 5-23　"药品信息修改"对话框

输入"单价"和"品名"后，单击"确定"按钮，回到"买入"选项卡，可以看到这里多了一条记录，表示即将买入该药品，如图 5-24 所示。

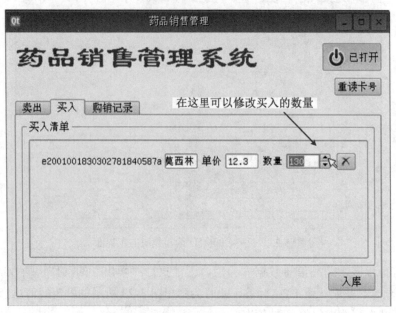

图 5-24 "买入"选项卡

在"买入"选项卡中可以多次刷卡，以便买入多种药品，最后单击"入库"按钮，即可模拟完成买入药品的功能；买入药品完成后，可以在"购销记录"选项卡中查询库存和购销记录，如图 5-25 所示。

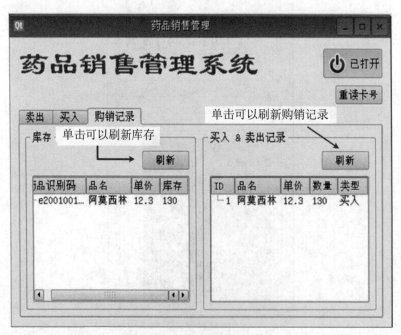

图 5-25 库存和购销记录查询

药品销售可以在"卖出"选项卡中完成；首先切换到"卖出"选项卡，然后单击右上角的"重读卡号"按钮；刷一下已经登记（买入）过的 EPC 标签，可以看到在列表中出现了对应的药品信息，表示可以购买该药品，如图 5-26 所示。

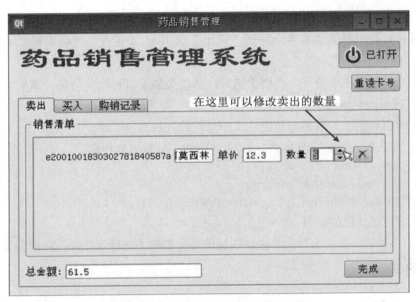

图 5-26 在"卖出"选项卡中卖出药品

在"卖出"选项卡中可以多次刷卡，以便卖出多种药品，当药品种类或数量发生变化时，下方"总金额"文本框中的数字会自动发生变化；确认无误后，单击"完成"按钮，即可模拟完成药品销售的过程，此时回到"购销记录"选项卡，刷新一下库存和购销记录，可以看到药品的库存信息和购销记录均发生了变化，如图 5-27 所示。

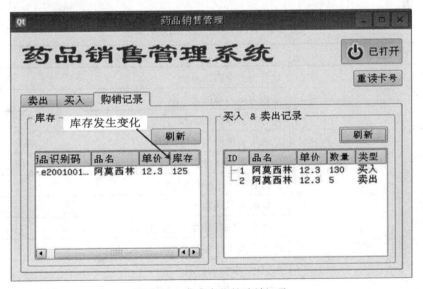

图 5-27 发生变化的购销记录

6. 结果记录

请将液晶显示屏上的操作结果记录下来。

7. 拓展思考

利用本实训配套源码，重新开发某超市货物管理系统，要求如下：

（1）重新设计主界面（主界面包括"卖出"选项卡、"买入"选项卡和"购销记录"选项卡）。

（2）在"卖出"选项卡下，当刷货物时，系统会显示货物相关信息；如果该货物没有登记，则提示"No such goods!"。

（3）在卖出界面下，增加会员价格（即总价的九折）。

* 提示：在"PageSaleOutWidget.cpp"文件中相应位置添加代码：

```
float VIPPrice = 0.0;          //22 行
VIPPrice = totAmount*0.9;  //30 行
ui->VIPPriceEdit->setText(QString::number(VIPPrice));  //33 行
```

（4）其余你想优化的地方。

完成以上步骤后，重新编译，并在物联网综合实验箱上运行该软件，将液晶显示屏上的操作结果记录下来。

巩固延伸

1. RFID 系统有别于其他系统的一大特点是现场因素会极大地影响整体系统的效能，无论是在系统实践的规划、设计、实施、测试、分析、优化阶段，都要认真考虑现场因素。RFID 系统的现场因素可从 RFID 对象物、现场使用环境、现场作业方式等方面来进行分析和考察，见表 5-4。

表 5-4　RFID 系统现场因素的调查

现场因素	具体内容
系统利用范围	是否为企业内部系统
	是否为国内系统
	是否为国际通用系统
对人体的影响	是否用于医院等敏感场所
	电子标签载体是人体还是动物
	是否有相关法律的限制
现场使用温度	现场温度范围为多少
	电子标签保存温度要求是什么
	电子标签工作温度要求
RFID 对象物	RFID 对象物的材料
	RFID 对象物是否为金属物品
	RFID 对象物是否为含有水分的物品

续表

现场因素	具体内容
使用环境	RFID 系统周围是否有金属物体
	RFID 系统周围是否有电波发射源
	RFID 系统现场空间格局
作业流程要求	标签读写时间要求是多少
	单标签还是多标签处理

其中，RFID 对象物对 RFID 系统的影响在于对象物的构成材料，特别是金属、水分和温度。请你思考图 5-28 中①～④种超高频段 RFID 读取情景中，哪一个通信距离最长？哪一个最短？请按通信距离的长短用序号进行排序，并解释原因。

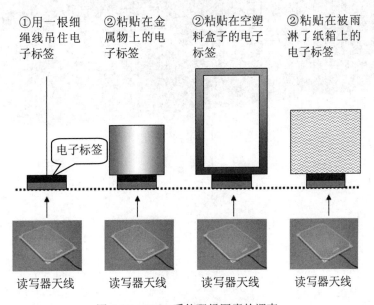

①用一根细绳线吊住电子标签　②粘贴在金属物上的电子标签　②粘贴在空塑料盒子的电子标签　②粘贴在被雨淋了纸箱上的电子标签

电子标签

读写器天线　读写器天线　读写器天线　读写器天线

图 5-28　RFID 系统现场因素的调查

2. 在全球服装与零售业群体性拥抱 RFID 技术的大好趋势下，万亿规模的 RFID 应用示范效应有望强力地促进 RFID 技术的全面普及。我们看到，除了这两大海量级应用外，市面上还出现了形形色色的创新应用，那么基于 RFID 技术的物联网市场还能怎么创新？请利用网络搜索历届 RFID 世界应用创新大会中的新应用和新经验，打开你们的视野，构思一个 RFID 技术的应用拓展领域或创新商业模式，然后分享你们团队的方案。

项目 5

第二部分
传感器技术及应用

项目 6　传感器和传感器网络

学习目标

1. 知识目标

- 掌握传感器的定义和命名规则
- 掌握传感器的组成和分类
- 掌握传感器网络的原理和结构
- 掌握传感器网络的特点和应用
- 了解传感器的基本特性

2. 能力目标

- 能够认知传感器的外形和性能特点
- 能够区分和应用不同类型的传感器和传感器网络

相关知识

人们为了从外界获取信息，必须借助于感觉器官，而在研究自然现象、规律，以及生产活动的过程中单靠人类自身感官是远远不够的。为了解决这种情况，就需要借助传感器，可以说传感器是人类五官的延长，因此其又被称为电五官。

早在 20 年前，逻辑元件、记忆元件与感测元件就已经并列为电子系统的三大元件。在 20 年后的今天，当逻辑元件、记忆元件随着云端概念的普及，逐渐不被重视的同时，感测元件却以黑马之姿，打出一片属于自己的天下。

如今，传感器技术与通信技术、计算机技术并称为现代信息技术的三大支柱和物联网基础，其应用涉及国民经济及国防科研的各个领域（图 6-1），是国民经济基础性、战略性产业之一。当前倍受国际关注的物联网、大数据、云计算，乃至智慧城市中的各种技术实现，对于传感器的需求也是巨大的。相信不久的将来，传感器技术将会出现一个飞跃，达到与其重要地位相称的新水平。

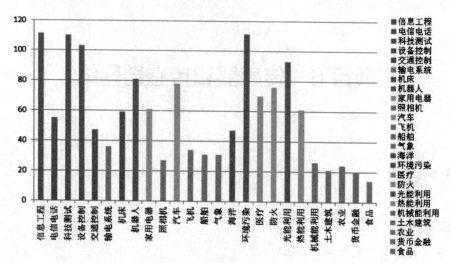

图 6-1 传感器的应用领域

6.1 认识传感器

传感器的定义
和命名规则

6.1.1 传感器的定义和命名规则

国家标准 GB/T 7665－2005《传感器通用术语》对传感器的定义是："能感受被测量并按照一定的规律转换成可用输出信号的器件或装置，通常由敏感元件和转换元件组成"。中国物联网校企联盟认为，传感器的存在和发展，让物体有了触觉、味觉和嗅觉等感官，让物体慢慢变得活了起来。

传感器（sensor）是一种以一定的精确度把被测量转换为与之有确定对应关系的、便于应用的某种物理量的测量装置，包含以下几个方面的含义：

（1）传感器是测量装置，能够完成检测任务。

（2）它的输入量是某一被测量，可能是物理量，也可能是化学量、生物量等。

（3）输出量是某种物理量，这种量要便于传输、转换、处理、显示等，这种量可以是气、光、电量，但主要是电量。

（4）输入、输出有对应关系，且应有一定的精确度。

传感器是物联网采集数据的关键组件。据不完全统计，全球各类传感器约有 2 万种之多，如图 6-2 所示，随着物联网的发展，传感器产业也将迎来爆发。

图 6-2 各种传感器

  查一查：什么是智能传感器？它与一般传感器有什么不同？

为了在传感器行业建立统一规范的技术语言，传感器产品一般遵循以下命名规则：

（1）主题词——传感器。

（2）第一级修饰语——被测量，包括修饰被测量的定语。

（3）第二级修饰语——转换原理，一般可后续以"式"字。

（4）第三级修饰语——特征描述，指必须强调的传感器结构、性能、材料特征、敏感元件，及其他必须的性能特征，一般可后续以"型"字。

（5）第四级修饰语——主要技术指标（量程、精确度、灵敏度等）。

例如"传感器，绝对压力，应变式，放大型，1～3500kPa""传感器，加速度，压电式，±20g"，此类命名规则在有关传感器的统计表格、图书索引、检索以及计算机汉字处理等特殊场合使用；而在技术文件、产品样书、学术论文、教材，及书刊的陈述句子中，作为产品名称应采用与上述相反的顺序，例如"1～3500kPa 放大型应变式绝对压力传感器""±20g 压电式加速度传感器"。

根据传感器命名法，我们还可以很容易地编制任意一种传感器产品的代号，其各字母的含义为主称（传感器）-被测量-转换原理-序号：

（1）主称——传感器，代号 C。

（2）被测量——用一个或两个汉语拼音的第一个大写字母标记，表 6-1 为常用被测量代码表。

表 6-1　常用被测量代码表

被测量	被测量简称	代号	被测量	被测量简称	代号
加速度	加	A	电流	电强	DL
加加速度	加	AA	电场强度	色	DQ
亮度	胞电	AD	电压	谷氨	DY
细胞膜电位	磁透	BD	色度	红外	E
磁	磁强	C	谷氨酸	呼流	GA
冲击	磁通	CJ	温度	活[浓]	H
磁透率	胆固	CO	照度	血电	HD
磁场强度	呼吸	CQ	红外光	血容	HG
磁通量	生氧	CT	呼吸流量	血速	HL
胆固醇	线加	DC	O 离子活[浓]度	压	OH[N]
呼吸频率	心电	HP	声压	[膀]压	SY
转速	线速	HS	图像	[胃]压	TX
生物化学需氧量	角	HY	温度	[颅]压	W
硬度	角加	I	[体]温	[食]压	[T]W
线加速度	肌电	IA	物位	眼电	WW
心电[图]	角速	ID	位移	浊	WY
线速度	[气]密	IS	位置	紫光	WZ

被测量	被测量简称	代号	被测量	被测量简称	代号
心音	[液]密	IY	血	真空	X
角度	马赫	J	血液电解质	H⁺	XD
角加速度	粘	JA	血流	Na⁺	XL
肌电[图]	脑电	JD	血气	Cl⁻	XQ
可见光	厚	JG	血容量	O₂	XR
角速度	葡糖	JS	血流速度	CO	XS
角位移	气	JW	血型		XX
力	热通	L	压力		Y
露点	视电	LD	膀胱内压		[B]Y
力矩	射量	LJ	胃肠内压		[E]Y
流量	蚀厚	LL	颅内压		[L]Y
离子		LZ	食道压力		[S]Y
密度		M	[分]压		[F]Y
[气体]密度		[Q]M	[绝]压		[U]Y
[滚体]密度		[Y]M	[微]压		[W]Y
脉搏		MB	[差]压		[C]Y
马赫数		MH	[血]压		[X]Y
表面粗糙度		MZ	眼电[图]		YD
粘度		N	迎角		YJ
脑电[图]		ND	应力		YL
扭矩		NJ	液位		YW
厚度		O	浊度		Z
pH值		(H)	振动		ZD
葡萄糖		PT	紫外光		ZG
气体		Q	重量（物重）		ZL
热通量		RT	真空度		ZK
热流		RL	噪声		ZS
速度		S	姿态		ZT
视网膜电[图]		SD	氢离子活[浓]度		[H]H[N]D
水分		SF	钠离子活[浓]度		[Na]H[N]D
射线剂量		SL	氯离子活[浓]度		[CL]H[N]D
烧蚀厚度		SO	氧分压		[O]
射线		SX	一氧化碳分压		[CO]

（3）转换原理——用一个或两个汉语拼音的第一个大写字母标记，表6-2为常用转换原理代码表。

表6-2 常用转换原理代码表

转换原理	转换原理简称	代号	转换原理	转换原理简称	代号
电解	场效	AJ	光发射	光射	GS
变压器	电化	BY	感应	晶管	GY
磁电	电涡	CD	霍耳	晶振	HE
催化	多普	CH	晶体管	克池	IG
场效应管	电位	CU	激光	面波	JG
差压	浮簧	CY	晶体振子	热释	JZ
磁阻	光	CZ	克拉克电池	微生	KC
电磁	光化	DC	酶[式]	选择	M
电导		DD	声表面波		MB
电感		DG	免疫		MY
电化学		DH	热电		RD
单结		DJ	热释电		RH
电涡流		DO	热电比		RS
超声多普勒		DP	（超）声波		SB
电容		OR	伺服		SF
电位器		DW	涡街		WJ
电阻		DZ	微生物		WS
热导		ED	涡轮		WU
浮子-干簧		FH	离子选择电板		XJ
（核）辐射		FS	谐振		XZ
浮子		FZ	应变		YB
光学式		G	压电		YD
光电		GD	压阻		YZ
光伏		GF	拆射		ZE
光化学		GH	阻抗		ZK
光导		GO	转子		ZZ
光纤		GQ			

　　（4）序号——用一个阿拉伯数字标记，厂家自定，用来表征产品设计特性、性能参数、产品系列等；若产品性能参数不变，仅在局部有改动或变动时，其序号可在原序号后面顺序地加注大写字母 A、B、C 等（其中 I、Q 不用）。

　　例如，应变式位移传感器的代号为 CWY-YB-10；光纤压力传感器的代号为 CY-GQ-1。

　　图形符号通常用于图样或技术文件中表示一个设备或概念的图形、标记或字符，使用者可直截了当地表达或交流设计思想和意图。图 6-3 的传感器图形符号由符号要素正方形和等边三角形组成：

（1）正方形——转换元件，表示转换原理的限定符号应写进正方形内

（2）三角形——敏感元件，表示被测量的限定符号应写进三角形内

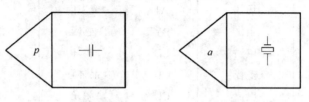

（a）电容式压力传感器　　　　（b）压电式加速度传感器

图 6-3　传感器图形符号

6.1.2　传感器的组成和分类

顾名思义，传感器的功能是"一感二传"，即感受被测信息，并传送出去。根据传感器的功能要求，传感器一般由敏感元件、转换元件、信号调理电路三部分组成，有时还需外加辅助电源提供转换能量，如图 6-4 所示。其中，敏感元件直接感受或响应被测量，转换元件将敏感元件感受或响应的被测量转换成适合于传输或测量的电信号，信号调理电路负责对转换元件输出的电信号进行转换、放大、运算或调制，转换元件和信号调理电路一般还需要辅助电源供电。

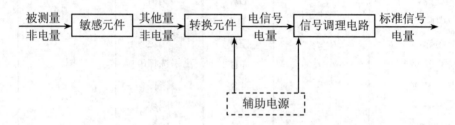

图 6-4　传感器的组成

例如，电阻应变式压力传感器是由弹性膜片、电阻应变片和测量电路组成，其中弹性膜片就是敏感元件，它能将压力转换成弹性膜片的应变（形变）；弹性膜片的应变施加在电阻应变片上，它能将应变量转换成电阻的变化量，电阻应变片就是转换元件；最后通过测量电路将电信号的变化值转化为对应的测力值。

实际上，有些传感器很简单，仅由一个敏感元件组成，它感受被测量时直接输出电量，如光电池；有些传感器由敏感元件和转换元件组成，没有信号调理电路，如电容式位移传感器；有些传感器，转换元件不止一个，要经过若干次转换，如酶热敏电阻式传感器。

传感器种类繁多，功能各异。由于同一被测量可用不同转换原理实现测量，利用同一种物理法则、化学反应或生物效应可设计制作出检测不同被测量的传感器，而功能大同小异的同一类传感器可用于不同的技术领域，故传感器有不同的分类方法，见表 6-3。了解传感器的分类，旨在加深理解，便于应用。

表 6-3　传感器的分类

分类方法	传感器的种类	说明
依据的效应	物理传感器 化学传感器 生物传感器	基于物理效应（光、电、声、磁、热） 基于化学效应（吸附、选择性化学反应） 基于生物效应（酶、抗体、激素等的分子识别和选择功能）
输入量	位移、速度、温度、压力、气体成分、浓度等传感器	传感器以被测量命名
工作原理	应变式、电容式、电感式、电磁式、压电式、热电式传感器等	传感器以工作原理命名
使用的敏感材料	半导体传感器、光纤传感器、陶瓷传感器、金属传感器、高分子材料传感器、复合材料传感器等	传感器以使用的敏感材料命名
输出信号	模拟式传感器 数字式传感器	输出为模拟量 输出为数字量
能量关系	能量转换型传感器 能量控制型传感器	直接将被测量转换为输出量的能量 由外部供给传感器能量，而由被测量控制输出量能量
是利用场的定律还是利用物质的定律	结构型传感器 物性型传感器	通过敏感元件几何结构参数变化实现信息转换 通过敏感元件材料物理性质的变化实现信息转换
是否依靠外加能源	有源传感器 无源传感器	传感器工作无需外加电源 传感器工作需外加电源
制作工艺	集成电路传感器 薄膜传感器 厚膜传感器 陶瓷传感器	传感器采用硅半导体集成工艺制成 传感器在介质衬底上用敏感材料形成一层薄膜 传感器在陶瓷基片上用敏感材料的浆料进行涂覆 传感器依靠陶瓷工艺或变种的溶胶工艺在高温中进行烧结

查一查：按照制作工艺分类，传感器可以分为哪几类？

6.1.3　传感器的基本特性

传感器处于检测系统的最前端，是决定系统整体性能的重要部件。传感器的灵敏度、分辨率、检出限、稳定性等指标，直接影响测量结果的好坏，以及控制过程的准确性。了解不同性质的传感器特性，对于我们工程项目中传感器的选型有很大的帮助。

传感器的特性是指输入量 x（被测量）与输出量 y 之间的关系，如图 6-5 所示，主要分为静态特性和动态特性。

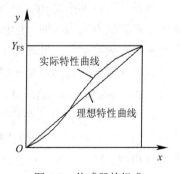

图 6-5　传感器的组成

1. 静态特性

传感器的静态特性是指对于静态输入信号，传感器输出量与输入量之间所具有的相互关系。因为这时输入量和输出量都和时间无关，所以它们之间的关系，即传感器的静态特性可用一个不含时间变量的代数方程，或用以输入量为横坐标，以其对应的输出量为纵坐标而画出的特性曲线来描述。表征传感器静态特性的主要参数有线性度、灵敏度、重复性、迟滞、漂移等。

（1）线性度指传感器输出量与输入量之间的实际关系曲线偏离拟合直线的程度，定义为在全量程范围内实际特性曲线与拟合直线之间的最大偏差值与满量程输出值之比。

（2）灵敏度是传感器静态特性的一个重要指标，其定义为输出量的增量与引起该增量的相应输入量增量之比，通常用 S 表示。

（3）重复性是指传感器在输入量按同一方向作全量程连续多次变化时，所得特性曲线不一致的程度。

（4）迟滞是指传感器在输入量由小到大（正行程），及输入量由大到小（反行程）变化期间其输入输出特性曲线不重合的现象；对于同一大小的输入信号，传感器的正反行程输出信号大小不相等，这个差值称为迟滞差值。

（5）漂移是指在输入量不变的情况下，传感器输出量随着时间变化的现象，产生漂移的原因有两个方面，一是传感器自身结构参数，二是周围环境（如温度、湿度等）。

2. 动态特性

所谓动态特性，是指传感器在输入变化时的输出特性。在实际工作中，传感器的动态特性常用它对某些标准输入信号的响应来表示。这是因为传感器对标准输入信号的响应容易用实验方法求得，并且它对标准输入信号的响应与它对任意输入信号的响应之间存在一定的关系，往往知道了前者就能推定后者。最常用的标准输入信号有阶跃信号和正弦信号两种，所以传感器的动态特性也常用阶跃响应和频率响应来表示。

6.2 传感器网络简介

传感器网络简介

6.2.1 传感器网络的原理和结构

所谓传感器网络是由大量部署在作用区域内的、具有无线通信与计算能力的微小传感节点通过自组织方式构成的、能根据环境自主完成指定任务的分布式智能化网络系统。传感器网络主要负责数据采集、处理与传输，分别对应传感器技术、计算机处理技术和无线通信技术。由于传感器网络节点间通信一般都是采用无线通信方式，故传感器网络代表的就是无线传感器网络（Wireless Sensor Network，WSN）。

传感器网络与传感器是什么关系呢？它究竟是一种传感器还是一种网络呢？在回答这个问题之前，先来看一下传感器网络中传感节点的组成，如图 6-6 所示，一般可以将传感节点分为传感模块、微处理器最小系统、无线通信模块、电源模块和增强功能模块五个组成部分。其中，传感模块和电源模块可以看作是传统的传感器，如果再加上微处理器最小系统就可对应于智能传感器，而无线通信模块是为了实现无线通信功能而新增的功能，增强功能模块为可选配置，例如时间同步系统、卫星定位系统、用于移动的机械系统等。

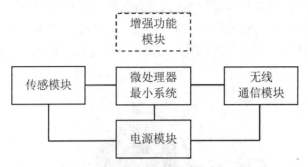

图 6-6 传感器网络中传感节点的组成

从传感节点的组成上看，传感器网络可以看作是多个增加了无线通信模块的智能传感器组成的自组织网络。图 6-7 为传感节点实物，单个传感节点的尺寸大到一个鞋盒，小到一粒尘埃，成本从几百美元到几美分，这取决于传感器网络的规模，以及单个传感节点所需的复杂度。传感节点的尺寸与复杂度决定了能量、存储、计算速度与频宽。

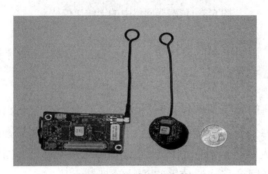

图 6-7 传感节点实物

传感器网络是多学科高度交叉的前沿研究领域，涉及拓扑控制技术、覆盖控制技术、无线通信技术、定位技术、网络安全技术、能量获取技术等关键技术，这里主要介绍传感器网络中的无线通信技术。因为传感节点传输信息比执行计算更消耗能量，所以需要对无线通信模块进行控制；另外，信息在发送过程中容易受到外界干扰，所以传感器网络需要抗干扰的通信技术。如图 6-8 所示，常见的无线通信技术有以下几种：

（1）ZigBee 技术，主要应用于短距离范围、数据传输率不高的各种电子设备，传输速率低、成本比较低等特点，适合一些简单的网络，ZigBee 技术比一些常见无线通信技术更加安全可靠。

（2）蓝牙技术，是一种短距离微功耗的无线通信技术，具有较强的抗干扰能力，成本低而且在各种设备中都可以使用，不过存在通信距离较短的缺点（一般为 10m 左右）。

（3）Wi-Fi 技术，也称为无线局域网通信技术，具有可移动性强、安装灵活、便于维护、能快速方便地实现网络连通等优点，常见的如 IEEE802.11b、IEEE802.11g。

（4）LoRa 技术，是 LPWAN（低功耗广域网）通信技术中的一种，基于扩频技术的超远距离无线传输方案，为用户提供一种能简单实现远距离、长电池寿命、大容量的系统，进而扩展传感器网络。

（5）NB-loT 技术，构建于蜂窝网络，只消耗大约 180kHz 的带宽，支持待机时间长、对网络连接要求较高的设备的高效连接，可直接部署于 GSM、UMTS 或 LTE 等广域网的蜂窝数据连接，以降低部署成本、实现平滑升级，其优点是功耗低、覆盖广、连接大。

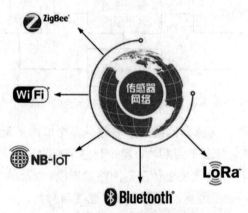

图 6-8　传感器网络中的无线通信技术

 比一比：请从传输速率、传输距离、功耗、成本和应用情景等方面对比几种无线通信技术。

一个典型传感器网络的系统架构包括传感节点、汇聚节点（sink node）和管理节点，如图 6-9 所示。其中，A～E 为分布式无线传感节点群，这些节点随机部署在监测区域内部或附近，能够通过自组织方式构成网络，对探测信息进行初步处理后以多跳中继的方式传送给汇聚节点，最后通过卫星、互联网或移动通信网络到达管理节点。

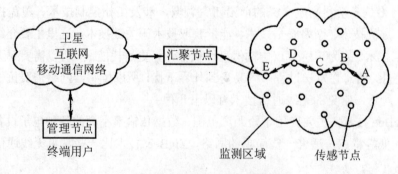

图 6-9　典型传感器网络的系统架构

汇聚节点通常具有较强的处理器模块，包括增强的计算处理、存储处理、通信能力。它既可以是一个具有足够能量供给和更多内存资源与计算能力的增强型传感节点，也可以是一个带有无线通信接口的网关设备（只负责数据转换）。它用于完成传感器网络与外部网络的数据交换。

终端用户通过管理节点对传感器网络进行配置和管理,发布监测任务,以及收集监测数据。

根据传感节点数目的多少可将传感器网络的拓扑结构分为平面结构和分级结构,如图 6-10 所示。平面结构指的是所有节点地位都是平等的,源节点到目的节点之间一般存在多条路径,网络负荷由这些路径共同承担,一般情况下不存在瓶颈,网络比较健壮;但是平面结构的扩充性不好,当传感节点数量增加时,每个节点都需要不停地自组织网络与路由建立,这将会占用大量的带宽,影响网络数据的传输速率,因此平面结构适合节点比较少的传感器网络。

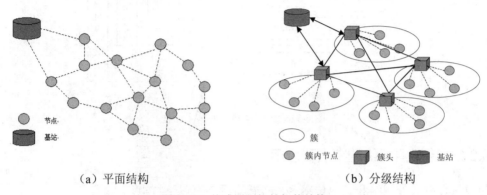

(a) 平面结构   (b) 分级结构

图 6-10　传感器网络的拓扑结构

既然传感节点需要维持一定的开销,那么如果将这个开销以分级的形式,让一个传感节点只需维持它所在区域的网络拓扑就可以减少开销;分级结构就是利用这种思想把传感器网络划分为多个簇,每个簇由一个簇头和多个簇内节点组成,簇头则组成更高一级的网络;传感器网络分级结构中簇头负责簇间数据的转发,簇内节点则只是采集数据,这样大大减少了网络中路由控制信息的数量,因此扩展性很好。分级结构比平面结构更加复杂,但是减少了整体能量消耗,因此实用性较高。

传感器网络的体系结构由网络通信协议、网络管理平台和应用支撑平台三个部分组成,如图 6-11 所示。网络通信协议类似于传统 Internet 网络中的 TCP/IP 体系,由物理层、数据链路层、网络层、传输层和应用层组成。其中物理层负责载波频率的产生、信号调制、解调;数据链路层负责数据成帧、帧检测、介质访问、差错控制,介质访问保证可靠的点对点和点对多点通信差错控制,保证源节点发出的信息可以完整无误地到达目标节点;网络层负责路由发现与维护,通常大多数传感节点无法直接与网关通信,而是需要依靠中间件节点以多跳路由的方式将数据传送至汇聚节点;传输层负责数据流的传输控制;应用层则负责具体应用,比如时间同步和定位。由于多个传感节点常常需要相互配合完成某个任务,节点的休眠与唤醒也需要时钟同步,因此传感节点间的时钟必须保持同步;定位是确定传感节点的相对位置或绝对位置;此外应用层还需要提供应用服务接口与网络管理接口。

网络管理平台主要是对传感节点自身的管理和用户对传感器网络的管理,包括拓扑控制、服务质量管理、能量管理、安全管理、移动管理、网络管理等。

应用支撑平台建立在网络通信协议和网络管理技术的基础之上,包括一系列基于监测任务的应用层软件;通过应用服务接口和网络管理接口来为终端用户提供各种具体应用的支持。

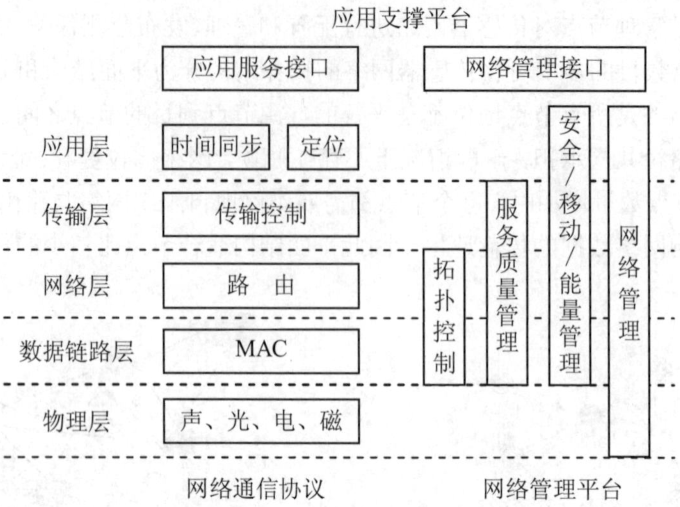

应用支撑平台

应用服务接口	网络管理接口

图 6-11　传感器网络的体系结构

6.2.2　传感器网络的特点和应用

相较于传统式的网络和其他传感器，传感器网络有以下特点。

（1）组建方式自由。传感器网络的组建不受任何外界条件的限制，组建者无论在何时何地，都可以快速地组建起一个功能完善的无线传感器网络，组建成功之后的维护管理工作也完全在网络内部进行。

（2）网络拓扑结构的不确定性。从网络层次的方向来看，传感器网络的拓扑结构是变化不定的，例如构成网络拓扑结构的传感节点可以随时增加或者减少，网络拓扑结构可以随时被分开或者合并。

（3）控制方式不集中。虽然传感器网络把基站和传感节点集中控制了起来，但是各个传感节点之间的控制方式还是分散式的，路由和主机的功能由网络的终端实现各个主机独立运行，互不干涉，因此传感器网络的强度很高，很难被破坏。

（4）安全性不高。传感器网络通常采用无线方式传递信息，因此传感节点在传递信息的过程中很容易被外界入侵，从而导致信息的泄露和传感器网络的损坏，大部分传感器网络的节点都是暴露在外的，这大大降低了传感器网络的安全性。

 想一想：有人说传感器网络就是物联网，你怎么认为？

传感器网络具有众多类型的传感器，可探测包括地震、电磁、温度、湿度、噪声、光强度、压力、土壤成分、移动物体的大小、速度和方向等周边环境中多种多样的现象。传感器网络在生产和生活中处处可见，总结起来主要在以下八大领域应用广泛。

1. 在智能家居中的应用

如图 6-12 所示，在家电中嵌入传感节点，通过无线网络与互联网连接在一起，利用远程监控系统可实现对家电的远程遥控,传感器网络使住户在任何可以上网的地方通过浏览器监控家中的水表、电表、煤气表、电热水器、空调、电饭煲等，安防系统煤气泄露报警系统、外人侵入预警系统等；也可以通过图像传感设备随时监控家庭安全情况。利用传感器网络可以建立智能幼儿园，监测儿童的早期教育环境，以及跟踪儿童的活动轨迹。

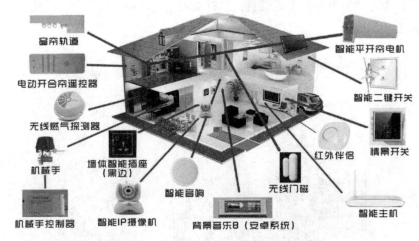

图 6-12 传感器网络在智能家居中的应用

2. 在智能交通中保障安全畅通

如图 6-13 所示，智能交通系统（ITS）是在传统交通体系的基础上发展起来的新型交通系统，它将信息、通信、控制和计算机技术，以及其他现代通信技术综合应用于交通领域，并将"人－车－路－环境"有机地结合在一起。传感器网络可以为智能交通系统的信息采集和传输提供一种有效手段，用来监测道路各个方向的车流量、车速等信息，并运用计算方法计算出最佳方案，同时输出控制信号给执行子系统，以引导和控制车辆的通行，从而达到预设的目标。

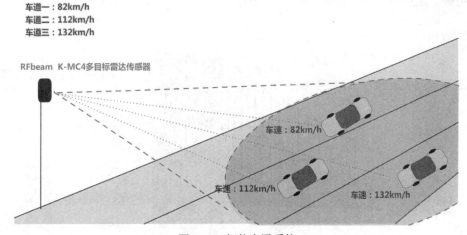

图 6-13 智能交通系统

3. 在生态环境监测和预报中的应用

如图 6-14 所示，随着人们对环境的日益关注，环境科学所涉及的范围越来越广泛，通过传统方式采集原始数据是一件困难的工作。传感器网络为野外随机性的研究数据获取提供了方便，特别是以下几方面：将几百万个传感器散布于森林中，能够为森林火灾地点的判定提供最快的信息；能提供遭受化学污染的位置，及测定化学污染源，不需要人工冒险进入受污染区；判定降雨情况，为防洪抗旱提供准确信息；实时监测空气污染、水污染，以及土壤污染；监测海洋、大气和土壤的成分。

图 6-14 传感器网络在生态环境监测和预报中的应用

4．基础设施状态监测系统

传感器网络对于大型工程的安全施工，以及建筑物安全状况的监测有积极的帮助作用。通过布置传感节点，可以及时准确地观察大楼、桥梁和其他建筑物的状况，及时发现险情，及时进行维修，避免造成严重后果。图 6-15 为基于传感器网络的基础设施状态监测系统。

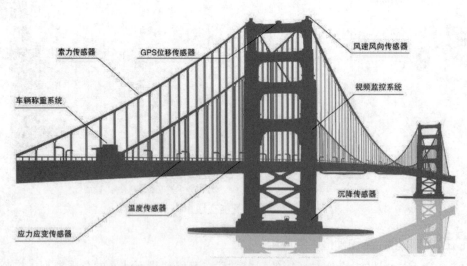

图 6-15 基于传感器网络的基础设施状态监测系统

5. 辅助农业生产

如图 6-16 所示,传感器网络特别适用于农业生产和科学研究,例如其可用于大棚种植室内及土壤的温度、湿度、光照监测,珍贵经济作物生长规律分析,葡萄优质育种和生产等,可为农村发展与农民增收带来极大帮助。采用传感器网络建设农业环境自动监测系统,用一套网络设备完成风、光、水、电、热和农药等的数据采集和环境控制,可有效提高农业集约化生产程度,提高农业生产种植的科学性。

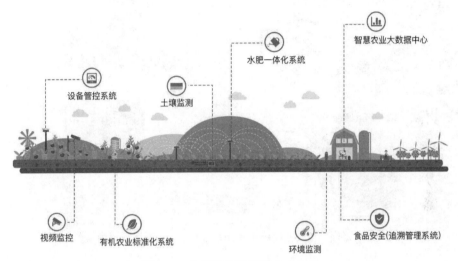

图 6-16 传感器网络辅助农业生产

6. 工业领域的应用

如图 6-17 所示,在工业安全方面传感器网络可用于危险的工作环境,例如在煤矿、石油钻井、核电厂和组装线布置传感节点,可以随时监测工作环境的安全状况,为工作人员的安全提供保证。另外,传感节点还可以代替部分工作人员到危险的环境中执行任务,这不仅降低了危险程度,还提高了对险情的反应精度和速度。

图 6-17 传感器网络在工业领域的应用

7. 在医疗系统和健康护理中的应用

如图 6-18 所示，传感器网络集合了微电子技术、嵌入式计算技术、现代网络及无线通信和分布式信息处理等技术，能够通过各类集成化的微型传感器协同完成对各种环境或监测对象的信息实时监测、感知和采集。传感器网络通过连续监测提供丰富的背景资料并做预警响应，不仅有望解决人口老龄化问题，还可大大提高医疗的质量和效率。

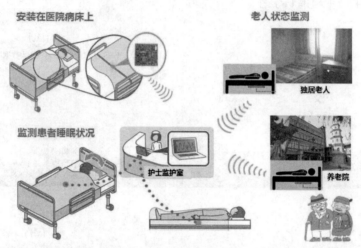

图 6-18　传感器网络在医疗系统和健康护理中的应用

8. 军事领域的应用

如图 6-19 所示，在军事领域，由于传感器网络具有密集型、随机分布的特点，使其非常适合应用于恶劣的战场环境。利用传感器网络能够监测敌军区域内的兵力和装备、实时监视战场状况、定位目标等。

图 6-19　传感器网络在军事领域的应用

总之，传感器网络应用前景非常诱人，被认为是影响人类未来生活的重要技术之一，这一新兴技术为人们提供了一种全新的获取信息、处理信息的途径。由于传感器网络本身的特点，使得它与现有的传统网络技术之间存在较大的区别，给人们提出了很多新的挑战。国内外对于传感器网络的研究都十分重视。

📢 项目实训

传感器技术的实训一般采用传感器系统综合试验仪、传感器与检测技术实验箱等教学实验工具，但都偏重于原理验证和性能测量。本书传感器部分的实训采用多种方式开展，如传感器模块套件、传感器设计作品、TH-3AG 型传感器试验仪（图 6-20）、凌阳物联网多网技术综合教学开发平台（型号：SP-MNTCE15A）等，力求覆盖传感器实际应用中的方方面面，贴近职业岗位需求，培养学生职业能力。

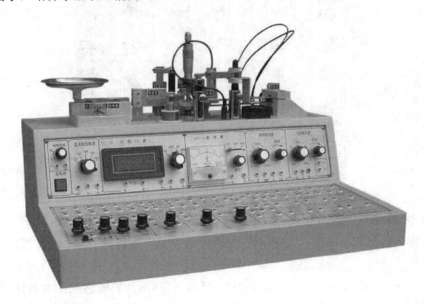

图 6-20　TH-3AG 型传感器试验仪

6.3　实训——传感器模块认知实验

本节实训安排各类传感器模块的认知内容。

1. 实训目的
了解传感器的外形、性能特点和应用场合。

2. 实训设备
传感器模块套件一套。

3. 实训要求

通过传感器的外形能够认知传感器，并利用网络搜索其性能特点和应用场景。

4. 实验原理

传感器是一种检测装置，能够感受到被测信息，并且将感受到的信息按一定规律变换成电信号或其他所需形式输出，以满足信息的传输、处理、存储、显示、记录和控制等要求，它是实现自动检测、自动控制的首要环节。传感器的种类繁多，大致可分为力敏、光敏、热敏、湿敏、磁敏等。

本实训采用的传感器模块套件包含 37 种常见的传感器类型，如图 6-21 所示。

图 6-21　传感器模块套件

5. 实训步骤

认知温湿度传感器：如图 6-22 所示，DHT11 数字温湿度传感器是一种集温度、湿度传感为一体的复合传感器，它能把温度、湿度物理量通过敏感元件和相应电路转化成方便计算机、PLC、智能仪表等数据采集设备直接读取的数字量。该传感器的敏感元件由 NTC 系数感温器件和电阻式感湿器件构成，具有校准数字信号输出功能，采用单总线串行接口，输出数据一共5 个字节，分别表示湿度整数位、湿度小数位、温度整数位、温度小数位及校验和，其中检验和为湿度与温度之和的最低八位数据。

图 6-22　DHT11 数字温湿度传感器

DHT11 数字温湿度传感器广泛应用于工业生活中，如中心机房、地铁环境的温湿度检测的应用，制药行业的应用，疫苗冷链存储运输中的应用，纺织定型机上的节能应用，智能农业的监测应用，空气净化器、智能手机等电子设备上的应用。

6. 结果记录

仿照实训步骤中"认知温湿度传感器"的格式，至少认知 5 种传感器，拍照并利用网络搜索其性能特点和应用场合，记录在表 6-4 中。

表 6-4 实训结果记录

序号	传感器外形	传感器名称	传感器性能特点	传感器应用场合
1				
2				
3				
4				
5				
...				

7. 拓展思考

请思考在智能家居应用中会用到何种传感器？

巩固延伸

1. OFweek 传感器网是国内传感器行业门户网站之一，汇聚传感器行业新闻、传感器技术、传感器市场分析、传感器产品等前沿资讯，剖析传感器技术进展、传感器应用趋势动态，具有丰富的传感器技术资料、在线研讨访谈等。请登录 OFweek 传感器网（https://sensor.ofweek.com），找出你最感兴趣的一个案例介绍给全班同学。

2. 时下竞技类真人秀充斥各大荧屏，内容多为音乐、脑力或其他形式的比赛，参与者用高质量的作品表现与观众沟通，用真实的情感诉求与观众建立联系，用向善向上的精神取向输出价值观；然而随着综艺的消费升级，观众看腻了竞技节目里游戏化的输赢，渴望更多形式地参与讨论和互动反馈。发挥你的想象力，谈一下怎么把传感器网络应用于竞技节目的舞台以带来全新的综艺体验。（提示：从传感器的选择、带来的影响、优缺点来分析）

项目 7 力学传感器技术及应用

学习目标

1. 知识目标
- 掌握电阻应变式传感器、压电式传感器和超声波传感器的相关内容
- 了解电阻应变式传感器、压电式传感器和超声波传感器的典型应用

2. 能力目标
- 能够验证电阻应变片测量电路的性能
- 能够使用电阻应变式传感器设计并制作简易电子秤

相关知识

　　力是最基本的物理量之一，在生产生活中经常需要测量各种力学量，如重力、弹力、压力、摩擦力和磁力等。力能够产生多种物理效应，可采用多种不同的原理和工艺，针对不同的需要设计制造力学传感器。力学传感器主要由力敏感元件、转换元件和测量显示电路三个部分组成，如图 7-1 所示。按照不同的工作原理，力学传感器可分为电阻应变式、压电式、压磁式、电容式、电感式等。

图 7-1　力学传感器的组成

7.1 电阻应变式传感器

电阻应变式传感器

7.1.1　电阻应变式传感器的基本知识

　　电阻应变式传感器是最为常用的一种力学传感器，它利用电阻材料的应变效应，将形变转换为电阻值的变化。所谓应变效应，是指金属导体或半导体在受到外力作用时，会产生相应的应变，其电阻也将随之发生变化。应变效应的应用范围十分广泛，可测量应变、应力、力矩、位移、加速度、扭矩等物理参量。电阻应变式传感器是在弹性元件上通过特定工艺粘贴电阻应变片来制成的，其原理是通过一定的机械装置将被测量转化为弹性元件的形变，然后由电阻应

变片将形变转换为电阻的变化,再通过测量电路进一步将电阻值的改变转换为电压或电流信号输出,如图 7-2 所示。

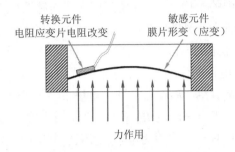

图 7-2 电阻应变式传感器的原理

电阻应变片实物和典型结构如图 7-3 所示,其通常由敏感栅、基底、黏结剂、覆盖层和导线等组成。这些部分所选的材料不同将直接影响电阻应变片的性能,所以要根据要求合理选择。其中,敏感栅是电阻应变片最重要的组成部分,根据敏感栅材料的不同,电阻应变片的敏感栅可分为金属应变片的敏感栅和半导体应变片的敏感栅两类,如图 7-4 所示;引线是从应变片的敏感栅中引出的细金属丝,用于连接测量电路,常用直径约 0.1~0.15mm 的镀锡铜线(或由扁带形的其他金属材料制成),一般要求引线材料电阻率低、电阻温度系数小、抗氧化性能好、易于焊接。

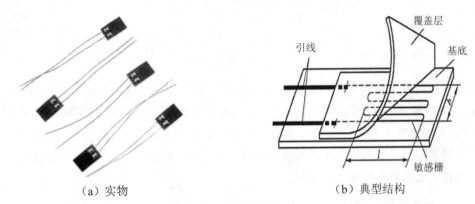

(a)实物　　　　　　　　　　(b)典型结构

图 7-3 电阻应变片实物和结构

(a)金属应变片的敏感栅　　　　　　　　(b)半导体应变片的敏感栅

图 7-4 电阻应变片的敏感栅

 比一比: 金属应变片和半导体应变片的工作原理有何区别?各有何优缺点?

常用的电阻应变片灵敏度很小，其电阻值变化的范围也很小，一般在 0.5Ω 以下，故不易被观察、记录和传输。为了将这么小的电阻值变化测量出来，以及将电阻应变片电阻值的变化转换成电信号输出，并剔除其中的干扰信号，在电阻应变式传感器中常用电桥测量电路来完成这一任务。电桥测量电路结构简单、灵敏度较高，其工作原理相比其他测量电路而言更加浅显易懂，故学好电阻应变式传感器中的电桥测量电路，不仅能够举一反三，为其他传感器的学习打下基础，而且还能够对测量电路的作用有一个基本的认识。

图 7-5 所示为直流电桥，R_1、R_2、R_3、R_4 分别为电桥桥臂上的四个电阻，E 为电桥的输入电压，ΔU 为电桥的输出电压。当电桥满足 $R_1 R_2 = R_3 R_4$ 时，电桥的输出电压 ΔU 为零，此时直流电桥平衡。如果电桥桥臂上的任一个电阻为电阻应变片，其电阻值随被测量发生变化，则电桥将失去原有的平衡，也就是电桥的输出电压 ΔU 将不再为零，而是随电阻值的变化而改变。运用电工知识计算可得，输出电压与电阻变化率成线性关系，也即和应变成线性关系，由此即可测出力值，这就是电阻应变式传感器测量电路的工作原理。

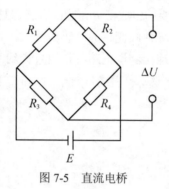

图 7-5　直流电桥

根据电桥桥臂上电阻应变片的接入情况不同，电桥测量电路可分为单臂电桥、双臂电桥和全臂电桥，如图 7-6 所示。实际应用中，为了简化设计，往往取桥臂电阻值相等，即 $R_1 = R_2 = R_3 = R_4 = R$，所有电阻应变片的规格也相同。在相同情况下，三类电桥当中全臂电桥的不平衡程度最大，则输出电压最大、灵敏度最高，双臂电桥次之。因此，为了得到较大的输出信号，一般都采用双臂电桥或全臂电桥。

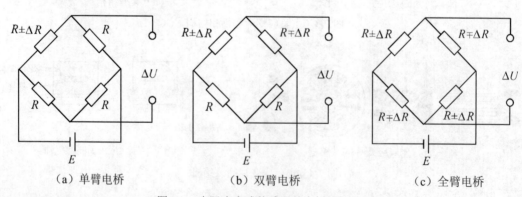

（a）单臂电桥　　　　　　　（b）双臂电桥　　　　　　　（c）全臂电桥

图 7-6　电阻应变式传感器的电桥测量电路

7.1.2 电阻应变式传感器的典型应用

电阻应变式传感器的优点是精度高、测量范围广、寿命长、结构简单，能够在恶劣条件下工作，易于实现小型化、整体化和品种多样化等，因此在生产生活中有着广泛应用。下面就介绍一些电阻应变式传感器的典型应用。

1. 在称重中的应用

如图 7-7 所示，用电阻应变式传感器制作的压力控制装置一般称为电子称重系统，电子称重系统作为各种工业过程中物料流动的在线控制工具显得越来越重要。电子称重系统既能在产品制造过程中优化生产、提高产品质量，又能把有关生产过程中物料流动的数据加以采集并传送到数据处理中心，作为在线库存控制和财务结算之用。在称重的自动化控制过程中，要求电阻应变式压力传感器不仅能感知重力信号，而且其性能必须可靠、动态响应性能好、抗干扰性能好；电阻应变式传感器提供的信号经检测系统可以直接显示、记录打印、存储或用于反馈调节控制。

图 7-7 电子称重系统

2. 在智能手机中的应用

喜欢登山的人都会非常关心自己所处的海拔高度。海拔高度可以通过测出大气压，然后根据气压值计算得出。智能手机的 GPS 也可用来测量海拔高度但会有 10m 左右的误差，若是其搭载了电阻应变式气压传感器，则可以将误差校正到 1m 左右。像 Galaxy Nexus 等智能手机（图 7-8）内部还包括有温度传感器，它可以捕捉到温度来对结果进行修正，以增加测量结果的精度。同理，电阻应变式气压传感器可以辅助 GPS 来解决开车在高架桥附近时的错误导航问题。

3. 数显扭矩扳手

在工业产品生产中，螺纹连接质量是非常重要的。利用扭矩扳手控制螺纹连接的预紧力是目前比较常用的方法。数显扭矩扳手（图 7-9）由电阻应变式传感器、数字放大仪器和数字显示器组成。现在一般使用的传感器是在扭矩轴上贴上电阻应变片，当在扭矩轴上施加扭矩时，电阻应变片阻值发生变化，造成桥路不平衡来达到测量扭矩大小的目的。此外，数显扭矩扳手具有可直接向打印机、计算机或数据采集器进行输出的性能。

图 7-8   智能手机中的海拔高度测量功能

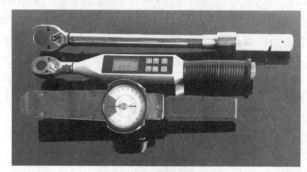

图 7-9   数显扭矩扳手

4. 用于工程结构的应力测量

目前，采用电阻应变片电测法进行应力应变测量（图 7-10）是对工程结构件设计、制造、装配的可靠性和安全性进行测试、分析和评价的常用手段。电阻应变片在大坝、桥梁、建筑、航天飞机、船舶结构、发电设备等工程结构的应力测量和健康监测中，至今仍是应用最广泛和最有效的传感器。如美国波音 767 飞机静力结构试验中就采用了 2000 多个电阻应变片和 1000 多个应变花（一种具有两个或两个以上不同轴向敏感栅的电阻应变计）来测量飞机结构大量部位的应变数据。

图 7-10   采用电阻应变片电测法进行应力应变测量

5. 电阻应变式位移计

电阻应变式位移计（图 7-11）适用于布设在混凝土结构物或其他材料结构物内及表面，测量结构物伸缩缝或周边缝的开合度（变形），亦可用于测量土坝、土堤、边坡、桥梁等结构物的位移、沉陷、应变、滑移等。电阻应变式位移计的工作原理是当被测结构物发生变形时，带动位移计测杆产生位移，通过转换机构将位移传递给滑动式电阻器，滑动式电阻器将位移物理量转变为电信号量，经电缆传输至读数装置，即可测出被测结构物位移的变化量。

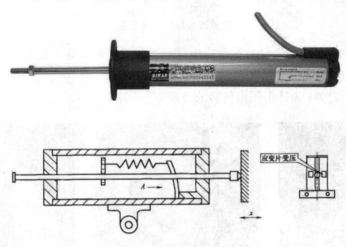

图 7-11 电阻应变式位移计

7.2 压电式传感器

压电式传感器

7.2.1 压电式传感器的基本知识

压电式传感器是基于某些介质材料的压电效应，当材料受力作用而变形时，其表面会有电荷产生，从而实现非电量测量。它的优点是频带宽、灵敏度高、信噪比高、结构简单、工作可靠和重量轻等；缺点是某些压电材料需要防潮措施，而且输出的直流响应差，需要采用高输入阻抗电路或电荷放大器来克服这一缺陷。

压电效应（图 7-12）是 100 多年前居里兄弟研究石英时发现的，可分为正压电效应和逆压电效应。正压电效应是指某些电介质，当沿着一定方向对其施力而使它变形时，电介质内部产生极化现象，同时在某两个表面上产生符号相反的电荷，且当外力撤去后，又重新恢复不带电状态的现象；当外力作用方向改变时，电荷的极性也随之改变；受力所产生的电荷量与外力的大小成正比；压电式传感器大多是利用正压电效应制成的。逆压电效应是当在电介质的极化方向施加电场，这些电介质就在一定方向上产生机械变形或机械压力，且当外加电场撤去时，这些变形或应力也随之消失的现象，逆压电效应又称电致伸缩效应；用逆压电效应制造的变送器可用于电声和超声工程。

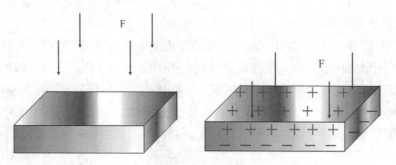

图 7-12　压电效应示意

明显呈现压电效应的功能材料称为压电材料，如天然形成的石英晶体、钛酸钡等的压电陶瓷、人工制造的有机高分子压电材料等，如图 7-13 所示。选用合适的压电材料是制作高性能传感器的关键，表 7-1 为常用压电材料的性能。

（a）石英晶体　　　　（b）压电陶瓷　　　　（c）有机高分子压电材料

图 7-13　压电材料

表 7-1　常用压电材料的性能

	石英	钛酸钡	锆钛酸铅 PZT-4	锆钛酸铅 PZT-5	锆钛酸铅 PZT-8
压电系数/（pC/N）	d_{11}=2.31 d_{14}=0.73	d_{15}=260 d_{31}=−78 d_{33}=190	d_{15}≈410 d_{31}=−100 d_{33}=230	d_{15}≈670 d_{31}=−185 d_{33}=600	d_{15}≈330 d_{31}=−90 d_{33}=200
相对介电常数	4.5	1200	1050	2100	1000
居里点温度 /℃	573	115	310	260	300
密度 /（10^3 kg/m³）	2.65	5.5	7.45	7.5	7.15
弹性模量 /（10^3 N/m²）	80	110	83.3	117	123
机械品质因数	$10^5 \sim 10^6$	≥500		80	≥800
最大安全应力 /（10^5 N/m²）	95～100	81	76	76	83
体积电阻率 /Ω·m	>10^{12}	10^{10}（25℃）	>10^{10}	10^{11}（25℃）	
最高允许温度 /℃	550	80	250	250	
最高允许湿度 /%	100	100	100	100	

在压电式传感器的实际使用中，为了提高灵敏度，常将两片或多片压电式传感器组合在一起。由于压电材料是有极性的，因此接法也有两种，如图 7-14 所示。并联接法适用于测量缓慢变化的信号，并以电荷为输出量；串联接法适用于测量电路有高输入阻抗，并以电压为输出量。

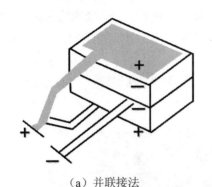

（a）并联接法　　　　　　　　　　　（b）串联接法

图 7-14　压电材料的接法

 查一查：压电式传感器对测量电路有何特殊要求？为什么？

7.2.2　压电式传感器的典型应用

压电式传感器具有体积小、重量轻、工作频带宽等特点，因此在各种动态力、机械冲击与振动的测量，以及力学、声学、医学、体育、制造业、军事、航空航天等领域都得到了非常广泛的应用。下面就其中一些典型的应用做一简单介绍。

1. 基于压电效应的应用

由于压电陶瓷具有极高的灵敏度，压电高压发生器利用正压电效应可以把振动转换成电能，还可以获得 $1\sim2kV$ 的高电压输出；这种获得高电压的方法可用来做成引燃装置，如用作给汽车火花塞、燃气灶、打火机、炮弹的引爆压电雷管等点火的点火装置（图 7-15），还可用来做红外夜视仪和手提 X 光机中的高压电源等。电声换能器利用逆压电效应可以把电能转换成声能，因此可利用压电晶体制成扬声器、耳机、蜂鸣器等。

图 7-15　压电打火器

2. 玻璃破碎报警器

玻璃破碎时会发出几千赫兹至几十千赫兹的振动,使用时将高分子压电薄膜传感器粘贴在玻璃上,感受这一振动,然后通过电缆与报警电路相连,将压电信号传送给集中报警系统。为了提高报警器的灵敏度,信号经放大后,再经带通滤波器进行滤波,要求它对选定的频谱通带的衰减要小,而频带外衰减要尽量大。玻璃振动的波长在音频和超声波的范围内,这就使滤波器成为电路中的关键。只有当传感器输出信号高于设定的阈值时,才会输出报警信号,驱动报警执行机构工作。玻璃破碎报警器(图 7-16)可广泛用于文物保管、贵重商品保管,及其他商品柜台保管等场合。

图 7-16 玻璃破碎报警器

3. 用于交通道路监测

近几年来,汽车走进了千家万户,但是随着车流量的不断增加,交通问题越来越多,交通道路的检测也变得越来越重要。压电式交通传感器具有良好的性能、高度的可靠性、简易的安装方法,已经成为了交通道路监测中的理想选择。如图 7-17 所示,具体做法是将高分子压电电缆埋在公路上,从而获取车型分类信息(包括轴数、轴距、轮距、单双轮胎)。此外,高分子压电电缆还可用于车速监测、收费站地磅、闯红灯拍照、停车区域监控、交通数据信息采集(道路监控)及机场滑行道等。

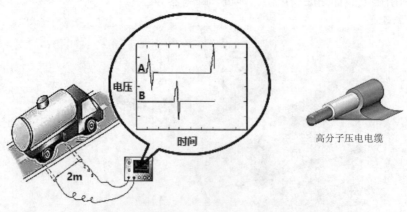

图 7-17 高分子压电电缆在交通道路监测中的应用

4. 在汽车领域中的应用

在汽车领域，引擎管理是压电式压力传感器的主要应用部分，这包括汽油发动机中的歧管空气压力传感器和柴油车中的共轨压力传感器；另一个应用是轮胎压力监测，利用内置的传感器感应轮胎气压并将其转换为电信号，通过无线发射装置将信号发射到接收器上，在显示器上显示各种数据变化，或以蜂鸣等形式提醒驾驶者。除此之外，压电式加速度传感器可以用于判断汽车的碰撞，从而使安全气囊迅速充气、挽救生命。图 7-18 为胎压计。

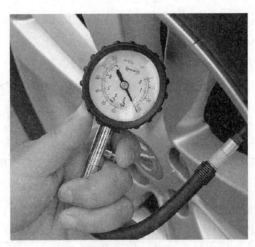

图 7-18　胎压计

5. 在医疗行业中的应用

微创手术除了要求医生的手术操作经验之外，还与各种医疗监测设备有关。现在很多用于此操作的医疗器械都是微小的，像各种各样的导管和消融设备，这其中压电式传感器对于患者的病理检查和微创手术的顺利进行提供了重要保障。传感器能够放置在靠近患者的位置，这对于许多应用来说非常关键。如图 7-19 所示，在透析应用中，准确地测量透析液和静脉压力就非常重要。压电式传感器必须能够精确地监测透析液和血液的压力，以确保其维持在所设定的范围内。

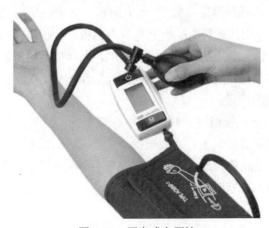

图 7-19　压电式血压计

超声波传感器

7.3 超声波传感器

7.3.1 超声波传感器的基本知识

声音是由物体振动产生的声波，其本质是一种压力波。因此，声音传感器属于力学传感器的范畴。声波的频率界限如图 7-20 所示，其中频率在 20Hz～20kHz 之间的声波是可以被人耳识别的；而频率低于 20Hz 的次声波，人耳听不到，但某些频率的次声波由于和人体器官的振动频率相近甚至相同，容易和人体器官产生共振，对人体有很强的伤害性，危险时可致人死亡；频率高于 20kHz 的超声波，方向性好、穿透能力强、易于获得较集中的声能、在水中传播距离远，其应用技术在现代化生产生活中发挥着独特的作用。

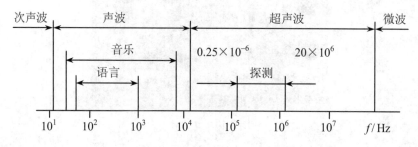

图 7-20 声波的频率界限

以超声波作为检测手段，将超声波信号转换成电信号的装置就是超声波传感器，习惯上称为超声波换能器，或超声波探头。超声波传感器根据工作原理可分为压电式、磁致伸缩式和电磁式等，其中以压电式最为常用。

压电式超声波传感器利用压电材料的压电效应来工作，逆压电效应将高频电振动转换成高频机械振动，从而产生超声波，可作为发生器（发射探头）；而正压电效应将超声振动波转换成电信号，可作为接收器（接收探头）。接收器的结构和发生器基本相同，有时就用同一个传感器兼作发生器和接收器两种用途。如图 7-21 所示，典型的压电式超声波传感器主要由压电晶片、吸收块、保护膜等组成。其中压电晶片多为圆板形，超声波频率与其厚度成反比。压电晶片的两面镀有银层，作为导电的极板，底面接地，上面接至引出线。为了避免传感器与被测件直接接触而磨损压电晶片，在压电晶片下粘合一层保护膜。吸收块的作用是降低压电晶片的机械品质，吸收超声波的能量。

超声波传感器与被测介质接触时，传感器与被测介质表面间会存在一层空气薄层，空气将引起三个界面间强烈的杂乱反射波，造成干扰，并造成很大的衰减。为此，必须将接触面之间的空气排挤掉，使超声波能顺利地入射到被测介质中。在应用中，经常使用一种称为耦合剂的液体物质（图 7-22），使之充满接触层，起到传递超声波的作用。常用的耦合剂有自来水、机油、甘油、水玻璃、胶水、化学浆糊等。

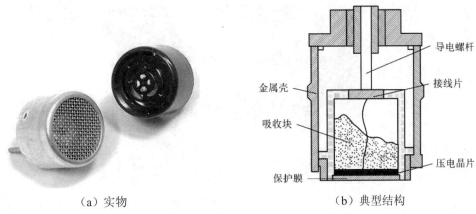

（a）实物　　　　　　　　　（b）典型结构

图 7-21　压电式超声波传感器的结构

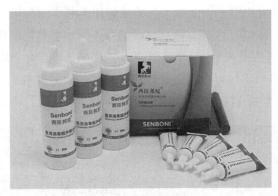

图 7-22　超声波耦合剂

 想一想：超声波传感器应用起来简单方便、成本也低，但是目前有一些缺点，比如反射问题、噪音、交叉问题。请思考如何解决？

7.3.2　超声波传感器的典型应用

超声波传感器已经渗透到我们生活中的很多领域，在现代化产业中应用非常广泛，可以用于测距、测速、测厚、测物位、测流量、探伤、防盗、监控、B超等。下面就简单介绍一些超声波传感器的应用。

1. 在测距系统中的应用

如图 7-23 所示，倒车防撞雷达，也叫"泊车辅助装置"，是汽车泊车或者倒车时的安全辅助装置，由超声波传感器、控制器和显示器（或蜂鸣器）等部分组成。这种非接触检测技术用于测距计算简单、方便迅速、易于做到实时控制，距离准确度达到工业实用的要求。倒车防撞雷达在某一时刻发出超声波信号，在遇到被测物体后反射回信号波并被倒车防撞雷达接收，利用在超声波信号从发射到接收回波信号经过的时间，以及超声波在介质中的传播速度，就可以计算出超声波传感器与被测物体之间的距离。此外，超声波传感器测距在智能导盲系统、移动机器人研制上也得到了广泛的应用。

项目 7

图 7-23　倒车防撞雷达

2. 用于高效喷洒作业

如图 7-24 所示，在农田喷洒作业中，为确保最佳地覆盖凹凸不平的地形和不同农作物高度，并防止喷杆影响农作物或者土壤，喷杆高度必须连续地被监测和调节。超声波传感器非常适用于这一应用，因为它不受灰尘、污物和化学品的影响，并且对于检测任何颜色的表面具有相同的精度。另外，在果园中也可以运用超声波传感器来检测树木间的间隙来节省农药，一旦这些间隙被发现，喷洒过程会暂时停止，实现高效精准地施药。

图 7-24　农业机械的喷杆控制

3. 在工业方面的应用

在工业方面，超声波传感器的典型应用是对金属的无损探伤。过去，许多技术因为无法探测到物体组织内部而受到阻碍，超声波传感器技术的出现改变了这种状况。超声波探伤（图7-25）是利用超声波能透入金属材料的深处，并由一截面进入另一截面时，在界面边缘发生反射的特点来检查零件缺陷的一种方法，当超声波束自零件表面由传感器通至金属内部，遇到缺陷与零件底面时就分别发出反射波，在荧光屏上形成脉冲波形，根据这些脉冲波形来判断缺陷位置和大小。此外，在工业生产中，超声波传感器还可以用于装卸物料的控制、流水线计数、木材石料测厚等。

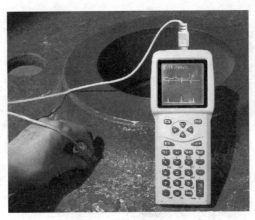

图 7-25　超声波探伤

4. 在医学上的应用

超声波传感器在医学上的应用主要是诊断疾病，其优点是对受检者无痛苦、无损害、方法简便、显像清晰、诊断的准确率高等，因而推广容易、受到医务工作者和患者的欢迎。超声波诊断可以基于不同的医学原理，其中应用最广泛和简便是 B 型超声波（B 超）检查（图7-26）。这个方法是利用超声波传感器向人体发射一组超声波，并按一定的方向进行扫描，根据监测其回声的延迟时间、强弱就可以判断脏器的距离及性质，最后经过计算机处理，就形成了我们看到的 B 超图像。

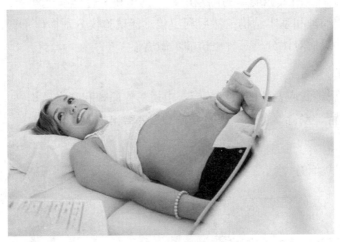

图 7-26　B 型超声波检查

5. 用于智能流量测量

超声波传感器测量流量适用于工业环境下连续测量不含大浓度悬浮粒子或气体的大多数清洁均匀液体的流量和热量，广泛应用于工厂污水排放监测、固井泥浆流量测量、自来水流量测量、铝酸钠等工艺流流量测控、奶液流量测量等方面。其原理是利用超声波在流体中传输时，在静止流体和流动流体中的传播速度不同的特点，从而测得流体的流速和流量。相对于电磁流量计，超声波流量计（图 7-27）在大口径管道上使用既经济又可靠准确。

项目
7

图 7-27　超声波流量计

 **项目实训**

7.4　实训——金属箔式应变片的测量电路性能验证实验

本节实训安排金属箔式应变片的测量电路（即电桥）性能验证实验，首先在教师的指导下理解电桥的工作原理和基本结构；然后利用传感器试验仪分别搭建单臂、双臂、全臂电桥，并记录测量数据；最后对比分析三种电桥的灵敏度。

1. 实训目的

（1）了解金属箔式应变片的应变效应，电桥工作原理和基本结构。

（2）比较单臂、双臂、全臂电桥的灵敏度，并得出相应结论。

2. 实训设备

（1）传感器试验仪一台。

（2）连接线若干。

3. 实训要求

（1）要求：了解电桥的基本原理。

（2）实现功能：利用金属箔式应变片将物体形变转换为电阻值的变化，再通过电桥将电阻的改变转换为电压信号输出。

（3）实验现象：相同情况下，全臂电桥的灵敏度最高、双臂电桥次之、单臂电桥最差。

4. 实验原理

电阻丝在外力作用下发生机械变形时，其电阻值发生变化，这就是电阻应变效应。描述电阻应变效应的关系式为 $\Delta R/R = k\varepsilon$，式中 $\Delta R/R$ 为电阻丝电阻的相对变化，k 为应变灵敏系数，$\varepsilon = \Delta L/L$ 为电阻丝长度的相对变化。金属箔式应变片就是通过光刻、腐蚀等工艺制成的应变敏感元件,通过它转换被测部位受力状态变化。电桥的作用完成电阻到电压的比例变化,电桥的输出电压反映了相应的受力状态。

对于单臂电桥,输出电压 $\Delta U = kE\varepsilon/4$。

对于半臂电桥,不同受力方向的两只金属箔式应变片接入电桥作为邻边,电桥输出灵敏度提高,非线性得到改善。当应变片阻值和应变量相同时,其桥路输出电压 $\Delta U = kE\varepsilon/2$。

对于全臂电桥,将受力方向相同的两只金属箔式应变片接入电桥对边,相反的金属箔式应变片接入电桥邻边。当应变片初始阻值 $R_1=R_2=R_3=R_4$,其变化值 $\Delta R_1=\Delta R_2=\Delta R_3=\Delta R_4$ 时,其输出灵敏度比半臂电桥又提高了一倍,且非线性误差和温度误差均得到改善。具体地,其桥路输出电压 $\Delta U = kE\varepsilon$。

图 7-28 所示为传感器试验仪中电桥部分的面板结构示意,其中电桥上端虚线所示的四个电阻实际上并不存在,仅作为一标记,让组桥容易。

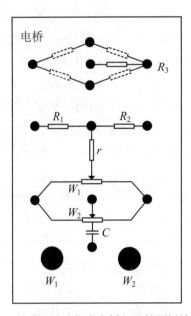

图 7-28 传感器试验仪中电桥部分的面板结构示意

5. 实训步骤

(1)传感器试验仪电路调试及说明。了解所需单元、部件在传感器试验仪上的所在位置,金属箔式应变片封装在双平行梁上,为棕色衬底箔式结构小方薄片;上下二片梁的外表面各贴二片受力应变片和一片补偿应变片,测微头在双平行梁前面的支座上,可以上、下、左、右调节。

做此实训时应将低频振荡器的幅度调至最小,以减小其对直流电桥的影响。

用连接线将差动放大器的正(+)、负(−)端和地线短接,将差动放大器的输出端与 F/V 表的输入插口 Vi 相连;开启主、副电源;调节差动放大器(差放)的增益到最大位置,然后调整差动放大器的调零旋钮使 F/V 表显示为零,关闭主、副电源,并拆去连接线。

(2)单臂电桥性能实验。根据图 7-29 接线,R_1、R_2、R_3 为电桥的固定电阻,R_4 为金属箔式应变片（在实验仪的面板上从有"↑"或"↓"方向标志的金属箔式应变片中任选一个）；将直流稳压电源开关打到±4V挡接入电路，F/V表置20V挡；调节测微头脱离双平行梁，开启主、副电源，调节电桥平衡网络中的电位器 W_1，使 F/V 表显示为零（粗调），然后将 F/V 表置2V挡，再慢慢地调 W_1，使F/V表显示为零（细调）。

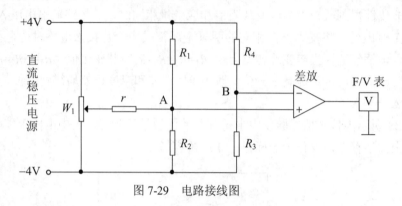

图 7-29　电路接线图

将测微头转动到10mm刻度附近，安装到平行等梁的自由端（与自由端磁钢吸合），调节测微头支柱的高度（梁的自由端跟随变化），使 F/V 表显示最小，再旋动测微头，使 F/V 表显示为零（细调零），这时的测微头刻度为零位的相应刻度。

往下或往上旋动测微头，使梁的自由端产生位移记下 F/V 表显示的值；建议每旋动测微头一周，即ΔX=0.5mm记录一个数值，填入表 7-2 中，然后关闭主、副电源。

表 7-2　单臂电桥实验数据

位移 X/mm					
电压 V/mV					

（3）双臂电桥性能实验。保持各旋钮位置不变，将 R_3 固定电阻换为与 R_4 金属箔式应变片标记方向相反的另一金属箔式应变片（即取二片方向不同的金属箔式应变片作为电桥的相邻边），形成半桥，调节测微头使梁到水平位置，调节 W_1 使 F/V 表显示为零，重复步骤（2）过程测得读数，填入表 7-3 中，然后关闭主、副电源。

表 7-3　双臂电桥实验数据

位移 X/mm					
电压 V/mV					

（4）全臂电桥性能实验。保持各旋钮位置不变，将 R_1、R_2 两个固定电阻换成另外两片金属箔式应变片（即保证 R_1、R_3 金属箔式应变片的标记方向相同，R_2、R_4 的标记方向相同，R_1、R_3 和 R_2、R_4 的标记方向相反），组桥时只要保证对臂金属箔式应变片的受力方向相同，邻臂金属箔式应变片的受力方向相反即可，否则相互抵消没有输出；形成全桥后，调节测微头使梁到水平位置，调节 W_1 同样使 F/V 表显示为零，重复步骤（2）过程将读出数据填入表 7-4 中。

（5）实训完毕，关闭主、副电源，所有旋钮转到初始位置。

表 7-4　全臂电桥实验数据

位移 X/mm						
电压 V/mV						

6. 结果记录

（1）请将实训所得数据记录在下方。

（2）根据表 7-2、表 7-3、表 7-4 的实验数据，在同一坐标纸上描出 X-V 曲线，比较单臂、双臂和全臂电桥的灵敏度。

7.5　实训——基于 51 单片机的电子秤设计与制作实验

本节实训安排基于 51 单片机的电子秤设计与制作实验，首先在教师的指导下理解电路原理图；然后利用电子元器件设计、焊接印刷电路板；最后进行加电调测。

1. 实训目的

（1）了解印刷电路板的设计、制作及调试的基本方法。

（2）理解电阻应变式传感器的工作原理，掌握电阻应变式传感器在实际场合的应用实现。

2. 实训设备

（1）电子元器件一套，清单见表 7-5。

表 7-5　电子元器件清单

序号	标号	名称	规格	数量
1		印制电路板	9cm×15cm	1
2	C_1、C_2	瓷片电容	30pF	2
3	C_3	直插电解电容	10μF	1
4	C_4	直插电解电容	100μF	1
5	U_2	A/D 转换模块	HX711	1
6	Q_1、Q_2、Q_3、Q_4	直插三极管	9012	4
7	D_1	发光二极管	5.5mm LED	1
8	R_1、R_2、R_3	色环电阻	10kΩ	3
9	R_4、R_6、R_7、R_8、R_9	色环电阻	2.2kΩ	5
10	U_3	4 位数码管	0.36 共阳	1
11		单片机芯片底座	DIP-40	1
12	U_1	单片机芯片	STC89C52C（51 单片机的一种）	1
13	Y_1	直插晶振	12MHz	1
14		接线端子	4P	1
15		接线端子	2P	2
16	K_1、K_2、K_3、K_4	4 脚开关	6mm×6mm×5mm	4
17		电阻应变式传感器	接口为 XH2.54-4P 插头	1

（2）直流稳压电源一台。

（3）万用表一台。

（4）电烙铁一个。

（5）锡丝、跳线若干。

3. 实训要求

（1）要求：了解电阻应变式传感器的工作原理。

（2）实现功能：利用电子元器件设计制作的电子秤，除了具备基本称重功能，还可以通过按键操作进行称重校准。

（3）实验现象：加电后，单片机开始自检，此时 LED 灯开始闪烁；自检完成后，LED 灯熄灭，4 位数码管显示 0000；开始称重时，LED 灯亮起；稳定时，LED 灯熄灭，4 位数码管显示重量值（默认单位为 kg）。

4. 实验原理

电子秤的工作原理如下：当物体放在秤盘上时，压力施给电阻应变式传感器，该传感器发生形变，从而使阻抗发生变化，同时使激励电压发生变化，输出一个变化的模拟信号；该信号输出到 A/D 转换模块后，转换成便于处理的数字信号并传至单片机；单片机进行处理、运算后将结果送至 4 位数码管进行显示。其中，传感器部分对于系统至关重要，本实训为了简化电路，提高稳定性和抗干扰能力，选用电阻应变式传感器，其最大量程为 5kg，可精确到 0.001kg。

如图 7-30 所示，该电子秤由单片机、时钟电路、复位电路、按键校准电路、数据采集电路，以及数码管显示电路组成，是在系统工作原理的基础上进行了扩展，增加了外界对单片机内部的数据设定，使电子秤实现称重的功能。这种方案硬件部分简单，接口电路易于实现，并且大大减少了程序量。

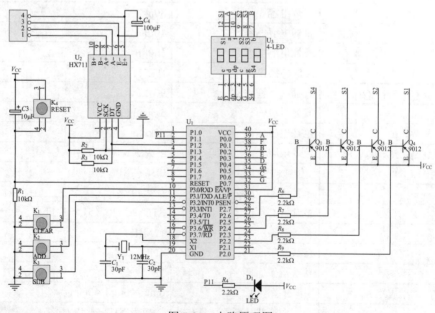

图 7-30　电路原理图

项目 7

如表 7-6 所示，在印制电路板焊接过程中，应特别注意以下几个典型元器件的识别方法。

表 7-6　典型元器件的识别方法

名称	图例	识别方法
直插三极管		平面有字部分面朝自己，从左到右分别是发射极 E、基极 B、集电极 C
直插电解电容		长脚为正、短脚为负
色环电阻		色数对应关系： <table><tr><td>数字</td><td>0</td><td>1</td><td>2</td><td>3</td><td>4</td><td>5</td><td>6</td><td>7</td><td>8</td><td>9</td></tr><tr><td>颜色</td><td>黑</td><td>棕</td><td>红</td><td>橙</td><td>黄</td><td>绿</td><td>蓝</td><td>紫</td><td>灰</td><td>白</td></tr></table>四种颜色的为四环电阻，五种颜色的为五环电阻；色环相近的一边为起始环，读出颜色数，相近环的最里环颜色数表示 10 的次方数，最后环表示误差百分比
发光二极管		长脚为正、短脚为负；封装器件内金属片小为正极、大为负极
单片机芯片底座		有缺口的左边顺序排列是 1，2，3，…，20，缺口的右边为 40

5. 实训步骤

（1）印制电路板设计。拿到电子元器件后，首先需要对电路原理图进行分析，详细了解清楚单片机各管脚需要连接的器件；其中，电路设计时应特别注意管脚 2（P11）需连接到发光二极管电路，管脚 32～39（P00～P07）需连接到数码管底座，四个直插三极管的集电极（S1～S4）需连接到 4 位数码管。

印制电路板布局设计上要求合理，采用走锡焊接，因此应尽量避免出现交叉连线；若出现线路交叉无法走锡，可采用少量跳线连接完成。

电路连接设计时，需将所有接地点连接在一起（2P 接线端子），所有的电源 V_{CC} 连接在一起（2P 接线端子）；因此印制电路板的最外层焊接点，不要直接焊接元器件为宜。

（2）印制电路板焊接。印制电路板走线设计完成后，开始焊接；先固定单片机芯片底座，然后展开电路连接焊接；焊接时切忌电烙铁温度过高，切忌在一个焊点位置焊接时间太长，否则会导致焊点铜片脱落；走锡焊接的具体方法是将需要连接的各焊点先挂锡，再加锡连通各焊接点，注意控制加锡的量，连通即可、不宜过多。

（3）电子秤功能测试。焊接完成的印制电路板加电进行调测；测试前，将 STC89C52C 单片机芯片插入 DIP-40 单片机芯片底座，电阻应变式传感器接入到 4P 接线端子；测试时，直流稳压电源打到 5V 左右，加到印制电路板的接地点和电源 V_{CC}，此时 LED 灯开始闪烁，表明单片机开始自检，自检完成后，LED 灯熄灭，4 位数码管显示 0000，如图 7-31 所示；开始称重时，LED 灯亮起，稳定时，LED 灯熄灭，4 位数码管显示重量值。

图 7-31　电子秤自检完成

　　（4）印制电路板调试。若步骤（3）不正常，则需要调试；根据测试现象，对照电路原理图，使用万用表依次确认所有接地点/电源 V_{CC} 是否焊接在一起、线路连接是否存在短路/断路、极性器件是否焊反等；排查无误后，重新返回步骤（3）进行功能测试，直至电子秤正常工作。
　　（5）实训完毕，将仪器设备、工具擦拭干净，摆放整齐。

6. 结果记录
请将电子秤称重结果记录下来。

巩固延伸

　　1. 电子皮肤又称新型可穿戴柔性仿生触觉传感器，是一种可以让机器人产生触觉的系统，其结构简单，可被加工成各种形状，能像衣服一样附着在设备表面，能够让机器人感知到物体的地点、方位，以及硬度等信息。电子皮肤不仅可以让机器人更智能，还可以应用到烧伤病人和肢体残疾人士的皮肤修复，以及未来的可穿戴设备中。
　　电子皮肤的应用原理如图 7-32 所示，由压力传感器相互连接组成传感器阵列，嵌入到需要检测微压力的指定点，然后将传感器阵列与外围电路相连，组成完整的电子皮肤。那么，哪些力学传感器比较适合应用于电子皮肤呢？
　　2. 深圳一家初创企业 Maxus Tech 将体感识别技术上升了一个新的台阶，他们的秘诀是超声波传感器，其原理是使用设备扬声器发射超声波，并利用麦克风接收撞击到手掌的回波，以此来实现手势识别。简单来说关键步骤有两个，第一步发射和采集信号，第二部通过算法对采集的信号进行轨迹识别。超声波手势识别传感器（图 7-33）可以把任何光滑的表面变成操作面板，比如把传感器安装在墙壁上就能通过手指运动控制播放器里的音乐音量大小。相比近年来大热的体感识别，超声波手势识别具有更好的环境适应性、使用起来更加灵活，将会是可穿戴设备和智能家居设备的较优选择。

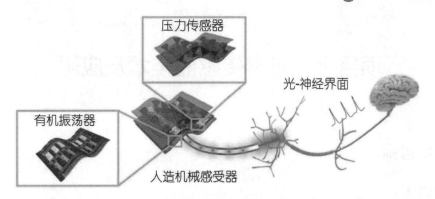

压力信号 ➡ 直流电信号 ➡ 电脉冲信号 ➡ 光脉冲信号 ➡ 神经系统信号

图 7-32 电子皮肤的应用原理

图 7-33 超声波手势识别传感器

通过上面案例的启发,请你利用超声波传感器构思一根盲人防撞导路棒,并说明其工作原理。

项目 8   光学传感器技术及应用

学习目标

1. 知识目标

- 掌握光电式传感器、红外线传感器和图像传感器的相关内容
- 了解光电式传感器、红外线传感器和图像传感器的典型应用

2. 能力目标

- 能够使用光敏电阻制作自动循迹小车
- 能够在 IAR 集成开发环境下使用热释电传感器

相关知识

光的研究历史和力一样，在古希腊时代就受到注意。光是一种电磁波，着重研究的范围是从红外线到紫外线波段。依据光学原理可以制成光学计量仪器、光栅、编码器等光学传感器及仪器，光学传感器的一般组成如图 8-1 所示。

图 8-1   光学传感器的一般组成

8.1   光电式传感器

光电式传感器

8.1.1   光电式传感器的基本知识

光电式传感器是应用最为广泛的一种光学传感器，在设计上主要用来检测目标物是否出现，或者进行各种工业、汽车、电子产品和零售自动化的运动检测。其原理是在受到可见光照射后即产生光电效应，将光信号转换成电信号输出，如图 8-2 所示。光电式传感器除了能测量光强之外，还能利用光线的透射、遮挡、反射、干涉等测量多种物理量，如尺寸、位移、速度、温度等。光电测量时不与被测对象直接接触，光束的质量又近似为零，在测量中不存在摩擦，

以及对被测物几乎不施加压力，因此在许多应用场合，光电式传感器比其他传感器有明显的优越性；其缺点是在某些应用方面，光学器件和电子器件价格较贵，并且对测量的环境条件要求较高。

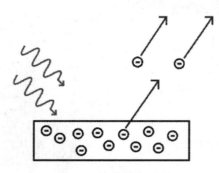

图 8-2　光电效应示意

光电式传感器的核心部件为光电元件，主要有光电管、光电倍增管、光敏电阻、光晶体管、光电池、光耦合器等类型。

1. 光电管

光电管的典型结构是将球形玻璃壳抽成真空，在内半球面上涂一层光电材料作为阴极，球心放置小球形或小环形金属作为阳极，如图 8-3 所示。光电管分为真空光电管和充气光电管两种，若球内充低压惰性气体就成为充气光电管。用作光电管阴极的金属有碱金属、汞、金、银等，可适合不同波段的需要。光电管灵敏度低、体积大、易破损，已被固体光电器件所代替。

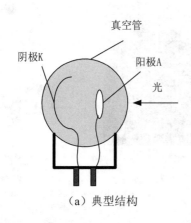

（a）典型结构　　　　　　　　　　（b）实物

图 8-3　光电管

2. 光电倍增管

当光线很微弱时，普通光电管产生的电流很小，不容易探测；若在光电管阳极和阴极之间增加若干个（11～14 个）倍增极（二次发射体），就可以放大电流，如图 8-4 所示。光电倍增管灵敏度高、信噪比大、线性度好，多用于测量微弱信号。光电倍增管广泛应用在冶金、电子、机械、化工、地质、医疗、核工业、天文和宇宙空间研究等领域。

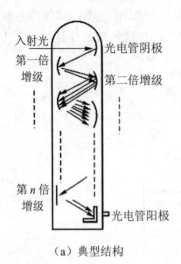

入射光
第一倍增级
第二倍增级
第 n 倍增级
光电管阴极
光电管阳极

（a）典型结构

（b）实物

图 8-4　光电倍增管

3. 光敏电阻

光敏电阻又称光导管，如图 8-5 所示，常用的制作材料为硫化镉，另外还有硒、硫化铝、硫化铅和硫化铋等。这些制作材料具有在特定波长的光照射下，其电阻值迅速减小的特性。光敏电阻对光线十分敏感，其在无光照时，呈高阻状态，暗电阻一般可达 1.5MΩ，而亮电阻值可小至 1kΩ 以下。光敏电阻一般用于光的测量、光的控制和光电转换。

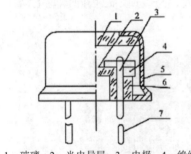

1—玻璃；2—光电导层；3—电极；4—绝缘衬底；5—金属壳；6—黑色绝缘玻璃；7—引线

（a）典型结构

（b）实物

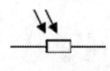

（c）电路符号

图 8-5　光敏电阻

4. 光晶体管

光晶体管包括光敏二极管、光敏三极管、光敏晶闸管，如图 8-6 所示。光敏二极管和普通二极管一样具有一个 PN 结，不同之处在于光敏二极管的外壳上有一个透明的窗口以接收光线照射，实现光电转换。光敏三极管除具有光电转换的功能外，还具有放大功能，且因输入信号为光信号，所以通常只有集电极和发射极两个引脚线（基极作为光接收窗口，未引出）。光敏晶闸管是利用一定波长的光照信号来代替电信号对器件进行触发，其伏安特性和普通晶闸管一样，只是随着光照信号变强其正向转折电压逐渐变低。

（a）光敏二极管

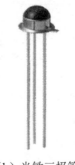
（b）光敏三极管

（c）光敏晶闸管

图 8-6　光晶体管实物

5. 光电池

光电池又叫太阳能电池，是一种在光的照射下产生电动势的半导体元件，如图 8-7 所示，其能够把地球从太阳辐射中吸收的大量光能转化换成电能，主要用于光电转换、光电探测，及光能利用等方面。光电池的种类很多，常用的有硒光电池和硅光电池等。光电池经过串联后进行封装保护可形成大面积的太阳电池组件，再配合功率控制器等部件就形成了光伏发电装置。

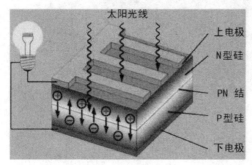
（a）典型结构

（b）实物

图 8-7　光电池

6. 光耦合器

光耦合器（OC）亦称光隔离器，简称光耦，如图 8-8 所示。它由发光源（如发光二极管）和受光器（如光敏二极管、光敏三极管等）两部分组成，把发光源和受光器组装在同一密闭的壳体内，彼此间用透明绝缘体隔离。工作时，光耦合器输入的电信号驱动发光二极管，使之发出一定波长的光，被受光器接收而产生光电流，再经过进一步放大后输出，这就完成了电—光—电的转换，从而起到输入、输出、隔离的作用。

7. 光电开关

如图 8-9 所示，光电开关是光电接近开关的简称，它是利用被检测物对光束的遮挡或反射，由同步回路接通电路，从而检测物体的有无。物体不限于金属，所有能反射光线（或者对光线有遮挡作用）的物体均可以被检测。按检测方式可分为漫反射式、对射式、镜反射式、槽式和光纤式五种光电开关，如图 8-10 所示。

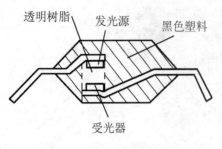

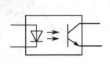

（a）典型结构   （b）实物   （c）电路符号

图 8-8　光耦合器

图 8-9　光电开关实物

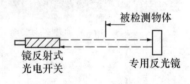

（a）对射式光电开关　　　　　（b）镜反射式光电开关

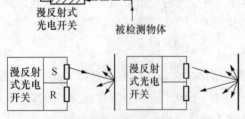

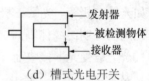

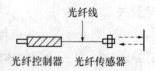

（c）漫反射式光电开关　　　　（b）光纤式光电开关

图 8-10　光电开关的类型

查一查：利用网络搜索上述七种光电元件的应用实例。

8.1.2 光电式传感器的典型应用

光电式传感器由于反应速度快，能实现非接触测量，而且精度高、反应快、可靠性好、可测参数多，加之具有体积小、重量轻、功耗低、便于集成等优点，是目前产量最多、应用最广的传感器之一，广泛应用于军事、宇航、通信、智能家居、智能交通、安防、LED 照明、玩具、检测与工业自动化控制等多种领域。下面简单介绍几种光电式传感器的应用案例。

1. 条形码扫描枪

如图 8-11 所示，当条形码扫描枪的扫描枪头在条形码上移动时，若遇到黑色线条，发光二极管的光线将被黑色线吸收，光敏三极管接收不到反射光，呈高阻抗，处于截止状态；当遇到白色间隔时，发光二极管所发出的光线被反射到光敏三极管的基极，光敏三极管产生光电流而导通。整个条形码被扫描过之后，光敏三极管将条形码变形为一个个电脉冲信号，该信号经放大、整形后便形成脉冲列，再经计算机处理，完成对条形码信息的识别。

图 8-11 条形码扫描枪

2. 用于监控烟尘污染

防止工业烟尘污染是环保的重要任务之一。为了消除工业烟尘污染，首先要知道烟尘排放量，因此必须对烟尘源进行监测、自动显示和超标报警。如图 8-12 所示，烟尘浊度监测原理为：烟道里的烟尘浊度是用通过光在烟道里传输过程中的变化大小来检测的，如果烟道浊度增加，光源发出的光被烟尘颗粒的吸收和折射增加，到达光检测器的光减少，因而光检测器输出信号的强弱便可反映烟道浊度的变化。

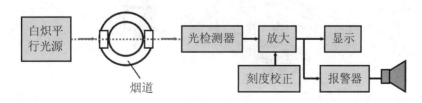

图 8-12 烟尘浊度监测原理

3. 在消费类电子产品上的应用

对于便携式应用，如果用户不改变系统设置（通常是亮度控制），那么一个显示器总是消耗同样多的能量。在室外等特别亮的区域，用户倾向于提高显示器的亮度，这就会增加系统的功耗；而当条件变化时，如进入建筑物，大多数用户都不会去改变设置，因此系统功耗仍然保持很高。通过使用一个光电式传感器，系统就能够自动检测周围环境变化并调节设置，以保证显示器处于最佳的亮度，进而降低总功耗、延长电池寿命。对于移动电话、笔记本电脑和数码相机，通过采用环境光传感器（图 8-13）反馈，可以自动进行亮度控制，从而延长电池寿命。

图 8-13　智能手机中的环境光传感器

4. 在自动化生产线上的应用

光电检测方法具有精度高、反应快、非接触等优点，在轻工自动机上广泛应用。例如光电式带材跑偏检测器用来检测带型材料在加工中偏离正确位置的大小及方向，从而为纠偏控制电路提供纠偏信号，其主要用于印染、送纸、胶片、磁带生产过程中。利用光电开关还可以进行产品流水线上的产量统计、对装配件是否到位及装配质量进行检测，例如灌装时瓶盖是否压上、商标是否漏贴，以及送料机构是否断料等，如图 8-14 所示。

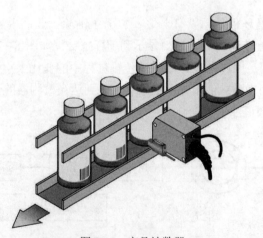

图 8-14　产品计数器

5．在军事领域的应用

近年来，我国在常规武器领域也采用了多种新型传感器，如压力、转速及角度传感器等，其中采用的光电式传感器数量很多，如高精度的光栅式角度传感器用于火炮的高低角、方位角检测，普遍的光电式数字传感器用于枪械方面的测量，高精度的光电式数字传感器用于目标角速度测量，光电测速仪用于火炮反后座装置运动特性的检测，光电转速传感器用于车辆的性能检测等。如图 8-15 所示为采用光电式传感器的"天龙座"自行高射炮。

图 8-15 采用光电式传感器的"天龙座"自行高射炮

8.2 红外线传感器

红外线传感器

8.2.1 红外线传感器的基本知识

红外线是太阳光线中众多不可见光线中的一种，如图 8-16 所示，红外线的波长为 0.78～1000μm，介于微波和可见光之间，分为三个部分，即近红外线（波长 0.78～1.4μm）、中红外线（波长 1.4～3μm）、远红外线（波长为 3～1000μm）。因此，红外线传感器属于光学传感器的范畴。

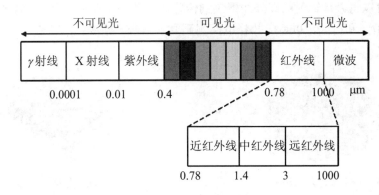

图 8-16 太阳光谱的划分

红外线最大的特点是具有热效应，一切物体都在不停地向外辐射红外线，物体的温度越高，辐射的红外线就越多。红外摄像机、红外夜视仪和一些导弹瞄准都是热效应的应用。物体在辐射红外线的同时，也在吸收红外线，然后温度就会升高。我们可以利用红外线的热效应来加热物品，如家用红外线烤箱、浴室暖霸等。

用红外线作为检测媒介，来测量某些非电量，这样的传感器就叫作红外线传感器。通常，红外线传感器包括光学系统、检测元件和转换电路三部分。其中，光学系统按结构不同可分为透射式和反射式两类，检测元件按工作原理可分为热敏检测元件和光电检测元件两种。热敏检测元件应用最多的是热敏电阻，热敏电阻受到红外线辐射时温度升高，电阻发生变化，通过转换电路变成电信号输出；而光电检测元件常用的是光敏元件，由硫化铅、硒化铅、砷化铟、砷化锑、碲镉汞三元合金、锗及硅掺杂等材料制成。

热释电传感器是目前使用最广的一种红外线传感器，又称人体红外传感器。若使某些强介电物质的表面温度发生变化，随着温度的上升或下降，在这些物质表面上就会产生电荷的变化，这种现象称为热释电效应，是热电效应的一种。热释电传感器的典型结构及实物如图 8-17 所示，敏感元件是 PZT（钛锆酸铅），在上下两面做上电极，并在表面上加一层黑色氧化膜以提高其转换效率，在顶部设有滤光镜（T0-5 封装），而树脂封装的滤光镜在侧面。

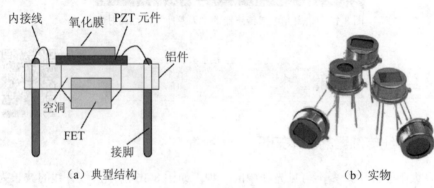

（a）典型结构　　　　　　　　　　　　　　　（b）实物

图 8-17　热释电传感器的典型结构及实物

在实际中，热释电传感器通常与菲涅尔透镜组合应用，来充分提高传感器的探测灵敏度，以及增大探测距离。如图 8-18 所示，菲涅尔透镜是由塑料制成的、特殊设计的光学透镜，一般呈圆弧状，可以将人体辐射的红外线聚焦到传感器的敏感元件中心上，同时产生交替变化的红外辐射高灵敏区和盲区，以适应热释电探测元要求信号不断变化的特性。

（a）菲涅尔透镜　　　　　　　　　　　　　　（b）热释电套件

图 8-18　菲涅尔透镜的使用

8.2.2 红外线传感器的典型应用

红外线传感器因其独有的优越性而得到很大地重视，并在军事和民用领域得到了广泛地应用。军事上，红外探测应用于制导、火控跟踪、警戒、目标侦查、武器热瞄准器、舰船导航等；在民用领域，红外探测应用于工业设备监控、安全监视、救灾、遥感、交通管理，以及医学诊断技术等。下面介绍其中几种典型的应用。

1. 应用于热成像系统

热成像仪是将物体发出的不可见红外线能量转变为可见的热图像，热图像上面的不同颜色代表被测物体的不同温度。热成像仪最早是为军事目的而开发的，近年来其迅速向民用工业领域扩展，比如在建筑领域，检查空鼓、缺陷、瓷砖脱落、受潮、热桥等；在消防领域，可以查找火源，判定事故的起因，查找烟雾中的受伤者；在公安系统中可以找夜间藏匿的人，如图8-19 所示；汽车生产领域可以检测轮胎的行走性能、空调发热丝、发动机、排气喉等性能；在医学领域中可以检测针灸效果，发现鼻咽癌、乳腺癌等疾病；在电力系统中检查电线、连接处、快关闸、变电柜等。热像仪的应用非常广泛，只要有温度差异的地方都有应用。

图 8-19   利用热成像仪识别伪装及隐蔽目标

2. 红外测温仪

如图 8-20 所示，在人体体温测量方面，红外线体温监测仪适用于人流量大的公共场合快速监测人体体表温度，具有非接触式测温、准确度高、测量速度快、超温语音报警等优点，特别适合于出入境口岸、港口、机场、码头、车站、机关、学校、影剧院等场合使用。在工业生产监测方面，工业红外测温仪测量物体的表面温度，其光学传感器辐射、反射并传输能量，然后能量由传感器进行收集、聚焦，再由其他的电路将信息转化为读数显示出来，如果配备激光灯能更有效对准被测物及提高测量精度。

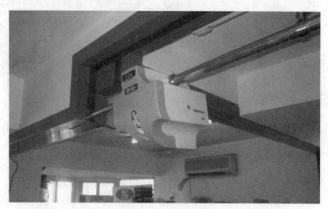

图 8-20　悬挂式自动扫描红外线体温监测仪

3. 在红外感应方面的应用

通过检测红外线辐射的变化来实现检测人体运动的目的，产品的主要应用领域为家电、玩具、防盗报警、感应门、感应灯具、感应开关等。其中，红外自动感应灯、感应开关能感应人体红外线，人来灯亮，人离灯灭，实现自动照明；智能红外探测报警器可以自动探测区域内人体的活动，如有动态移动现象，则向控制主机发送报警信号；智能空调能检测出屋内是否有人，微处理器据此自动调节空调出风量，以达到节能的目的；红外自动感应门（图 8-21）、红外迎宾器广泛用于商店、酒店、企事业单位等场所，当有人靠近门口时，它会自动感应到人体，发出指令及时将门打开。

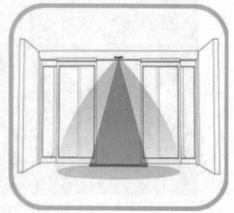

图 8-21　红外自动感应门

4. 红外遥控技术

红外遥控技术是一种无线、非接触控制技术，具有抗干扰能力强、信息传输可靠、功耗低、成本低、易实现等显著优点，被诸多电子设备特别是家用电器广泛采用，并越来越多地应用到计算机和手机系统中。红外遥控的发射电路采用红外发光二极管来发出经过调制的红外光波；红外接收电路由红外接收二极管、三极管或硅光电池组成，它们将红外发射器发射的红外光转换为相应的电信号，再送后置放大器。图 8-22 为电视机的红外遥控功能。

图 8-22　电视机的红外遥控功能

5. 红外通信系统

红外通信系统是采用调制后的红外辐射光束传输编码后的数据，再由硅光敏二极管将收到的红外辐射信号转换成电信号，实现近距离通信的一种系统。它具有不干扰其他邻近设备的正常工作的特点，可用于沿海岛屿间的辅助通信、人口高密度区域的户内通信、飞机内广播和航天飞机内宇航员间的通信等。此外，该通信系统还具有低功耗、低成本、安全可靠、保密性好的特点。图 8-23 为红外通信系统原理示意。

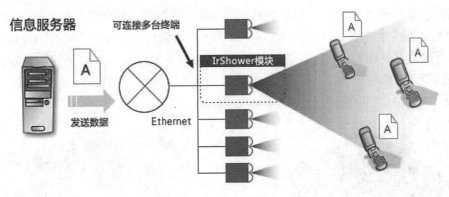

图 8-23　红外通信系统原理示意

8.3　图像传感器

图像传感器

8.3.1　图像传感器的基本知识

图像传感器利用光电器件的光电转换功能，将感光面上的光像转换为与光像成相应比例关系的电信号。与光敏二极管，光敏三极管等"点"光源的光电元件相比，图像传感器是将其感光面上的光像分成许多小单元，将其转换成可用电信号的一种功能器件。根据光电元件的不同，图像传感器可分为 CCD（电荷耦合元件）图像传感器和 CMOS 图像传感器（金属氧化物半导体元件）两大类，如图 8-24 所示。

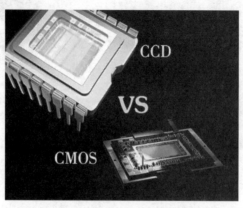

图 8-24　CCD 和 CMOS 图像传感器

CCD 图像传感器由一种高感光度的半导体材料制成，能把光线转变成电荷，通过模/数（A/D）转换器芯片转换成数字信号。CCD 图像传感器由许多感光单位组成，通常以百万像素为单位。当 CCD 图像传感器表面受到光线照射时，每个感光单位会将电荷反映在组件上，所有的感光单位所产生的信号加在一起，就构成了一幅完整的画面。如图 8-25 所示，CCD 图像传感器有面阵和线阵之分，面阵是把 CCD 图像传感器像素排成 1 个平面的器件，主要应用于工业相机、数码相机（DSC）、摄录影机、监视摄影机等多项影像输入产品上；而线阵是把 CCD 图像传感器像素排成一直线的器件，主要应用于影像扫瞄器及传真机上。CCD 图像传感器比较显著的特点是技术成熟，成像质量高，灵敏度高、噪声低、动态范围大、响应速度快、有自扫描功能、图像畸变小、无残像，应用超大规模集成电路工艺技术生产、像素集成度高、尺寸精确。

（a）面阵　　　　　　　　　　　　　　　（b）线阵

图 8-25　CCD 图像传感器的分类

CMOS 图像传感器主要是利用硅和锗这两种元素所做成的半导体。CMOS 图像传感器上共存着带负电的 N 极和带正电的 P 极的半导体，这两个一正一负互补效应所产生的电流即可被处理芯片记录并转换成影像。CMOS 图像传感器可将图像采集单元和信号处理单元集成到同一块芯片上，或者说 CMOS 图像传感器相当于一个图像系统。CMOS 图像传感器具有读取信息的方式简单、输出信息速率快、耗电省、体积小、重量轻、集成度高、价格低等特点。

 想一想：手机和平板的摄像头为什么一般都采用 CMOS 图像传感器？

8.3.2 图像传感器的典型应用

科技在进步，市场也日新月异，影响产品竞争力的因素不再只是技术，还包括商业利益。图像传感器的应用范围也发生了变化，需要满足更多不同的需求。有一些应用是 CMOS 图像传感器的强项，另一些则是 CCD 图像传感器的优势。下面我们深入探讨一下这两种图像传感器在不同领域的应用和发展情况，以方便大家根据自身的实际情况做出正确的选择。

1. 数码相机领域

CCD 图像传感器的色彩饱和度好，图像较为锐利，质感更加真实，特别是在较低感光度下的表现很好；不过，CCD 图像传感器制造成本高，在高感光度下的表现不太好，而且功耗较大。CMOS 图像传感器的色彩饱和度和质感则略差于 CCD 图像传感器，但处理芯片可以弥补这些差距；重要的是，CMOS 图像传感器具备硬件降噪机制，在高感光度下的表现要好于 CCD 图像传感器，此外它的读取速度也更快；CMOS 图像传感器另一个优势就是非常省电，只有普通 CCD 图像传感器的 1/3 左右；虽然 CMOS 图像传感器在低感光度下的表现比 CCD 图像传感器差，但背照式 CMOS 图像传感器的出现，解决了这一问题。

目前的态势是 CMOS 图像传感器已经占据了可更换镜头的高端数码相机市场，并借助背照式 CMOS 图像传感器杀入消费类数码相机市场。在数码相机领域，目前只有莱卡公司的多款数码产品，以及一些中画幅数码相机或数码后背仍然在使用 CCD 图像传感器，这是因为不同产品对画质有着不同的要求，所以那些中画幅数码产品的价格也往往高出普通数码相机。图 8-26 为各种数码相机。

图 8-26 各种数码相机

2. 数码摄像机领域

基于 CCD 图像传感器和 CMOS 图像传感器各自的特点，在选择摄像机时，一般遵循以下原则：低照度环境下宜使用 CCD 摄像机；隐蔽环境中使用 CMOS 摄像机；图像质量要求高的场合选用 CCD 摄像机；高帧摄像时选用 CMOS 摄像机更佳。从目前的状况看，CMOS 与 CCD 图像传感器的应用市场仍然有一个分界，但这个界限已经越来越模糊。图 8-27 为数码摄像机示例。

图 8-27　数码摄像机示例

3. 手机及汽车安防领域

相比于 CCD 图像传感器，CMOS 图像传感器在功耗、体积及制造成本方面有着不可比拟的优势，而这些正是生产厂家在大规模市场应用中绝对不可忽视的因素。得益于智能手机、行车记录仪（图 8-28），及网络监控市场近几年的高速增长，CMOS 图像传感器在资金、技术投入方面获得了巨大支持，也正因为此，CMOS 图像传感器的图像质量即使在像素尺寸收缩的情况下仍然大为改善。

图 8-28　行车记录仪

4. 航天、医学及专业定制领域

如图 8-29 所示，CCD 图像传感器在航天摄像中有着无可比拟的核心地位，这不仅是因为其是超高清成像设备部件，同样是因为其极强的耐用性。同样地，在医用领域，CCD 图像传感器也是最常用的图像传感器；近年来，更是突破了材料极限，采用新的设计思路，使得 CCD

图像传感器能够输出大幅面动态影像，在医学临床诊断上有里程碑式的意义。另外，如果要定制图像传感器，那么 CCD 图像传感器的价格一般低于 CMOS 图像传感器的定制价格。

图 8-29　航天摄像

5. 无人机、VR 等新兴领域

随着传感器智能化的发展，智能图像传感器也已普遍应用于手机和可穿戴设备等消费电子产品，而目前手机、平板电脑市场趋于饱和，未来无人驾驶、车联网、AR 技术、VR 技术（图 8-30）、无人机、机器人等新兴智能领域将会成为智能图像传感器的新增需求点。智能图像传感器是能够捕捉和分析视觉信息，代替人眼做各种测量和判断的设备，由 CCD/CMOS 图像传感器和视觉软件组成，前者用于捕捉图像，后者用于分析"看到"的内容。

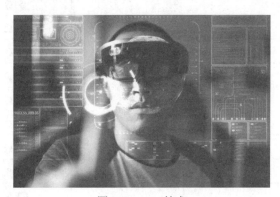

图 8-30　VR 技术

 项目实训

8.4　实训——基于光电式传感器的自动循迹小车制作实验

本节实训安排基于光电式传感器的自动循迹小车制作实验，首先在教师的指导下理解自动循迹小车的电路原理图；然后利用电子元器件焊接、装配印制电路板；最后进行整机调测。

1．实训目的

（1）了解印制电路板的焊接、装配及调试的基本方法。

（2）理解光敏电阻的工作原理，掌握光电式传感器在实际场合的应用实现。

2．实训设备

（1）元器件一套，电子元器件、机械零部件，及其他配件清单见表 8-1～表 8-3。

表 8-1　电子元器件清单

序号	标号	名称	规格	数量
1	IC_1	双路电压比较器集成电路	LM393	1
2		8 脚 IC 座		1
3	C_1	电解电容	100μF	1
4	C_2		100μF	1
5	R_1	电位器	10kΩ	1
6	R_2		10kΩ	1
7	R_3	色环电阻	3.3kΩ	1
8	R_4		3.3kΩ	1
9	R_5		51Ω	1
10	R_6		51Ω	1
11	R_7		1kΩ	1
12	R_8		1cΩ	1
13	R_9		10Ω	1
14	R_{10}		10Ω	1
15	R_{11}		51Ω	1
16	R_{12}		51Ω	1
17	R_{13}	光敏电阻	CDS5	1
18	R_{14}		CDS5	1
19	D_1	ϕ3mm 发光二极管	LED	1
20	D_2		LED	1
21	D_4	ϕ5mm 发光二极管	LED1	1
22	D_5		LED2	1
23	Q_1	三极管	8550	1
24	Q_2		8550	1
25	S_1	自锁开关	6×6	1

表8-2 机械零部件清单

序号	标号	名称	规格	数量
1	M_1	减速电机	JD3-100	1
2	M_2	减速电机	JD3-100	1
3		车轮轮片1		2
4		车轮轮片2		2
5		车轮轮片3		2
6		硅胶轮胎	25×2.5	2
7		车轮螺丝	$M3 \times 10$	4
8		车轮螺母	M3	4
9		轮毂螺丝	$M2.2 \times 7$	2
10		万向轮螺丝	$M5 \times 30$	1
11		万向轮螺母	M5	1
12		万向轮	M5	1

表8-3 其他配件清单

序号	标号	名称	规格	数量
1		印制电路板	D2-1	1
2		连接导线	红色	1
3		连接导线	黑色	1
4		胶底电池盒	$AA \times 2$	1
5		说明书	A4	1

（2）电烙铁一个。

（3）锡丝、跳线若干。

3. 实训要求

利用电子元器件制作的自动循迹小车，上电后能够循着黑线行走。

4. 实验原理

自动循迹小车的电路原理图如图 8-31 所示，由光电式传感器、电压比较器、电机驱动电路和电源四部分组成。其中，LM393 是双路电压比较器集成电路，由两个独立的精密电压比较器构成，它的作用是比较两个输入电压，根据两路输入电压的高低改变输出电压的高低。其输出有两种状态：接近开路或者下拉接近低电平，LM393 采用集电极开路输出，所以必须加上拉电阻才能输出高电平。LM393 随时比较着两路光敏电阻的大小来实现控制。

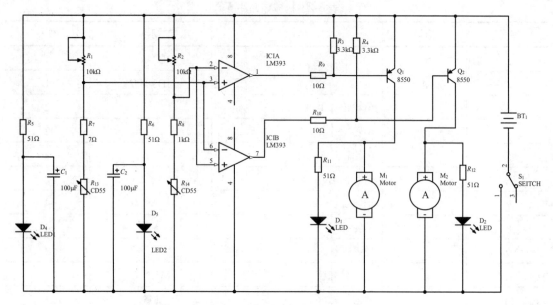

图 8-31　自动循迹小车的电路原理图

高亮度发光二极管发出的光线照射在跑道平面上，当照于白色区域时，反射的光线较强，这时光敏电阻可以接收到较强的反射光，表现的电阻值较低；而当照射于黑色轨道上时，反射光较弱，表现的电阻值较高，自动循迹小车就是根据这一原理作为轨道识别而工作的。

工作前将小车中心导向轮放于轨道中心，两侧探测器（即发光二极管+光敏电阻）位于两侧白色区域处，当小车偏离轨道时，必有一侧探测器照到黑色轨道上，以 LED1 为例，此时 R_3 阻值变大，这一变化使得 IC_1 的 2、5 脚电压升高，当 5 脚电压高于 6 脚时，运放的 7 脚便输出高电平，Q_2 截止，M_2 停止工作，由于两侧轮子一只停转，小车便向轮子停转侧弯转，使得 LED1、R_3 这对探测器离开黑色轨道，光线又照回白色区域处，此时 M_2 又继续工作；当另一侧探测器照到黑色轨道时，原理与前述类似，小车在整个前进过程中不断重复上述动作来修正轨迹，从而实现沿既定轨道前进的目的。

5. 实训步骤

（1）印制电路板焊接。按图 8-31 和印制电路板上的标示符依次将色环电阻、8 脚 IC 座、自锁开关、电位器、三极管、电解电容、ϕ3mm 发光二极管焊接在印制电路板上，注意 8 脚 IC 座的方向；另外为了调试方便，芯片暂不安装。

将电池盒按照印制电路板上的穿线孔和标示符的位置安装在印制电路板上，注意电源焊盘的极性不要焊反，通常红色导线为电源正极。

将印制电路板正面向上，万向轮的支撑螺栓穿入孔中，旋入万向轮的螺母拧紧，最后装上万向轮并拧紧。

将印制电路板底面朝上，按照印制电路板上的标示符将 ϕ5mm 发光二极管和光敏电阻焊接在印制电路板上，要求发光二极管和光敏电阻距离万向轮球面 5mm 左右即可。

在电池盒内装入两节 AA 电池，按下开关，此时两个 ϕ5mm 发光二极管应当发光，如果不发光，可能发光二极管的正负极装反，这时请将正负极对调，调试成功后，断开电源待用。

（2）机械零部件装配。将硅胶轮胎套在车轮上，将车轮用螺丝固定在减速电机轴上，将连接导线分成两截后上锡，分别焊接在两台减速电动机上待用；按印制电路板上的标示符将电动机黏合在印制电路板上，并将电动机上的引线焊接在印制电路板上。完成装配后的自动循迹小车如图 8-32 所示。

图 8-32 完成装配后的自动循迹小车

（3）初步调试。为了方便调试，可先不装电动机，取一张白纸，画一个黑圈，接通电源，可看到两侧指示灯点亮，将小车放于白纸上，让探测器照于黑圈上，调节本侧电位器，让这一侧的灯照到黑圈时指示灯灭，照到白纸时亮，反复调节两侧探测器，直到两侧全部符合上述变化规律。

两只电动机转向与电流方向有关，焊好引线后先不要把电机黏合于印制电路板上，装上电池，打开开关，查看电机转向，必须确保装上车轮后小车向前进的方向转动，若相反，应将电机两线互换，无误后撕去泡沫胶上的纸，将电机黏合于印制电路板上，黏合时尽量让两电机前后一致，且要保证两车轮的灵活转动。

（4）整车调试。试测驱动电路，开关拨在"ON"位置上，将 8 脚 IC 座的 1 脚、7 脚、4 脚连接，这时的减速电机应当向着前方转动，否则调换相应电机的引线位置即可；如果电机不转，请检查三极管是否焊反，基极电阻阻值（10Ω）是否正确。

断电将电压比较器芯片插入 8 脚 IC 座上，上电后调节相应的电位器使小车能够在黑线上正常运走且不会跑出黑线的范围。

为了保证小车的正常运行，跑道的制作也很重要，跑道的宽度必须小于两侧探测器的间距，一般以 15～20mm 较为合适（图 8-33），跑道可以是一个圆，也可以是任意形状，但要保证转弯角度不要太大，否则小车容易脱轨，制作时可取一张 A3 白纸，先用铅笔在上面画好跑道的初稿，确定好后再用毛笔沿铅笔画好的跑道进行上色加粗，注意画时尽量让整条线粗细均匀些，等画完后让纸在阴凉处阴干，这样自己设计的跑道便制作完成了；上跑道实际上电试车时，适当调整两对传感器的间距，以适应跑道，达到自动识别跑道并准确无误工作为止。

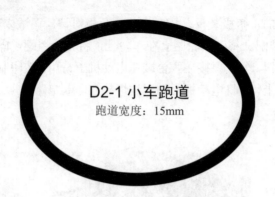

图 8-33　小车跑道示例

实际试车时，若发现小车跑到某个地方动不了了，只要看到轮子还在转，就说明跑道纸不平整，轮子转动时出现了打滑现象，这时可通过适当增加小车的重量来解决。具体措施是在小车的电池上装载一点重物，让车轮处重量增加，这样车轮就不会打滑了。

（5）实训完毕，将仪器设备、工具擦拭干净，摆放整齐。

6. 结果记录

请将自动循迹小车的测试结果记录下来。

8.5　实训——基于 IAR 开发环境下的热释电传感器使用实验

本节实训安排基于 IAR 开发环境下的热释电传感器使用实验，首先在教师的指导下理解热释电传感器的工作原理；然后在 IAR 开发环境下编译、下载热释电传感器的驱动程序；最后通过串口调试助手观察数据变化。

1. 实训目的

（1）了解热释电传感器的工作原理。

（2）掌握在 IAR 开发环境下程序的编辑、编译，以及调试的方法。

（3）学会热释电传感器的使用方法。

2. 实训设备

（1）装有 IAR 开发工具的 PC 机一台。

（2）物联网综合实验箱一套。

（3）下载器一个。

（4）Mini USB 线一条。

3. 实训要求

（1）要求：了解热释电传感器的工作原理。

（2）实现功能：使用 IAR 开发工具运行热释电传感器驱动程序，检测室内是否有人存在。

（3）实验现象：将检测到的数据通过串口调试助手显示，观察有人与无人时的数据变化。

4．实验原理

（1）热释电传感器简介。普通人体会发射 10μm 左右的特定波长红外线，用专门设计的传感器就可以有针对性地检测这种红外线的存在与否，当人体红外线照射到传感器上后，因热释电效应将向外释放电荷，后续电路经检测处理后就能产生控制信号。这种专门设计的传感器只对波长为 10μm 左右的红外辐射敏感，所以除人体以外的其他物体不会引发传感器动作。传感器内包含两个互相串联或并联的热释电元，而且制成的两个电极化方向正好相反，环境背景辐射对两个热释电元几乎具有相同的作用，使其产生热释电效应相互抵消，于是传感器无信号输出。一旦人侵入探测区域内，人体红外辐射通过部分镜面聚焦，并被热释电元接收，但是两片热释电元接收到的热量不同，热释电也不同，不能抵消，于是输出检测信号，如图 8-34 所示。

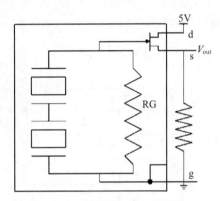

图 8-34 热释电传感器工作原理

为了增强敏感性并降低白光干扰，通常在传感器的辐射照面覆盖有特殊的菲涅尔透镜，菲涅尔透镜根据性能要求不同，具有不同的焦距（感应距离），从而产生不同的监控视场，视场越多，控制越严密。热释电传感器的光谱范围为 1～10μm，中心为 6μm，均处于红外线波段，而这是由装在 TO-5 型金属外壳的硅窗的光学特性所决定的。热释电传感器不但适用于防盗报警场所，亦适于对人体伤害极为严重的高压电及 X 射线、γ 射线工业无损检测。

本实训所使用的热释电传感器输出信号为高低电平，当检测到人时输出高电平，否则输出低电平。

（2）IAR 开发环境。IAR System 是全球领先的嵌入式系统开发工具和服务的供应商。该公司成立于 1983 年，提供的产品和服务涉及到嵌入式系统的设计、开发和测试的每一个阶段，包括带有 C/C++编译器和调试器的集成开发环境（IDE）、实时操作系统和中间件、开发套件、硬件仿真器，以及状态机建模工具。

本实训提供的热释电传感器实验源码就是基于 IAR 开发环境开发的，传感器节点通过 JTAG 下载口烧写程序，物联网综合实验箱配套的下载器（调试器）实物如图 8-35 所示。

图 8-35　物联网综合实验箱下载器（调试器）实物

（3）热释红外传感器驱动程序流程图如图 8-36 所示。

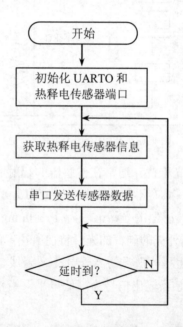

图 8-36　热释红外传感器驱动流程图

5. 实训步骤

（1）安装 IAR 开发工具（见"Tools\IAR EW8051-8.10.3.rar"），也可从 IAR 开发环境官方网站（www.iar.com）下载，完成安装。

（2）安装完成后 PC 桌面上将会出现 IAR Embedded Workbench 图标，双击该图标打开 IAR 开发工具，打开 IAR 开发工具后的界面如图 8-37 所示。

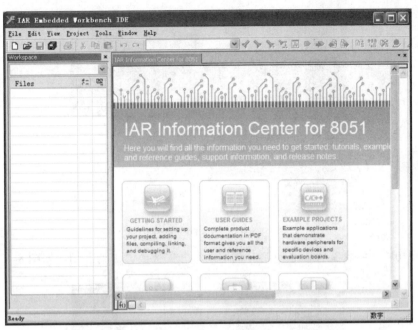

图 8-37 打开 IAR 工发工具后的界面

（3）使用 Mini USB 线将热释电传感器节点底板的 Mini USB 接口连接至 PC 机的 USB 接口，如图 8-38 所示。

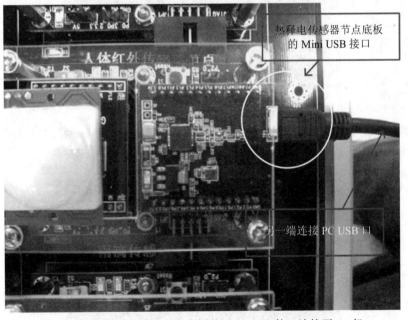

图 8-38 热释电传感器节点底板的 Mini USB 接口连接至 PC 机

（4）将下载器一端使用 USB A-B 线连接至 PC 的 USB 接口，另一端的 10pin 排线连接到实验箱 JTAG 调试接口，如图 8-39 所示。

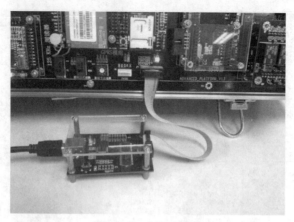

图 8-39　下载器连线

（5）将物联网综合实验箱"控制方式切换"开关拨至"手动"侧，如图 8-40 所示。

图 8-40　"控制方式切换"开关拨至"手动"侧

（6）转动物联网综合实验箱"节点选择"旋钮，使得热释电传感器节点旁边的 LED 灯被点亮，如图 8-41 所示。

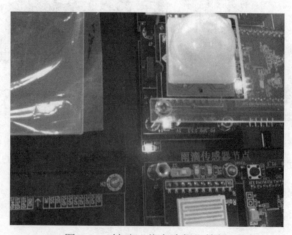

图 8-41　转动"节点选择"旋钮

（7）在 IAR 开发环境中打开本实验工程文件（见"Code\Ex09_SensorSafety"），单击工具栏中的"Make"按钮，编译工程，如图 8-42 所示。

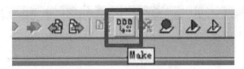

图 8-42 编译工程

（8）等待工程编译完成，确保编译没有错误，如图 8-43 所示。

Linking

Total number of errors: 0
Total number of warnings: 0

图 8-43 编译完成

（9）在工程目录结构树中的工程名称上右击，选择"Options…"命令，并在弹出的对话框中选择左侧的"Debugger"栏，并在右侧的"Driver"下拉列表框中选择"Texas Instruments"文本选项，如图 8-44 所示。

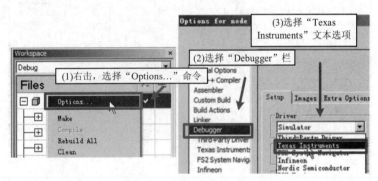

图 8-44 选择调试驱动

（10）单击"Download and Debug"按钮，如图 8-45 所示。

图 8-45 下载并进入调试状态

（11）待程序下载完毕后，单击"Go"按钮，使程序开始运行，如图 8-46 所示。

图 8-46 运行程序

项目
8

（12）双击打开串口调试助手 LSCOMM.exe（见"Tools\串口调试助手"），并按照图 8-47 设置各项参数。

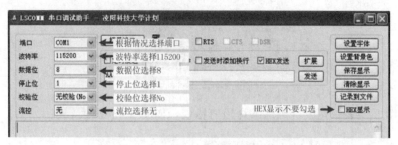

图 8-47　设置串口调试助手各项参数

（13）设置完毕后，单击"打开端口"按钮，在串口调试助手中查看热释电传感器检测到的信息，如图 8-48 所示。热释电传感器可以检测热释电传感器附近（3m 内）是否有人在活动，在热释电传感器附近无人活动或有人但处于静止状态时，热释电传感器不报警。

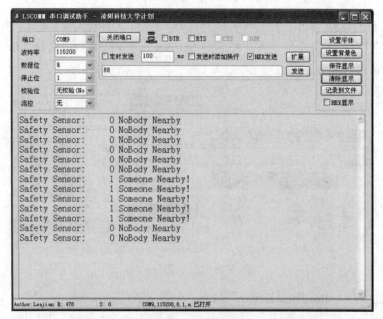

图 8-48　串口调试助手中的热释电传感器信息

6. 结果记录

请将串口调试助手中的热释电传感器检测信息记录下来。

 巩固延伸

1. 传感器在朝着灵敏、精确、适应性强、小巧和智能化的方向发展。在这一过程中，光纤传感器这个传感器家族的新成员倍受青睐（图 8-49）。光纤不仅可以用来作为光波的传输介质在长距离通信中应用，而且光在光纤中传播时，表征光波的特征参量（振幅、相位、偏振态、

波长等）因外界因素（如温度、压力、磁场、电场和位移等）的作用而间接或直接地发生变化，从而可将光纤作为传感元件来探测各种待测量。

请结合实际案例，分组讨论光纤传感器是如何应用到各种待测量（如声场、电场、压力、温度、角速度、加速度、流量等）测量方案中的？

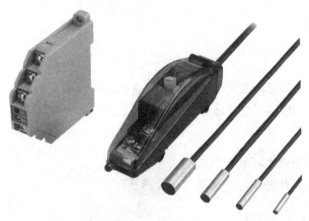

图 8-49 光纤传感器

2. 科技与设计的发展密不可分，自计算机成为设计领域的重要部分之后，传感时代的到来为设计，尤其是具有交互特性的公共艺术设计带来了新的思路。环境光传感器是一种能感测环境光照强度变化的传感器，科技艺术家们用它做出了各式各样的作品。例如《Constellaction》是一个由多个三棱锥组成的艺术装置，每个三棱锥都内置了环境光传感器，一旦感测到光照强度高于阈值就会发光；当一个三棱锥亮起来时，周围的三棱锥便会跟着发光，现场呈现出一片闪亮的灯海。

如图 8-50 所示，《Swamp orchestra》是一个光控音乐装置，它由多个喇叭组成，通过环境光传感器，每个喇叭都能感测周围的光线变化，并发出独特的声音；随着光线明暗不同的变化，喇叭此起彼伏地演奏音乐，上演一场精彩的声光音乐秀。

图 8-50 《Swamp orchestra》光控音乐装置

你还能想到哪些传感器可以作为具有交互特性艺术装置的输入设备呢？试着完整表述你的设想。

项目 9　环境量传感器技术及应用

学习目标

1. 知识目标
- 掌握温度传感器、湿度传感器和气体传感器的相关内容
- 了解温度传感器、湿度传感器和气体传感器的典型应用

2. 能力目标
- 能够在 IAR 开发环境下使用雨滴传感器
- 能够在 IAR 开发环境下使用气体传感器

相关知识

人类在几千年的生产生活中，一直都在利用各种途径感知环境质量现状及其变化趋势。而传感器技术的迅速发展，为周围环境参数的采集提供了更加实时有效的方法。环境量传感器是将环境量的物质特性（如温湿度、气体和离子等）的变化定性或者定量地转变成电信号的装置。

由于环境量的物质种类很多，因此环境量传感器的种类和数量很多，如图 9-1 所示。环境量传感器各种器件的转换原理各不相同，而且由于转换原理相对复杂等原因，这类传感器的开发和应用远不及物理量传感器那样成熟和普及。但随着科学技术的进步，环境量传感器在现代化工农业生产和日常生活中的地位越来越重要，人们对其需求日益增多，尤其是各种先进智能化环境量传感器的发展空间非常大。

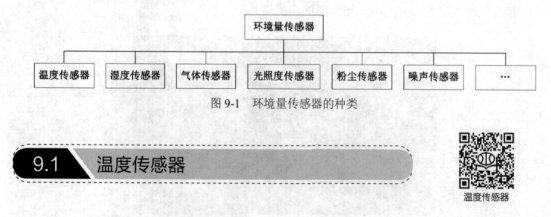

图 9-1　环境量传感器的种类

9.1　温度传感器

9.1.1　温度传感器的基本知识

温度是表示物体冷热程度的物理量，自然界中的一切过程无不与温度密切相关。自 17 世纪温度传感器得到应用以来，依次诞生了接触式温度传感器、非接触式温度传感器、集成温度

传感器，再到当今的研究热门智能温度传感器。目前，国际上新型温度传感器正从模拟式向数字式，由集成化向智能化、网络化的方向发展。

温度传感器由温度敏感元件（感温元件）和转换电路组成。如图 9-2 所示，温度传感器按测量方式可分为接触式温度传感器和非接触式温度传感器两大类，所谓接触式温度传感器就是传感器感温元件直接与被测对象接触，彼此进行热量交换，这是温度测量的基本形式；而非接触式温度传感器是利用物体表面的热辐射强度与温度的关系来测量，相比于接触式温度传感器，其优势在于测温速度快、测温范围不受限制、可测量腐蚀性物体的温度，但缺点是测量精度较低。

 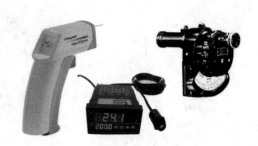

（a）接触式温度传感器　　　　　　　　（b）非接触式温度传感器

图 9-2　温度传感器实物

接触式温度传感器的测温元件与被测对象有良好的接触，又称温度计。通过热传导及对流原理达到热平衡，这时的示值即为被测对象的温度。这种测温方法精度比较高，并可测量物体内部的温度分布。常用的接触式温度传感器有热电阻、热敏电阻、热电偶，以及集成温度传感器等，下面一一介绍。

1．热电阻

热电阻是中低温区最常用的一种温度检测器，它是基于金属导体的电阻值随温度增加而增加这一特性来进行温度测量的。热电阻大都由纯金属材料制成，目前应用最多的是铂和铜，其中铂热电阻的测量精确度是最高的，它不仅广泛应用于工业测温，而且还被制成标准的基准仪。按结构类型来分，热电阻有普通型、铠装型、薄膜型等。普通型热电阻由感温元件（金属电阻丝）、支架、引线、不锈钢套管，及接线盒等基本部分组成，如图 9-3 所示。

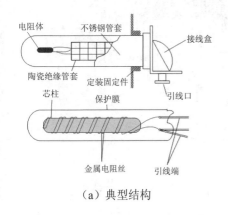

（a）典型结构　　　　　　　　　　　　（b）实物

图 9-3　普通型热电阻

2. 热敏电阻

热敏电阻是一种新型的半导体测温元件，它是利用某些金属氧化物或单晶锗、硅等材料，按特定工艺制成的感温元件。按照温度系数不同分为正温度系数（PTC，温度越高时电阻值越大）热敏电阻、负温度系数（NTC，温度越高时电阻值越低）热敏电阻和临界温度系数（CTR，某一特定温度下电阻值会发生突变）热敏电阻。从图9-4（a）中可以看出，曲线1和3的热敏电阻更适用于温度的测量，曲线2的热敏电阻更适合用来组成温控开关电路。

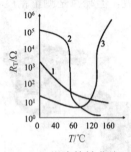
（a）温度特性曲线

1－NTC热敏电阻；2－CTR热敏电阻；

3－PTC热敏电阻

（b）实物

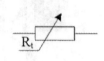
（c）电路符号

图9-4　热敏电阻

3. 热电偶

热电偶是一种自发电式传感器，不需要外加电源，直接将温度转换成电势输出。热电偶是工业上最常用的温度检测元件之一，其测温原理是基于热电效应，即将两种不同材料的导体组成一个闭合回路时，若两节点温度不同，则在该回路中会产生电势。从理论上讲，任何两种不同导体都可以配制成热电偶，但在实际应用中，对它的要求是多方面的，图9-5（a）为S、B、E、K、R、J、T七种标准化热电偶的材料组成。

标准化热电偶	正极	负极
S	铂铑10	纯铂
R	铂铑13	纯铂
B	铂铑30	铂铑6
K	镍铬	镍硅
T	纯铜	铜镍
J	铁	铜镍
N	镍铬硅	镍硅
E	镍铬	铜镍

（a）七种标准化热电偶的材料组成

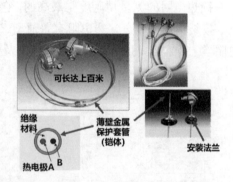
（b）实物

图9-5　热电偶

比一比： 请从连线、材料、特性、输入信号、工作原理、精度范围等方面，对比热电阻和热电偶的异同点。

4. 集成温度传感器

集成温度传感器利用晶体管 PN 结的正向压降随温度升高而降低的特性，将敏感元件、放大补偿电路等部分集成在同一个芯片上。它主要用来进行-50～150℃范围内的温度测量、温度控制和温度补偿。集成温度传感器可分为模拟式、数字式和逻辑输出式三大类，最常见的是数字温度传感器 DS18B20（图 9-6），其具有体积小、硬件开销低、抗干扰能力强、精度高等特点，封装形式多样，适用于各种狭小空间设备数字测温和控制领域。

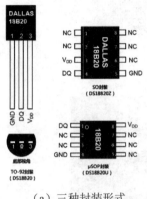

（a）三种封装形式

（b）实物

图 9-6 数字温度传感器 DS18B20

9.1.2 温度传感器的典型应用

温度传感器是最早开发、数量最多，也是应用最广泛的一种传感器。由于温度测量的普遍性，温度传感器的数量在各种传感器中居首位，约占 50%。随着新技术的发展，各种新型温度传感器不断涌现，使得它更加广泛地应用在生产实践的各个领域中，也为人们的生活提供了无数的便利和功能。下面浅谈一下温度传感器的主要应用。

1. 消费产品应用

温度传感器广泛应用于家用电器（空调、冰箱、热水器、油烟机、微波炉、电饭煲、烘干机，以及中低温干燥箱、恒温箱等场合的温度测量与控制）、医用/家用体温计、便携式非接触红外温度测温仪等许多方面。以电饭煲为例，温度传感器位于底部发热盘（图 9-7），当米饭做好之后，锅内水分被米粒充分吸收，由于没有水分，内胆底部形成干烧，温度会升高，底部热敏电阻的阻值降低，取样电压发生变化，芯片检测到电压变化达到一定值时便会停止工作，提示米饭已经做好。

2. 在食品行业中的应用

如图 9-8 所示，对于食品加工行业来说，温度测量和掌握是食品制作过程中非常重要的一步。温度传感器的工作原理是通过对温度进行转化，形成电信号，以方便人们处理和使用。利用温度传感器监控炒锅的温度，不仅能制作出更加可口的食物，还能在炒制佐料的时候，通过严格的温度监测系统，控制炒锅内的温度，避免火候不够而难以发挥佐料的香味。同时，温度传感器还能准确测量炒锅车间的温度，在必要时发出警示。

图 9-7　电饭煲中的温度传感器

图 9-8　食品加工车间

3. 在医疗行业中的应用

如图 9-9 所示，温度传感器在医疗领域的应用也是屡见不鲜。比如非接触式温度计可以测量从一个遥远的红外辐射源释放的热，用于血液分析仪的热敏电阻元件温度传感器，用于监测厢室、扩散灯和油冷式马达的温度，以免过热，如有过热现象，立即停机使其冷却等。随着科技的进步，温度传感器制造商可通过四种方法帮助设计人员减小医疗设备尺寸，包括提供灵活的封装选项、减小传感器集成电路尺寸、集成多种传感器功能，以及装置智能化。

图 9-9　医疗设备监护仪中的体温数据获取

4. 在工业上的应用

在工业生产中，温度是测量频度最高的物理参数，温度测量与控制的准确性对输出品质、生产效率和安全可靠的运行至关重要。最常用的三种温度传感器是热电偶、电阻温度计和NTC热敏电阻，在热处理及热加工中已逐渐开始采用先进的红外温度计等非接触式温度传感器（图9-10），从而实现生产过程或者重要设备的温度监视和控制。比如，高速轧制和振动的细棒或线材产品的温度测量是很困难的，高性能红外双色测温仪就可以解决这个问题。

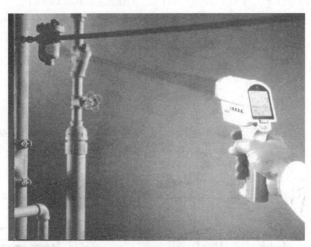

图 9-10 红外温度计

5. 太空温度测量

在各类航天器中，热控系统相当于航天器在太空中的空调，让航天器可以舒适、稳定运行。航天器的热控系统主要分为被动热控技术与主动热控技术（图9-11）。在主动热控技术中，温度传感器支持下的电加热技术非常重要。除航天器热控系统应用外，在宇航服温控调节装置中，温度传感器也能够调节宇航服内的温度，确保宇航服能够适应太空骤冷、骤热的环境，保证航天员的安全、舒适。

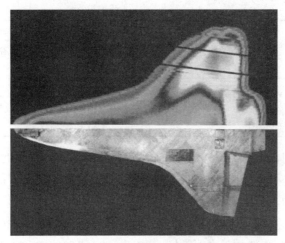

图 9-11 温度传感器支持下的主动热控技术

9.2　湿度传感器

9.2.1　湿度传感器的基本知识

湿度是指大气中的水蒸气含量，通常采用绝对湿度和相对湿度两种表示方法。绝对湿度是指在一定温度和压力条件下，每单位体积的混合气体中所含水蒸气的质量，单位为 g/m^3，一般用符号 AH 表示。相对湿度是指气体的绝对湿度与同一温度下达到饱和状态的绝对湿度之比，一般用符号%RH 表示。相对湿度给出了大气的潮湿程度，它是一个无量纲的量，在实际使用中多使用相对湿度这一概念。

湿度传感器是基于某些材料能产生与湿度有关的物理效应或化学反应，将湿度的变化转换成电量变化的器件。湿敏元件是最简单的湿度传感器，主要有湿敏电阻、湿敏电容两大类，二者在结构、工作机理、类型、性能特点及使用场合上的比较见表 9-1。

表 9-1　湿敏电阻与湿敏电容的比较

名称	湿敏电阻	湿敏电容
结构	感湿膜　电级　柱状　梳状　引线	高分子薄膜　上部电极　下部电极　玻璃基片
工作机理	湿度引起电阻值的变化	湿度引起电容量的变化
类型	金属氧化物湿敏电阻、硅湿敏电阻和陶瓷湿敏电阻等	湿敏电容一般是用高分子薄膜电容制成的，常用的高分子材料有聚苯乙烯、聚酰亚胺、酷酸醋酸纤维等
性能特点	响应速度快、体积小，线性度好，较稳定，灵敏度高，产品的互换性差	响应速度快，湿度的滞后量小，产品互换性好，灵敏度高，便于制造，容易实现小型化和集成化，精度较湿敏电阻低
使用场合	广泛应用于洗衣机、空调、录像机、微波炉等家用电器及工业、农业等方面作湿度检测、湿度控制用	气象、航天航空、国防工程、电子、纺织、烟草、粮食、医疗卫生，以及生物工程等各个领域的湿度测量和控制

由于应用领域不同，对湿度传感器的技术要求也不同。从制造角度看，同是湿度传感器，材料、结构不同、工艺不同，其性能和技术指标有很大差异，因而价格也相差甚远。图 9-12 为各种湿度传感器实物，其中氯化锂（LiCl）是目前应用较广泛的湿敏材料，其利用吸湿性盐类潮解，离子导电率发生变化的特性制成。为了扩大湿度测量的线性范围，可以将多个氯化锂含量不同的器件组合使用，如将测量范围分别为(10%～20%)RH、(20%～40%)RH、

(40%～70%)RH、(70%～90%)RH 和(80%～99%)RH 五种器件配合使用，就可自动地转换完成整个湿度范围的湿度测量。氯化锂湿敏元件的优点是滞后小、不受测试环境风速影响、检测精度高达±5%，但其耐热性差、性能重复性不理想、使用寿命短。除此之外，碳湿敏元件、氧化铝湿度计、半导体陶瓷湿敏电阻也是应用较多的几类湿度传感器。

图 9-12 各种湿度传感器实物

由于湿度信息的传递必须靠水对湿敏元件直接接触来完成，因此湿敏元件只能直接暴露于待测环境中，从而受到不同程度地腐蚀而老化，丧失其原有的性质。直至现在，都难以制作长期稳定的湿敏元件。

 想一想：如何不使用湿敏材料来测量湿度？

9.2.2 湿度传感器的典型应用

湿度的检测已广泛应用于科研、农业、暖通、纺织、机房、航空航天、电力等各个领域，湿度不仅与工业产品质量有关，而且其是环境温湿度控制、工业材料水分值检测与分析中比较普通的技术条件之一。下面就湿度传感器在不同场景中的应用作简要介绍。

1. 在居家环境中的应用

随着科技的进步、时代的发展，大家对生活质量的追求也越来越高，因此家庭环境监控系统得到了越来越广泛的应用，而这其中必然存在对湿度的监控。如图 9-13 所示，借助于湿度传感器，家庭环境监控系统能够监测家庭环境、家用电器和某些特殊点的湿度，然后基于测量数据进行有效的控制，从而达到节省能源、保障安全和改善人们起居条件的目的。此外，家庭中常用的空气净化器一般都装有湿度传感器，其作用是检测室内干燥状态，根据该数据控制加湿量，即可保证室内环境在一定的湿度范围内，以保持相当舒适的湿度。

项目
9

图 9-13　居家环境的健康湿度范围

2. 在纺织定型机上的节能应用

纺织业定型机在排除废气中既有水蒸气、烟气，又有热空气。提升水蒸气、烟气的含量，减少排放的热空气，可以达到减少能量的消耗。中华人民共和国国家发展和改革委员会《印染行业准入条件》中明确要求"定型机及各种烘燥工艺中安装湿度在线监测装置"。目前，大多数印染厂所采用的温湿度的调节方式都是简单的手动调节方式。相差水蒸气体积 15 倍的热空气所携带的热量完全是浪费，装带有温湿度传感器的高温湿度测控仪，可自动控制定型机烘干湿度，从而节省大量加温费用。图 9-14 为湿度传感器在纺织定型机上的节能应用。

图 9-14　湿度传感器在纺织定型机上的节能应用

3. 用于智能农业的监测中

"智能大棚"利用传感器对植物的生长环境因素进行准确的测量和监控，并将测量到的数据传输到管理控制中心，通过比对分析进而控制大棚中的相关设施对大棚的环境条件进行调节，保证植物始终处于适宜的生长状况下。如图 9-15 所示，其中湿度传感器是用来对大棚的空气湿度和土壤湿度进行测量的关键性元件，对植物生长过程中环境的控制具有非常重要的作用。比如发现土壤湿度低于 35%了，技术员在家里通过电脑或者手机，可以直接遥控喷淋装置进行灌溉，做到在任何时间、任何地点管控大棚。

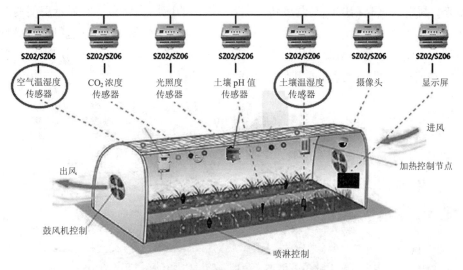

图 9-15 "智能大棚"中的湿度传感器

4.在医药行业中的应用

如图 9-16 所示，医学上的呼吸机主要是在各种有睡眠呼吸困难症状的患者治疗时使用；湿度传感器在呼吸机中主要用于测量管道中的空气湿度，并对通入气体的湿度进行调节，以便给使用者提供适宜湿度的空气，使病人感觉自然舒适，提高睡眠质量。

正规的疫苗存储配送链应该全程配备温湿度监控设备，以符合药品经营质量管理规范的要求。温湿度传感器与 RFID 技术相结合，为此类应用中温湿度监控和测量提供了一条绝佳的解决途径。通过将温湿度传感器集成到电子标签上，从而使得电子标签能够对被安装的物品或应用环境进行温度和湿度值的测量，并将测量值以射频的方式传输到读写器上，最后由读写器以无线/有线方式发送给应用后台系统。

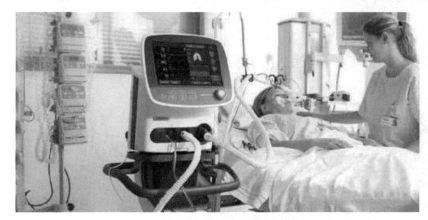

图 9-16 呼吸机管道中的湿度监控

5. 在智能设备上的应用

随着智能化的发展，传感器已成为智能设备上的必需配置，而且更多的湿度传感器被使用到了智能设备中。例如，远程智能婴儿看护器（图 9-17）让父母可以随时随地监控宝宝睡眠活动状态，其内置有高精度的温湿度传感器，手机上的应用程序会实时显示房间的温度和湿度。再如，一款智能天花灯除照明部分以外，还搭载了众多传感器部件，包括人体感应器、红外线控制器、亮度传感器、温湿度传感器、麦克风和音响等；该产品能够利用来自其温湿度传感器的数据与诸如空调、恒温器的其他电器设备进行通信。

图 9-17　远程智能婴儿看护器

9.3　气体传感器

气体传感器

9.3.1　气体传感器的基本知识

在现代社会的生产和生活中，人们往往会接触到各种各样的气体，且需要对它们进行检测和控制。由于气体种类繁多，性质也各不相同，所以不可能用一种方法来检测所有气体。对气体的分析方法也随气体的种类、成分、浓度和用途而异。目前主流的气体检测方法有电气法、电化学法和光学法等，其中电气法是利用气敏元件检测气体，是目前应用最为广泛的气体检测方法。图 9-18 为各种气体传感器实物。

酒精传感器　　甲烷传感器　　空气质量传感器　　氧气浓度传感器　　　　可燃气体传感器

图 9-18　各种气体传感器实物

气体传感器又被称为"电子鼻"，它能够感知被测环境中某种气体及其浓度，将气体的种类及其浓度有关的信息转换为电信号。气体传感器根据工作原理可分为半导体式、接触燃烧式、固体电解质式、电化学式和其他类型。气体传感器通常由气敏元件、加热器和封装体三部分组成。目前实际使用最多的气敏元件是半导体气敏元件。半导体气敏元件按照半导体与气体的相互作用是在其表面还是在内部，可分为表面控制型和体控制型两类；按照半导体变化的物理性质，又可分为电阻型和非电阻型两种，其分类见表 9-2。

表 9-2 半导体气敏元件分类

类型	主要物理特性	类型	气敏元件	检测气体
电阻型	电阻	表面控制型	SnO_2 等的烧结体、薄膜、厚膜	可燃性气体
		体控制型	La1-xSrCoO3 T-Fe_2O_3，氧化钛（烧结体）氧化镁，SnO_2	酒精、可燃性气体、氧气
非电阻型	二极管整流特性	表面控制型	铂-硫化镉、铂-氧化钛（金属-半导体结型二极管）	氢气、一氧化碳、酒精
	晶体管特性		铂栅、钯栅 MOS 场效应管	氢气、硫化氢

氧化锡（SnO_2）是目前应用最多的一种气敏材料，它利用半导体材料对气体的吸附而使自身电阻值发生变化的机理进行测量。为了提高 SnO_2 对某些气体成分的选择性和灵敏度，还可以掺入催化剂，如钯（Pd）、铂（Pt）、银（Ag）等；添加剂的成分和含量，元件的烧结温度和工作温度都将影响元件的选择性。

气体传感器中加热器的作用是将附着在气敏元件表面上的尘埃、油雾等烧掉，加速气体的吸附，提高其灵敏度和响应速度。加热器的温度一般控制在 200~400℃左右，加热方式一般有直热式和旁热式两种，因而形成了直热式和旁热式气敏元件，如图 9-19 所示。直热式气敏元件消耗功率大，稳定性较差，故应用逐渐减少；旁热式气敏元件性能稳定，消耗功率小，其结构上往往加有封压双层的不锈钢丝网防爆，因此其安全可靠，应用面较广。

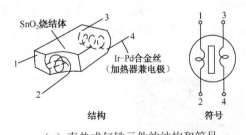

（a）直热式气敏元件的结构和符号　　　　（b）旁热式气敏元件的结构和符号

图 9-19　直热式和旁热式气敏元件

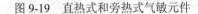

查一查：用于检测可燃气体、酒精、瓦斯、CO、氢气的气体传感器型号分别有哪些？

9.3.2　气体传感器的典型应用

气体传感器主要用于报警器及控制器。作为报警器，超过报警浓度时，气体传感器发出声光报警；作为控制器，超过设定浓度时，气体传感器输出控制信号，由驱动电路带动继电器或其他元件完成控制动作。下面本书例举了气体传感器的主要应用场景。

1.　在家用燃气检测等领域的应用

气体传感器在民用领域的应用主要体现在：厨房里，检测天然气、液化石油气和城市煤气等民用燃气的泄漏；通过检测微波炉中食物烹调时产生的气体，从而自动控制微波炉烹调食物；住房、大楼、会议室和公共娱乐场所用二氧化碳传感器、烟雾传感器、臭氧传感器等，控制空气净化器或电风扇的自动运转；在一些高层建筑物中，气体传感器还可以用于检测火灾苗头并报警。图 9-20 为家用燃气报警器。

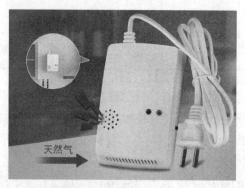

图 9-20　家用燃气报警器

2.　在煤矿领域检测瓦斯使用

甲烷传感器在煤矿安全检测系统中用于煤矿井巷、采掘工作面、采空区、回风巷道、机电硐室等处连续监测甲烷浓度，当甲烷浓度超限时，能自动发出声、光报警，可供煤矿井下作业人员、甲烷检测人员、井下管理人员等随身携带使用，也可供上述场所固定使用。现有的甲烷传感器抗干扰能力和智能化程度都很低，因此研制便于携带、多功能、高精度和抗干扰能力强的高可靠性甲烷检测仪才能有效预防井下安全事故，也才具有推广应用的价值（图 9-12）。

图 9-21　矿井瓦斯检测

3. 用于各种工业检测领域

在工业领域，气体传感器主要应用在石化工业中，一些二氧化碳传感器、氨气传感器、一氧化氮传感器等都能用在检测有害气体的具体应用中；另外，气体传感器可用来检测半导体和微电子工业的有机溶剂和磷烷等剧毒气体；电力工业方面，氢气传感器能够检测电力变压器油变质过程中产生的氢气；而在果蔬保鲜应用中，气体传感器检测保鲜库中的氧气、乙烯、二氧化碳的浓度仪以保证水果的新鲜安全；公路交通检测驾驶员呼气中乙醇气浓度（图 9-22）等方面，也有着广泛的需求。

图 9-22　呼气酒精测试仪

4. 在环保方面的应用

当前，我国多地区面临大气环境质量改善巨大压力，只有精确找到本地污染物排放来源，结合地理、气象、环境衍生等众多原因综合分析，才能实现大气污染治理精准决策和快速应对。如图 9-23 所示，"无人机+气体传感器"的模式应运而生，即通过无人机搭载多种因子(如 VOCs、SO_2、PM2.5）的高精度气体监测传感器或者气体采集装置，在测区进行大范围的巡查，以寻找污染特征因子的监测方式。

图 9-23　无人机搭载气体传感器

5. 在可穿戴设备、智能移动终端等领域的应用

气体传感器发展至今，在石化领域的应用越来越深入，同时随着科技的进步，气体传感器的应用逐步扩展到众多垂直领域。比如集成到智能家居、可穿戴设备、智能手机等消费电子中，用于检测家用燃气的使用状况（CH_4、CO 等），建筑物或汽车内的挥发性有机物（VOCs），健康吸氧休闲活动中 O_2 浓度等。图 9-24 为用智能手机来检测植物挥发性气体。

图 9-24　用智能手机来检测植物挥发性气体

9.4　实训——基于 IAR 开发环境下的雨滴传感器使用实验

本节实训安排基于 IAR 开发环境下的雨滴传感器使用实验，首先在教师的指导下理解雨滴传感器的工作原理；然后在 IAR 开发环境下编译、下载雨滴传感器的驱动程序；最后通过串口调试助手观察数据变化。

1.　实训目的

（1）了解雨滴传感器的工作原理。

（2）掌握在 IAR 开发环境下程序的编辑、编译，以及调试的方法。

（3）学会雨滴传感器的使用方法。

2.　实训设备

（1）装有 IAR 开发工具的 PC 机一台。

（2）物联网综合实验箱一套。

（3）下载器一个。

（4）Mini USB 线一条。

3.　实训要求

（1）要求：了解雨滴传感器的工作原理。

（2）实现功能：使用 IAR 开发工具运行雨滴传感器驱动程序，检测水滴并输出标志。

（3）实验现象：将检测到的数据通过串口调试助手显示，观察有无水滴时的数据变化。

4.　实验原理

（1）雨滴传感器简介。雨滴传感器是采用日本进口的特殊电子浆料和先进的厚膜技术制作的专门用于检测雨滴的一种新型传感元件。该元件广泛用于需要检测雨滴的各种场所，如无人职守的机房、宾馆高楼的门窗，高级轿车、客车的门窗，以及各种货场等的自动控制，以防止雨水的浸蚀。雨滴传感器工作原理如图 9-25 所示，当检测到雨滴时，雨滴传感器的电导率升高，电路中的电流增大，V_{out} 端输出的电压值增大。

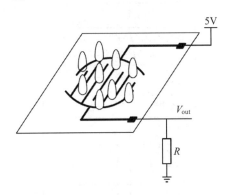

图 9-25　雨滴传感器工作原理

　　雨滴传感器可以在规定工作条件下的控制电路中做传感之用，以接通各种控制电路。根据雨滴传感器的工作电压和电流选取适当的限流电阻，以保证其正常工作。将雨滴传感器放在适当的位置，保证能在刚下雨时就接收到雨滴，当雨滴传感器接收到雨滴后，发出信号接通控制器，通过控制器使执行机构动作而关好门窗。雨滴传感器应有必要的防护措施，以保证传感器不受损害。雨滴传感器在使用和存放中应避免剧烈的振动和各种腐蚀性物质的伤害，并存放在干燥的容器内。雨滴传感器使用的环境温度为-20～+50℃，环境湿度为 RH≤95%%，大气压力为 86～106kPa。

　　（2）IAR 开发环境在前文已作介绍，此处省略。

　　本实训提供的雨滴传感器实验源码就是基于 IAR 开发环境开发的，传感器节点通过 JTAG下载口烧写程序，物联网综合实验箱配套的下载器（调试器）实物如图 9-26 所示。

图 9-26　物联网综合实验箱下载器（调试器）实物

（3）雨滴传感器驱动程序流程图，如图 9-27 所示。

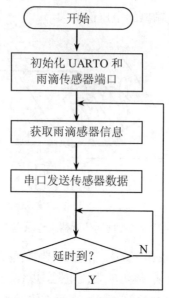

图 9-27　雨滴传感器驱动流程图

5. 实训步骤

（1）安装 IAR 开发工具（见 "Tools\IAR EW8051-8.10.3.rar"），也可从 IAR 开发环境官方网站（www.iar.com）下载，完成安装。

（2）安装完成后 PC 桌面上将会出现 IAR Embedded Workbench 图标，双击该图标打开 IAR 开发工具，打开后 IAR 开发工具的界面如图 9-28 所示。

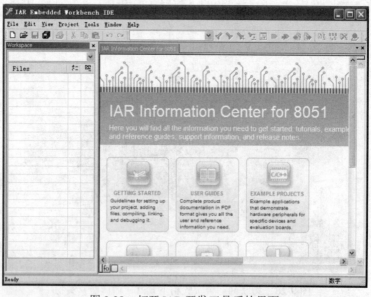

图 9-28　打开 IAR 开发工具后的界面

（3）使用Mini USB线将雨滴传感器节点底板的Mini USB接口连接至PC机的USB接口，如图9-29所示。

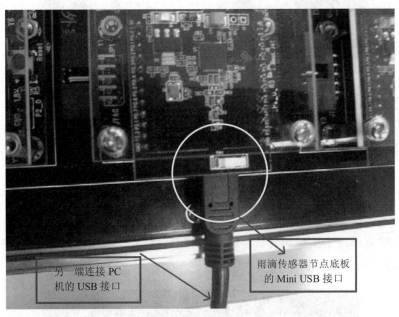

图 9-29　雨滴传感器节点底板的 Mini USB 接口连接至 PC 机

（4）将下载器一端使用USB A-B线连接至PC的USB接口，另一端的10pin排线连接到实验箱JTAG调试接口，如图9-30所示。

图 9-30　下载器连线图

（5）将物联网综合实验箱"控制方式切换"开关拨至"手动"侧，如图9-31所示。

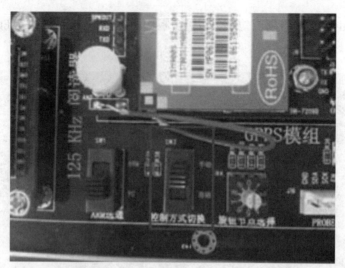

图 9-31　"控制方式切换"开关拨至"手动"侧

（6）转动物联网综合实验箱"节点选择"旋钮，使得雨滴传感器节点旁边的 LED 灯被点亮，如图 9-32 所示。

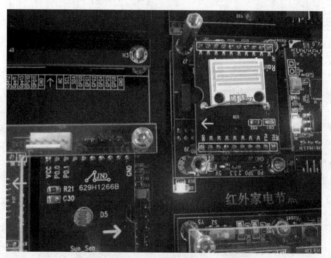

图 9-32　转动"节点选择"旋钮

（7）在 IAR 开发环境中打开本实验工程文件（见"Code\Ex10_SensorRain"），单击工具栏中的"Make"按钮，编译工程，如图 9-33 所示。

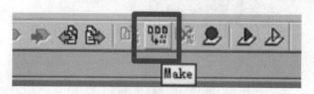

图 9-33　编译工程

（8）等待工程编译完成，确保编译没有错误，如图 9-34 所示。

项目
9

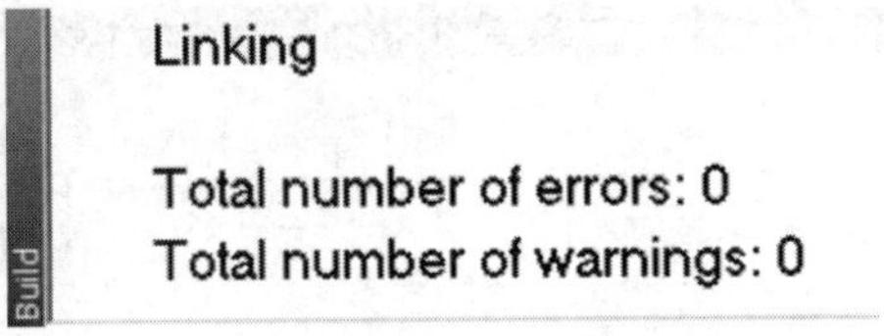

Linking

Total number of errors: 0
Total number of warnings: 0

图 9-34 编译完成

（9）在工程目录结构树中的工程名称上右击，选择"Options…"命令，并在弹出的对话框中选择左侧的"Debugger"栏，并在右侧的"Driver"下拉列表框中选择"Texas Instruments"文本选项，如图 9-35 所示。

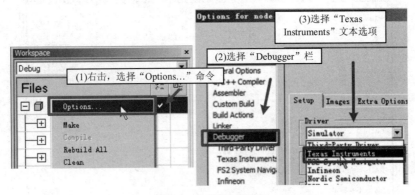

图 9-35 选择调试驱动

（10）单击"Download and Debug"按钮，如图 9-36 所示。

图 9-36 下载并进入调试状态

（11）待程序下载完毕后，单击"Go"按钮，使程序开始运行，如图 9-37 所示。

图 9-37 运行程序

（12）双击打开串口调试助手 LSCOMM.exe（见"Tools\串口调试助手"），并按照图 9-38 设置各项参数。

（13）设置完毕后，单击"打开端口"按钮，在串口调试助手中查看雨滴传感器检测到的信息，如图 9-39 所示。雨滴传感器可用于检测是否有降雨，当传雨滴传感器表面比较干燥，检测结果显示"Sunny"；当雨滴传感器表面比较潮湿，检测结果显示"Raining"；可使用手指轻轻按压雨滴传感器的表面来测试。

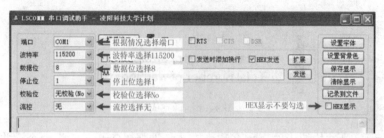

图 9-38 设置串口调试助手各项参数

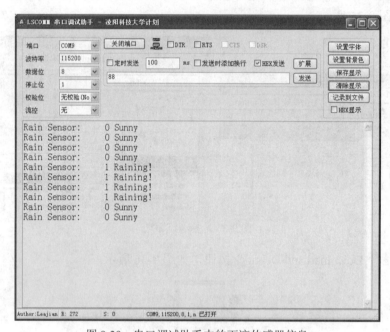

图 9-39　串口调试助手中的雨滴传感器信息

6．结果记录

请将串口调试助手中的雨滴传感器检测信息记录下来。

9.5　实训——基于 IAR 开发环境下的气体传感器使用实验

本节实训安排基于 IAR 开发环境下的气体传感器使用实验，首先在教师的指导下理解气体传感器的工作原理；然后在 IAR 开发环境下编译、下载气体传感器的驱动程序；最后通过串口调试助手观察数据变化。

1．实训目的

（1）了解气体传感器的工作原理。

（2）掌握在 IAR 开发环境下程序的编辑、编译，以及调试的方法。

（3）学会气体传感器的使用方法。

2. 实训设备

（1）装有 IAR 开发工具的 PC 机一台。

（2）物联网综合实验箱一套。

（3）下载器一个。

（4）Mini USB 线一条。

3. 实训要求

（1）要求：了解气体传感器的工作原理。

（2）实现功能：使用 IAR 开发工具运行气体传感器驱动程序，检测室内的有害气体并输出标志位。

（3）实验现象：将检测到的数据通过串口调试助手显示，观察有无有害气体时的数据变化。

4. 实验原理

（1）气体传感器简介。气体传感器是气体检测系统的核心，通常安装在探测头内。从本质上讲，气体传感器是一种将某种气体体积分数转化成对应电信号的转换器。探测头通过气体传感器对气体样品进行调理，通常包括滤除杂质和干扰气体、干燥或制冷处理、样品抽吸，甚至对样品进行化学处理，以便化学传感器进行更快速的测量。

气体传感器根据其气敏机制可以分为电阻式和非电阻式两种，根据其气敏特性又可以分为半导体气体传感器、电化学型气体传感器、固体电解质气体传感器、接触燃烧式气体传感器、光化学型气体传感器、高分子气体传感器等。半导体气体传感器是采用金属氧化物或金属半导体氧化物材料做成的元件，与气体相互作用时产生表面吸附或反应，引起以载流子运动为特征的电导率、伏安特性或表面电位变化，这些都是由材料的半导体性质决定的。如图 9-40 所示，当检测到气体时，气体传感器的电导率会发生变化，通过调节滑动电阻器 R_L 的阻值调配适当的输出电压，以便单片机检测输出信号，做出相应的判断。

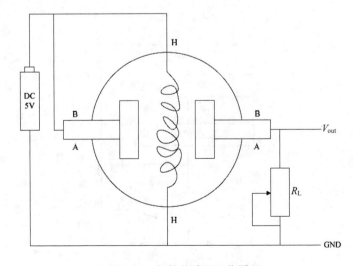

图 9-40 气体传感器工作原理

本实训采用的是电阻式半导体气体传感器，主要是指半导体金属氧化物陶瓷气体传感器，是一种用金属氧化物薄膜（如 SnO_2、ZnO、Fe_2O_3、TiO_2 等）制成的阻抗器件，其电阻随着气体含量不同而变化。气味分子在薄膜表面进行还原反应会引起气体传感器传导率的变化，为了消除气味分子还必须发生一次氧化反应。气体传感器内的加热器有助于氧化反应进程。它具有成本低廉、制造简单、灵敏度高、响应速度快、寿命长、对湿度敏感低和电路简单等优点。

（2）IAR 开发环境已在前文进行了介绍，此处省略。

本实训提供的气体传感器实验源码就是基于 IAR 开发环境开发的，传感器节点通过 JTAG 下载口烧写程序，物联网综合实验箱配套的下载器（调试器）实物如图 9-41 所示。

图 9-41　物联网综合实验箱下载器（调试器）实物

（3）气体传感器驱动程序流程图如图 9-42 所示。

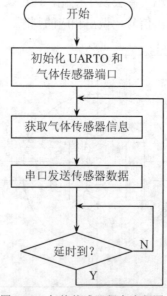

图 9-42　气体传感器程序流程图

5. 实训步骤

（1）安装 IAR 开发工具（见"Tools\IAR EW8051-8.10.3.rar"），也可从 IAR 开发环境官方网站（www.iar.com）下载，完成安装。

（2）安装完成后 PC 桌面上将会出现 IAR Embedded Workbench 图标，双击该图标打开 IAR 开发工具，打开 IAR 开发工具后的界面如图 9-43 所示。

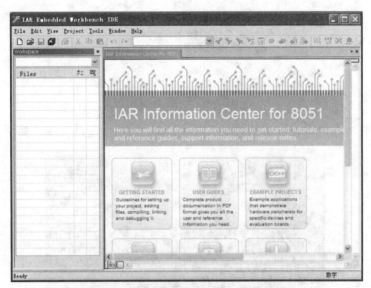

图 9-43　打开 IAR 开发工具后的界面

（3）使用 Mini USB 线将气体传感器节点底板的 Mini USB 接口连接至 PC 机的 USB 接口，如图 9-44 所示。

图 9-44　雨滴传感器节点底板的 Mini USB 接口连接至 PC 机

（4）将下载器一端使用 USB A-B 线连接至 PC 的 USB 接口，另一端的 10pin 排线连接到实验箱 JTAG 调试接口，如图 9-45 所示。

图 9-45 下载器连线

（5）将物联网综合实验箱"控制方式切换"开关拨至"手动"侧，如图 9-46 所示。

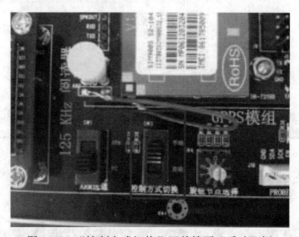

图 9-46 "控制方式切换"开关拨至"手动"侧

（6）转动物联网综合实验箱"节点选择"旋钮，使得气体传感器节点旁边的 LED 灯被点亮，如图 9-47 所示。

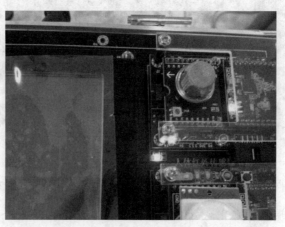

图 9-47 转动"节点选择"旋钮

（7）在 IAR 开发环境中打开本实验工程文件（见"Code\Ex08_SensorGas"），单击工具栏中的"Make"按钮，编译工程，如图 9-48 所示。

（8）等待工程编译完成，确保编译没有错误，如图 9-49 所示。

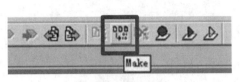

图 9-48　编译工程

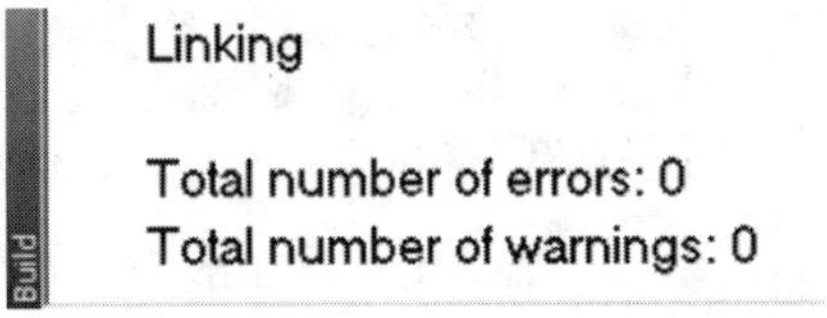

Linking

Total number of errors: 0
Total number of warnings: 0

图 9-49　编译完成

（9）在工程目录结构树中的工程名称上右击，选择"Options…"命令，并在弹出的对话框中选择左侧的"Debugger"栏，并在右侧的"Driver"下拉列表框中选择"Texas Instruments"文本选项，如图 9-50 所示。

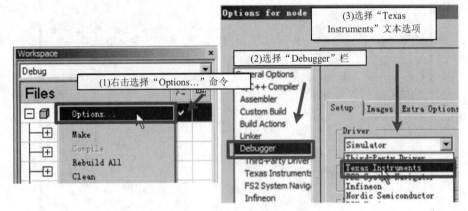

图 9-50　选择调试驱动

（10）单击"Download and Debug"按钮，如图 9-51 所示。

图 9-51　下载并进入调试状态

（11）待程序下载完毕后，单击"Go"按钮，使程序开始运行，如图 9-52 所示。

图 9-52　运行程序

（12）双击打开串口调试助手 LSCOMM.exe（见"Tools\串口调试助手"），并按照图 9-53 设置各项参数。

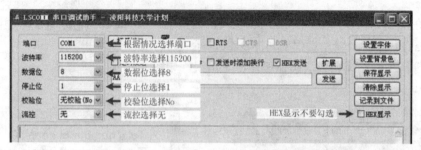

图 9-53　设置串口调试助手各项参数

（13）设置完毕后，单击"打开端口"按钮，在串口调试助手中查看气体传感器检测到的信息，如图 9-54 所示。气体传感器可以用于检测 LPG、丁烷、丙烷、LNG 这些可燃气体（实训中使用液化气体打火机里面的气体即可）。

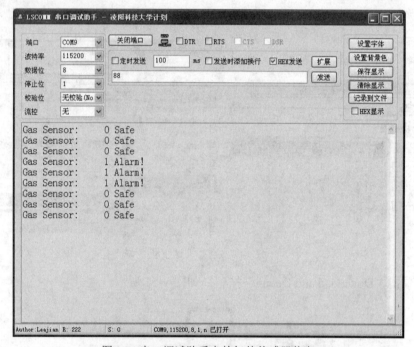

图 9-54 串口调试助手中的气体传感器信息

6. 结果记录

请将串口调试助手中的气体传感器检测信息记录下来。

 巩固延伸

1. 传感器内容范围广且离散，品种繁多、应用广泛，因此对于传感器知识的学习需要经常性地梳理和总结。思维导图使用一个中央关键词以辐射线形连接所有的代表字词、想法、任务或其他关联项目，是一种有效地图形思维工具，常见软件有百度脑图、MindManager 等。请你仿照图 9-55 中温度传感器的思维导图，完成湿度传感器和气体传感器的思维导图。

项目 9

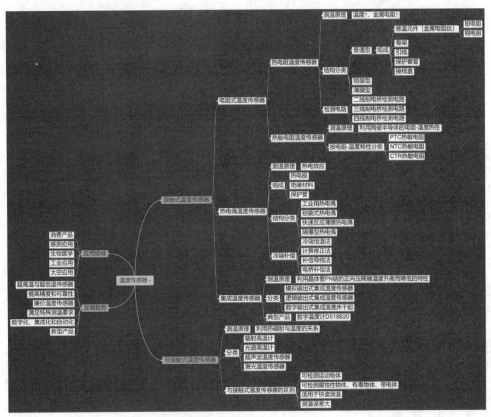

图 9-55　温度传感器的思维导图

2. 经过本项目的学习，你是否想亲自动手制作一些小的电子产品呢？这里推荐一个创客和教育者学习分享的平台——DF 创客社区（http://mc.dfrobot.com.cn/），它为各层级创客爱好者、学生和老师提供丰富的中文学习视频、教材、项目分享，及常见问题解决方案。

如图 9-56 所示，我们以甲醛检测仪的 DIY 过程为例，首先设计好软硬件的细节，然后根据需求采购零配件（如 Arduino 开发板、甲醛传感器、LCD 液晶显示屏等），同时可利用 3D 打印机制作外壳部分，接着参照样例代码修改无误后，把程序烧录到 Arduino 开发板中，最后完成组装即可。

图 9-56　DIY 甲醛检测仪

项目 10　传感器网络构建与实现

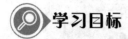

学习目标

1. 知识目标
- 掌握传感器网络构建的流程
- 了解传感器网络实现的方法

2. 能力目标
- 能够使用光照度传感器、热释电传感器等节点实现自习室节能控制系统
- 能够使用气体传感器、热释电传感器等节点实现智能无线报警系统

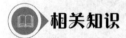

相关知识

传感器网络的构建属于规模较小、结构简单的物联网工程，其实现过程可分为构思与规划阶段、分析与设计阶段、构建与实施阶段、运行与维护阶段，这四个阶段之间有一定的重叠，保证了两个阶段之间的交接工作，同时也赋予了网络部署的灵活性。下面我们来详细讨论每个阶段的方法和注意事项。

10.1　传感器网络的部署策略

10.1.1　传感器网络的构思与规划

构思与规划阶段是传感器网络构建的第一阶段，也是系统实现过程的准备阶段，该阶段的主要工作是明确业务流程、论证可行性，以及确定网络构建目标。

首先了解目前的业务流程和问题所在，对存在问题及工作流程进行梳理，并使用传感器网络的相关技术进行分析。如果问题不能直接解决，可以在协商后，调整业务流程或进行业务重组来解决。

接着从总体出发，对技术、经济、财务、商业，以及环境保护、法律等多个方面进行分析和论证，以确定构建传感器网络是否可行。可行性论证的实质是一次简化的项目分析和设计过程，如图 10-1 所示，在较高层次上，以抽象的方式进行研究，通常分为技术可行性、经济可行性、运行可行性、社会可行性四方面。

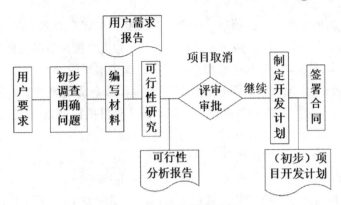

图 10-1　可行性论证步骤

技术可行性度量一个特定技术解决方案的实用性及技术资源的可用性。对要构建的传感器网络功能、性能和限制条件进行分析，确定在现有的资源条件下，技术风险有多大，项目是否能实现，这些即为技术可行性论证的内容。资源包括已有的或可以搞到的软硬件资源、现有技术人员的技术水平和已有的工作基础。技术可行性常常是最难解决的问题，因为项目的目标、功能和性能比较模糊。一般要考虑的情况包括：开发的风险，即在给出的限制范围内能否设计出传感器网络并实现必须的功能和性能；资源的有效性，包括参加项目的技术人员是否存在问题、可用于构建传感器网络的软硬件资源是否具备、软硬件工具实用性如何；技术方案，包括相关技术的发展是否支持这个传感器网络、使用技术解决方案的实用化程度和合理化程度怎样。

经济可行性度量项目解决方案的性价比，进行成本的估算，以及了解取得效益的评估，确定要构建的传感器网络是否值得投资。论证经济可行性有两个基本方法：成本－效益分析或者成本－效能分析。经济可行性的具体标准有投入产出比（O/I）、效率（efficiency）、效力（effectiveness）、利润率（profitability）等。这里特别说明效率和效力这两个概念，效率是以最小的投入取得最大的产出；效力则是以最小的成本实现即定的目标。二者虽然相关，但却不能混淆，最高效率和最高效力不一定出现在同一个点上。举一个简单的例子，购买一本书的最小成本是 20 元，但同时买 10 本同样的书时只需 180 元；后一种显然更有效率（一本书的成本只要 18 元），但问题是同样的书只要一本就够了，显然后一种就不能满足最基本的目标了。

运行可行性一般是指传感器网络构建好后，在这个组织内部的操作是否行得通。主要是研究客户的组织结构、工作流程、管理模式，及规范是否适合传感器网络运行，现有的人员素质能否胜任对该传感器网络的操作，培训所需的时间和成本如何。

社会可行性涉及的范围很广，但至少要包括市场、政策和法律三种因素。

 查一查：可行性分析报告编制的内容和格式包含哪些要求？

要想规划一个好的传感器网络，在明确业务流程、论证可行性之后，最终要确定传感器网络的构建目标。构建目标为项目负责人提供一个框架，使之能够合理地估算项目实现所需资源、经费和进度，并控制整个过程按此目标进行。典型的构建目标包括：直接或间接地增加收入和利润；加强合作交流，共享宝贵的数据资源；加强对分支机构或部属的调控能力；缩短产品开发周期，提高雇员生产力；扩展市场份额，建立新型的客户关系；转变生产与管理模式，实现管理现代化；降低通信及网络成本，包括与语音、数据、视频等独立网络有关的开销；提高网络系统和数据资源的安全性与可靠性；改善用户服务水平等。

此外，还应明确工作范围、资源环境、进度安排和成本费用等基本内容。其中，进度安排是一项困难的任务，进度安排的好坏往往会影响整个项目的按期完成。较好的情况是从最佳利用各种资源的角度出发，估计各阶段所需的时间，最后得到总的工作时间，这是合理的进度安排。实际中，往往限定了项目最终交付日期，必须在规定的时间内完成任务，因此需要综合考虑各种因素，合理组织、分配各种可用资源，尽可能并行安排工作。对于大型项目的进度安排，为了体现各个阶段之间进度的相互依赖关系，可以采用表 10-1 所示的表格工具来描述。

表 10-1　需要一年时间实现的项目进度安排表

任务	月份											
	1	2	3	4	5	6	7	8	9	10	11	12
需求分析	●	●	●									
总体设计		●	●	●								
详细设计					●	●						
硬件选型							●					
软件编程								●	●			
系统集成										●		
测试维护											●	●

10.1.2　传感器网络的分析与设计

分析与设计阶段的工作在于根据网络的需求进行设计，并形成特定的设计方案，具体过程分为需求分析、总体设计和详细设计三个步骤。

需求分析的基本任务是准确回答"项目做什么"，即项目任务这个问题，并最终形成"用户需求分析报告"。需求分析主要包括市场需求分析、技术需求分析、安全需求分析三个内容。传感器网络构建项目的市场需求分析是指对市场和消费者进行需求调研、分析和数据整理，了解市场和消费者对该应用的需求程度，并以此作为传感器网络构建的决策依据。此外，还需要客观地分析和评价客户的项目价值体系，以及可以预期的投资价值体系，尽可能地给出定量的分析表格。

技术需求分析主要包括业务流程需求、产品特征与环境适应性需求、系统集成需求、业务系统对接需求、网络升级需求、测试评估需求分析、网络维护需求、环境和行业条件及标准需求等方面，下面分别介绍各部分的内容。

（1）业务流程需求。业务流程需求需要认真调研，细致分析客户的业务流程，以及业务过程中的工作流等客观存在的业务现状，找出薄弱环节；如果必要，在征求客户意见后，还需要对现有业务流程做出必要的调整，以适应项目管理的需要。

（2）产品特征与环境适应性需求。产品的使用特性决定了应用的局限性，如金属材料、液态物质等会影响电磁波信息的传输。因此，项目应用环境的调查与分析也是非常重要的，选择合适的设备、确定合适的方案，才能获得应有的效果。

（3）系统集成需求。针对客户的业务流程和工作流程，如何整合感知到的数据与信息管理系统融合，需要考虑到数据的格式、通信的方式、硬件的连接和系统的调试等问题。

（4）业务系统对接需求。充分利用现有的设备布局，尽量不改变现有的设备系统是项目实施的原则之一。

（5）网络升级需求。注意供应商产品升级，使实施的项目保持在较新的技术状态和最好的工作性能。

（6）测试评估需求分析。网络实施完成后，对软硬件进行测试，采用不同的测试方法进行测试。只有经过严格测试的网络才是成熟的系统。

（7）网络维护需求。通过无故障工作时间来表示网络的可靠性。

（8）环境和行业条件及标准需求。特殊的环境和行业条件对网络的选择和安装也有一定的要求，比如健康管理等。此外，不同的应用环境还需要考虑不同的应用标准许可，如人体电磁辐射的要求等。

信息安全是传感器网络构建项目的重要组成部分，包括读取控制、隐私保护、用户认证、不可抵赖性、数据完整性、随时可用性等方面。不同的项目，一样的安全，在安全需求分析时，一定要充分考虑网络安全、系统稳定和信息保护等方面存在的问题。

 想一想： 可行性论证和需求分析有什么不同？

在需求分析的基础上，继续解决"项目怎样做"的问题，也就是传感器网络的总体设计。这个阶段的工作将划分出构成网络的物理元素——硬件、程序、数据库等，但是每个物理元素仍然处于黑盒子（Black Box）级，这些黑盒子里的具体内容将在详细设计阶段来完成。总体设计过程又可以细分为系统设计阶段和结构设计阶段。其中，系统设计阶段即建立系统的逻辑模式，输出的结果通常包括结构图、拓扑图、流程图等；结构设计阶段即完成软件结构和数据库结构的设计，确定程序由哪些模块组成，以及各模块间的关系，输出的结构通常用架构图、层次图、数据流图表示。这里以基于传感器网络的智慧农业系统为例，图10-2和图10-3为其总体设计阶段的软硬件结构图。

详细设计的基本任务有以下几个：细化硬件资源，将每个部分的功能实现转化为具体的器件或设备；为每个模块进行详细的算法设计，用某种图形、表格、语言等工具将每个模块处理过程的详细算法描述出来；对模块内的数据结构进行设计，对需求分析、总体设计确定的概念性的数据结构进行确切的定义；模块接口设计，确定模块接口的细节，包括对系统外部的接口和用户界面，对系统内部其他模块的接口，以及模块输入数据、输出数据及全局数据的全部细节；其他设计，如数据库设计、代码设计、输入/输出格式设计等；编写"详细设计说明书"，在详细设计结束之时，应当把上述结果写入"详细设计说明书"，并且通过复审形式形成正式的文档，作为下一阶段工作的依据。

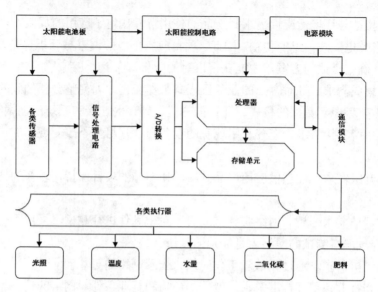

图 10-2 基于传感器网络的智慧农业系统硬件结构图

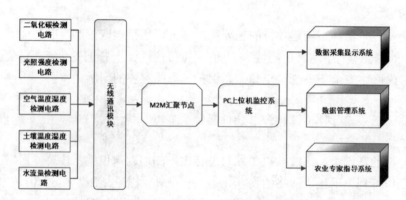

图 10-3 基于传感器网络的智慧农业系统软件架构图

例如，为使传感器网络中各个传感器传送的数据不会冲突，并同时能够准确无误读取，需要在读取时按照一定的格式进行，表 10-2 为一种示例格式。该格式不是固定不变的，可以根据实际情况编制自定的格式。

表 10-2 传感器数据采集指令示例格式

标志	长度	串口接收对象	网络地址		数据对象	命令标识		数据		校验位
			低字节	高字节		低字节	高字节	负荷长度	负荷	

上表中，各字节或位的含义如下：

标志：表示数据开始发送。

长度：表示数据帧的长度。

串口接收对象：表示该指令是发送给协调器的。

网络地址：表示某个网络地址的终端节点。

数据对象：表示读取终端节点信息。

命令标识：表示读取某个终端节点信息。

数据负荷长度：表示返回数据的字节数。

数据负荷：表示返回的数值。

校验位：判断该条采集指令是否传送正确。

10.1.3 传感器网络的构建与实施

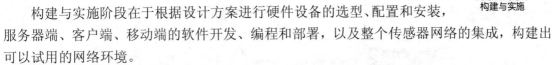

传感器网络的
构建与实施

构建与实施阶段在于根据设计方案进行硬件设备的选型、配置和安装，服务器端、客户端、移动端的软件开发、编程和部署，以及整个传感器网络的集成，构建出可以试用的网络环境。

设备选型是购置设备时，根据生产工艺要求和市场应用情况，按照技术上先进、经济上合理、生产上适用的原则及可行性、维修性、操作性和能源供应等要求，进行调查和分析比较，以确定设备的优化方案。设备选型的原则包括扩展性（在网络层次结构上，主干设备预留一定的能力，以便将来扩展，而低端设备够用即可）、可靠性、可管理性（大型网络的所有节点应该是可管理的，可以对网络的业务流量、运行状态等进行全方位的监控和管理）、安全性（控制网络的访问权限，制定适合的安全策略）、QoS 控制能力（对网络流量进行优化和处理，保证重要流量和对时间敏感流量快速通过，可以针对业务流的特点进行调整）、标准性和开放性（所选择的设备必须能够支持业界通用的开放标准协议，以便于不同厂商之间设备通信）。

具体到传感器的选择，基本原则如下。

（1）根据测量对象与测量环境确定传感器的类型，即根据量程的大小、被测位置对传感器体积的要求；测量方式为接触式还是非接触式；信号的引出方法，有线还是无线；传感器的来源，国产还是进口等方面确定选用何用类型传感器。

（2）灵敏度的选择。通常在传感器的线性范围内，希望传感器的灵敏度越高越好，这样有利于信息处理。此外传感器的灵敏度是有方向性的。当被测量是单向量，而且对方向性要求较高时，应选择方向灵敏度小的传感器；如果被测量是多维向量，则要求传感器的交叉灵敏度越小越好。

（3）频率响应特性。传感器的频率响应特性决定了被测量的频率范围。传感器的频率响应高，可测的信号频率范围就宽，而由于受到结构特性的影响，机械系统的惯性较大，因此频率低的传感器可测信号的频率较低。

（4）线性范围。传感器的线性范围是指输出与输入成正比的范围，在此范围内传感器灵敏度保持定值。传感器的线性范围越宽，则其量程越大，并且能保证一定的测量精度。在选择传感器时，当传感器的种类确定以后，首先要看其量程是否满足要求。

（5）稳定性。传感器使用一段时间后，其性能保持不变化的能力称为稳定性。影响传感器长期稳定性的因素除传感器本身结构外，主要是传感器的使用环境。在选择传感器之前，应对其使用环境进行调查，并根据具体的使用环境选择合适的传感器，或采取适当的措施减小环境的影响。

（6）精度。传感器的精度越高，其价格越昂贵，因此传感器的精度只要满足整个测量系统的精度要求就可以，不必选得过高。如果测量目的是定性分析，选用重复精度高的传感器即可；如果是为了定量分析，必须获得精确的测量值，就需选用精度等级能满足要求的传感器。

传感器确定之后，无线通信技术的选择方法请参照本节 6.2.1，这里不再赘述。

 用一用： 基于传感器网络的智慧农业系统中需要用到哪些传感器，以及何种无线通信技术？

接着，通过数据线连接各个硬件设备和计算机，使用相应的配置工具（如图 10-4 所示的烧录软件 SmartRF Flash Programmer）完成配置，即可安装在指定位置备用。

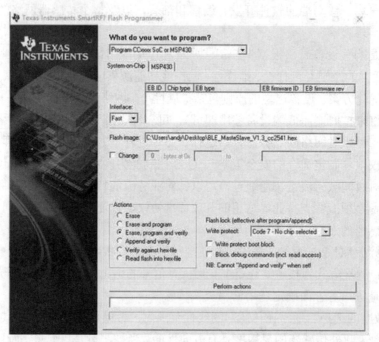

图 10-4　烧录软件 SmartRF Flash Programmer

在传感器网络的硬件部分实施的过程中，可以同时进行软件部分的编程。移动端（移动互联终端、手机端）通常是采用 Java 语言编写 Android 应用程序。Android 被誉为"首个为移动终端打造的真正开放和完整的移动软件"，其最大的优势在于系统的开放性、服务的免费性和与互联网实现无缝对接。Android 是一款效率高而且可靠的移动通信操作系统，非常稳定。它支持多点触摸和多任务等常规功能。借助强大的技术支持，它还适用于设备制造商进行二次开发。从宏观的角度来看，Android 是一个开放的软件系统，采用堆层的架构，主要分为三部分。底层以 Linux 内核工作为基础，由 C 语言开发，只提供基本功能；中间层包括函数库（Library）和虚拟机（Virtual Machine），由 C++开发；最上层是各种应用软件，包括通话程序、短信程序等，应用软件则由使用者自行开发，以 Java 作为编写程序的一部分。如图 10-5 所示，Eclipse 是常用的 Android 应用开发环境平台，在 PC 机上搭建好后即可以建立工程项目进行编译、调试和运行。

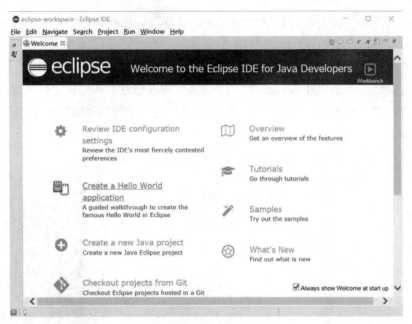

图 10-5　Eclipse 主界面

　　客户端（PC 端）的应用开发通常采用 C#语言，它是微软公司发布的一种面向对象的、运行于.NET Framework 之上的高级程序设计语言。C#综合了 VB 简单的可视化操作和 C++的高运行效率，以其强大的操作能力、优雅的语法风格、创新的语言特性和便捷的面向组件编程的支持成为.NET 开发的首选语言。正是由于 C#面向对象的卓越设计，使它成为构建各类组件的理想之选——无论是高级的商业对象，还是系统级的应用程序。使用简单的 C#语言结构，可使这些组件可以方便地转化为 XML 网络服务，从而使它们可以由任何语言在任何操作系统上通过 INTERNET 进行调用。如图 10-6 所示，Microsoft Visual Studio 是目前最流行的 Windows平台应用程序的集成开发环境，最新版本为 VS 2019 版本，基于.NET Framework 4.5.2。

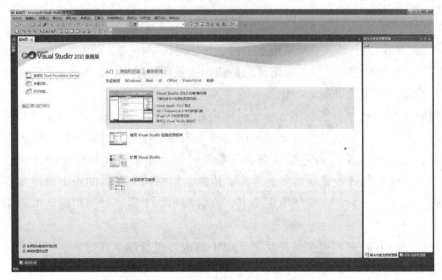

图 10-6　Microsoft Visual Studio2010

服务器端的主要工作是系统数据库的部署，以及相关管理软件的开发。其中，管理软件的开发同客户端类似；数据库的部署利用 Microsoft SQL Server 来完成。如图 10-7 所示，Microsoft SQL Server 是一个全面的数据库平台，使用集成的商业智能（BI）工具提供了企业级的数据管理。Microsoft SQL Server 数据库引擎为关系型数据和结构化数据提供了更安全可靠的存储功能，可以构建和管理用于业务的高可用和高性能的数据应用程序。

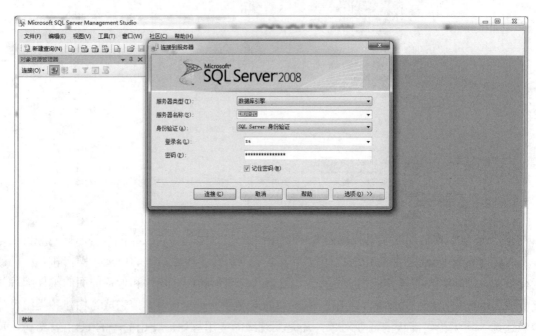

图 10-7　Microsoft SQL Server 2008

最后，将上述软硬件部分集成、整合，即完成了传感器网络的构建。

10.1.4　传感器网络的运行与维护

运行与维护阶段的主要任务是监控传感器网络的运行状况，探求网络故障产生的原因，消除故障并防止故障的再次发生，从根本上保证传感器网络的安全畅通。运行维护是传感器网络构建完成，并经项目验收、投入正常使用后的一项长期持续工作。因此，我们先来介绍项目验收时的一些流程和注意事项。

项目验收主要包括项目资料整理、交付使用和用户评价三个任务。竣工资料是一个项目全过程的真实写照，同时也是项目交付使用时验收质量等级评定，以及日后维护管理的主要依据。因此，保证竣工资料的完整、准确、系统，做到原始资料和实物相符、技术数据真实可靠、签字手续完备齐全就显得尤为重要。传感器网络构建项目的竣工资料主要有项目验收文件、软件质量评价表、系统使用说明书、设备清单、工程交付使用确认单和用户评价表等内容。

交付使用时，双方对工程交付使用确认单中的内容进行确认并签字。工程交付使用确认单范例如图 10-8 所示。

工程交付使用确认单

_____（承担传感器网络构建项目的单位名称）：

　　由贵方开发的 XXX 系统工程，贵方已按我方要求将本工程于 XX 年 X 月 X 日交付使用，具体交接事项见下面的 XXX 系统工程移交记录。请贵方按照相关规定于要求，办理各种工程手续。

确认单位：
代表人：
日期：

XXX 系统工程移交记录

项目名称：　**XXX 系统工程**　　　　　项目合同编号：
发包单位：　　　　　　　　　　　　承包单位或个人：
项目经理：
一、完工工程移交范围内容

序号	名称	数量	备注	接收人	日期
1					
2					
3					
4					
5					

二、工程接管建议
1.
2.
3.
4.
5.

承包单位或个人（印章）：　　　　　发包人（印章）：
日期：　　　　　　　　　　　　　日期：

图 10-8　工程交付使用确认单范例

　　交付使用后的用户评价主要是传感器网络的软件系统。软件质量评价内容是软件产品质量特性的检测与度量。国家标准 GB/T 16260.1－2006《软件工程产品质量第 1 部分：质量模型》、GB/T 16260.2－2006《软件工程产品质量第 2 部分：外部度量》、GB/T 16260.3－2006《软件工程产品质量第 3 部分：内部度量》和 GB/T 16260.4－2006《软件工程产品质量第 4 部分：使用质量的度量》规定了软件产品的 6 个质量特性，并推荐了与之对应的 21 个质量子特性，见表 10-3。用户可根据表 10-3 中的内容对制作的传感器网络管理系统进行评价。

表 10-3　软件质量特性和子特性列表

质量特性	详细	质量子特性	详细
功能性	与一组功能及其指定的性质有关的一组属性。这里的功能是指满足明确或隐含的需求的那些功能	适合性	与规定任务能否提供一组功能及这组功能的适合程度有关的软件属性
		准确性	与能否得到正确或相符的结果或效果有关的软件属性
		互用性、互操作性	与其他指定系统进行交互的能力有关的软件属性
		依从性	使软件遵循有关的标准、约定、法规，及类似规定的软件属性
		安全性	与防止对程序及数据的非授权的故意或意外访问的能力有关的软件属性

质量特性	详细	质量子特性	详细
可靠性	与在规定的一段时间和条件下，软件维持其性能水平的能力有关的一组属性	成熟性	与由软件故障引起失效的频度有关的软件属性
		容错性	与由软件故障或违反指定接口的情况下，维持规定的性能水平的能力有关的软件属性
		可恢复性	在失效发生后，重建其性能水平并恢复直接受影响数据的能力，以及为达此目的所需的时间和能力有关的软件属性
易用性	与一组规定或潜在的用户为使用软件所需作的努力和对这样的使用所作的评价有关的一组属性	易理解性	与用户为认识逻辑概念及其应用范围所花的努力有关的软件属性
		易学习性	与用户为学习软件应用所花的努力有关的软件属性
		易操作性	与用户为操作和运行控制所花的努力有关的软件属性
效率	与在规定的条件下，软件的性能水平与所用的资源量之间关系有关的一组属性	时间特性	与软件执行其功能时响应、处理时间，及吞吐量有关的软件属性
		资源特性	与在软件执行其功能时所使用的资源数量及其使用时间有关的软件属性
可维护性	与进行指定的修改所需的努力有关的一组属性	易分析性	与为诊断缺陷或失效原因及为判定待修改的部分所需努力有关的软件属性
		易修改性	与进行修改，排除错误或适应环境变化所需努力有关的软件属性
		稳定性	与修改所造成的未预料结果的风险有关的软件属性
		可测试性	与确认已修改软件所需的努力有关的软件属性
可移植性	与软件可从某一环境转移到另一环境的能力有关的一组属性	适应性	与软件无需采用有别于为该软件准备的活动或手段就可能适应不同的规定环境有关的软件属性
		易安装性	与在指定环境下安装软件所需努力有关的软件属性
		一致性	使软件遵循与可移植性有关的标准或约定的软件属性
		易替换性	与软件在该软件环境中用来替代指定的其他软件的机会和努力有关的软件属性

要搞好传感器网络的运行工作，首先要建立完备的运行管理制度，包括运行管理的组织机构、基础数据的管理制度和运行管理制度等。网络日常运行管理主要包括以下几项工作：日常运行环境的管理、新数据的获取或存储数据的更新、信息处理和信息服务、安全问题、日常运行情况的记录和运行结果的分析。

传感器网络运行过程中可能会出现各种问题，而维护的目的就是保证整个系统正常可靠地运行，并不断改善和提高，以充分发挥其作用。网络维护的内容包括机器设备的维护、程序代码的维护，以及数据文件的维护等。网络维护的类型有纠错性维护、适应性维护、完善性维护、预防性维护四种，各类维护工作的比例如图 10-9 所示。维护的基本工作按先后顺序依次是：检查"用户需求说明书"并做到心中有数；同用户和开发人员商讨明确维护类型；检查软硬件部分和相应的文档；确定错误的性质与位置或要增加功能的部分；研究系统修改可行性；实施欲改变的部分；复审以保证满足维护要求。

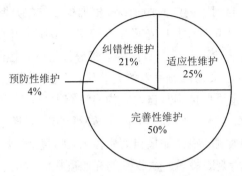

图 10-9　各类维护工作的比例

传感器网络的维护工作应该从设计阶段开始，贯穿于整个网络生存期的始终，即在设计阶段预想维护的可能、在实施阶段留出维护的接口，一投入运行便开始维护。基于这样的思想，以及由于某些使用环境的限制、传感节点数目的庞大使得传感器网络维护十分困难，甚至出现不可维护的情况，因此构建能够实现自维护功能、具有鲁棒性和容错性的传感器网络是我们不懈追求的目标。

 项目实训

10.2　实训——自习室节能控制系统实现

本节实训安排利用数据处理节点、光照度检测节点、人员检测节点和灯开关控制节点构建一个自习室节能控制系统，由教师指导学生完成传感器网络技术在节能减排方面的简单应用系统构建，使学生理解传感器网络的组成和基本原理，掌握传感器网络开发的流程和操作方法。

1. 实训目的
利用传感器网络技术实现自习室节能控制系统。

2. 实训设备
（1）装有 IAR 开发环境的 PC 机一台。
（2）物联网综合实验箱一套。
（3）下载器一个。

3. 实训要求
自习室节能控制系统可以自主判断自习室有没有人，并检测自习室内的光照强度（光照度），通过以上两步判断自习室内是否开灯；在自习室有人且光照较暗的情况下自动开灯，在没人或光照已经比较好的情况下自动关灯，达到节能的目的。

4. 实验原理

自习室节能控制系统以自习室的灯作为控制对象，实现自动控制和节能的目的。首先需要检测自习室内有没有人和自习室内的光照情况，根据检测结果判断是开灯还是关灯；然后对灯的开关进行控制，仅在自习室内有人且光照强度较差的情况下开灯。因此，自习室节能控制系统由光照度检测部分、人员检测部分、数据处理部分和灯开关控制部分组成。

光照度检测部分周期性地采集自习室内的光照度，每次采集完毕后将采集结果发送给数据处理部分；人员检测部分也周期性判断自习室内有没有人员，每次判断结束后将判断结果发送给数据处理部分；数据处理部分接收到前面两个传感器节点发送过来的数据后，处理的方法是先看最后一次收到的人员检测结果，如果自习室没人，则直接向灯开关控制部分发送关灯命令，如果自习室有人，再接着判断最后一次收到的光照度检测结果，光照度较好就向灯开关控制部分发送关灯命令，光照度较差则向灯开关控制部分发送开灯命令；灯开关控制部分接收到数据处理部分的控制命令后根据指示开灯或者关灯。如此，整个系统便可以智能、自动地实现灯的节能控制，自习室节能控制系统框架如图 10-10 所示。

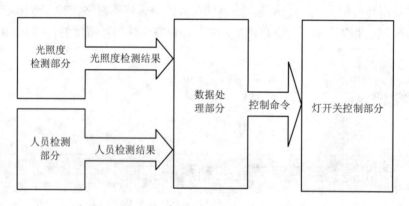

图 10-10　自习室节能控制系统框架

自习室节能控制系统利用 ZigBee 网络机制工作，ZigBee 网络的工作方式是：首先由数据处理节点建立传感器网络，建立成功后，其他传感器节点加入该传感器网络。加入网络成功之后，所有的节点都可以发送数据到数据处理节点，也可以接收到数据处理节点发送过来的信息，即可以相互通信。

实验时，光照度检测节点（又称当照度检测部分）用于检测光照度，人员检测节点用于检测自习室内有没有人，数据处理节点负责信息处理和控制命令分析、发送，灯开关控制节点用作灯开关控制。各个节点的工作原理如下。

（1）光照度检测子系统。光照度检测子系统作为自习室光照度信息监测的信息采集发送部分，由光照度检测节点完成功能。通过光照度传感器获得光照度数据，并发送到数据处理部分。

光照度检测节点带有光照度传感器，以 ADC 的方式得到两个字节的光照度数据；然后对采集结果做初步的处理，即将该数据和设定的光照度临界值进行比较，判断出光照度是明亮还是偏暗；接着向数据处理节点发送两个字节的数据，第一个字节为"光照度检测节点标签"，表明数据是由光照度检测节点发送的，第二个字节是初步处理的结果，"0"代表光照度明亮，"1"代表光照度偏暗，光照度检测节点工作原理和程序流程图如图 10-11 和图 10-12 所示。

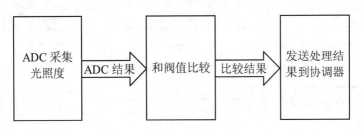

图 10-11　光照度探测节点工作原理

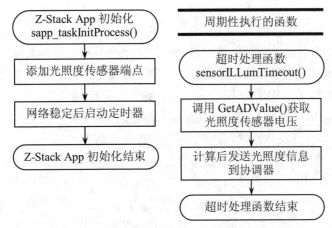

图 10-12　光照度检测节点程序流程图

（2）人员检测子系统。人员检测子系统中由人员检测节点负责周期性地检测自习室内有没有人，并将检测结果发送到数据处理节点。

人员检测节点（又称人员检测部分）带有热释电传感器，该节点工作时，当附近有人就从输出端输出高电平，没人则输出低电平。通过节点输出的电平高低得到检测结果，当检测到有人时，读取的返回值为"1"；检测结果是没人时，读取的结果为"0"。根据读取的结果，向数据处理节点发送两个字节数据，第一个字节为"人员检测节点标签"，表明数据是由人员检测节点发送的，第二个字节和检测结果有关，"0"表示检测结果是没人，"1"表示检测结果是有人，人员检测节点工作原理和程序流程图如图 10-13 和图 10-14 所示。清楚

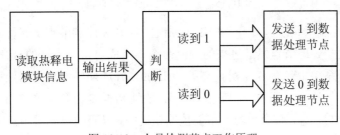

图 10-13　人员检测节点工作原理

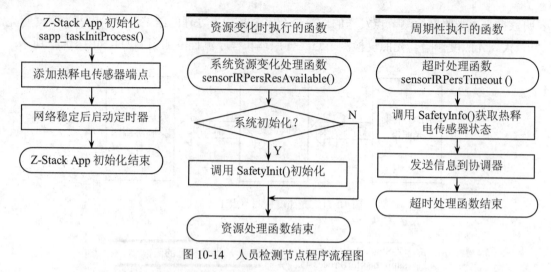

图 10-14　人员检测节点程序流程图

（3）数据处理子系统。数据处理子系统中数据处理节点（也称数据处理部分）接收光照度检测节点和人员检测节点的数据，并通过综合判断光照度检测结果和人员检测结果得出应该开灯或者关灯的控制命令，然后将控制命令发送到灯开关控制节点。

数据处理由 ZigBee 网络中的协调器完成，光照度检测节点、人员检测节点和灯开关控制节点都会向数据处理节点发送数据。数据处理节点接收到数据的第一个字节判断是哪个节点发送过来的数据，第二个字节是该节点的信息。如果收到的信息表明自习室内有人且光照度较差，就向灯开关控制节点发送一个字节的数据"1"，表示开灯；否则发送一个字节的数据"0"，表示关灯。如果第一个字节是"灯开关控制节点标签"，则第二个字节表示当前灯开关的控制状态。数据处理节点会将其地址保存下来，留作向灯开关控制节点发送数据使用，数据处理节点工作原理和程序流程图如图 10-15 和图 10-16 所示。

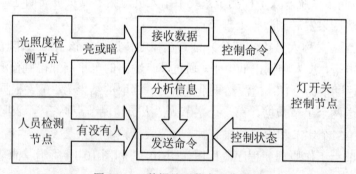

图 10-15　数据处理节点工作原理

（4）灯开关控制子系统。灯开关控制子系统中灯开关控制节点（又称灯开关控制部分）负责接收并执行数据处理节点发送过来的控制命令，完成对自习室灯的打开或关闭控制。

灯开关控制子系统上带有 4 个可控亮灭的 LED，并周期性地向数据处理节点发送两个字节数据，第一个字节是"灯开关控制节点标签"，表明数据是由灯开关控制节点发送的，第二个字节是当前的控制状态。整个自习室节能控制系统中，只有数据处理节点会向灯开关控制节点发送一个字节的控制命令，所以灯开关控制节点收到数据后直接调用状态控制函数，以接收

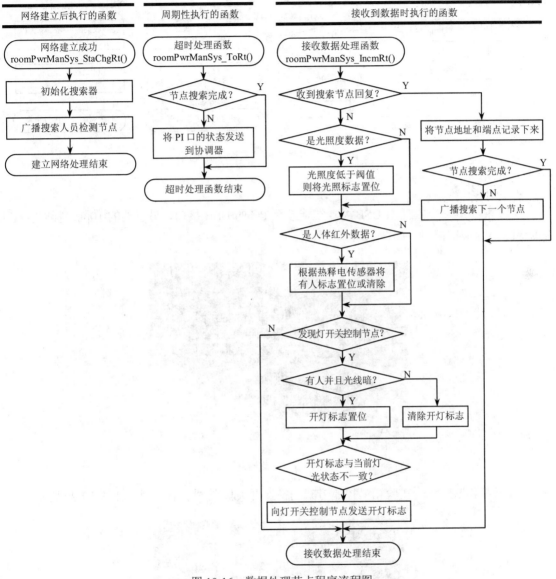

到的数据作为参数，调整控制状态，即调节灯的开关状态，接收到"1"就会开灯，接收到"0"就会关灯，灯开关控制节点工作原理和程序流程图如图 10-17 和图 10-18 所示。

图 10-16 数据处理节点程序流程图

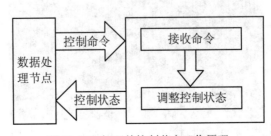

图 10-17 灯开关控制节点工作原理

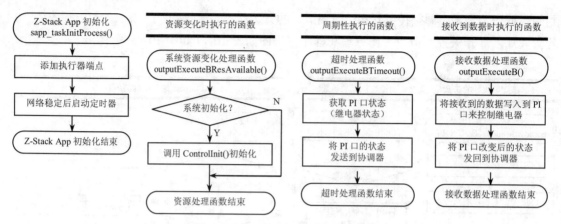

图 10-18　灯开关控制节点程序流程图

5. 实训步骤

（1）将下载器一端使用 USB A-B 线连接至 PC 的 USB 接口，另一端的 10pin 排线连接到实验箱 JTAG 调试接口，如图 10-19 所示。

图 10-19　下载器连线

（2）将物联网综合实验箱"控制方式切换"开关拨至"手动"侧，如图 10-20 所示。

图 10-20　"控制方式切换"开关拨至"手动"侧

（3）转动物联网综合实验箱"节点选择"旋钮，使得协调器旁边的 LED 灯被点亮，如图 10-21 所示。

图 10-21 转动"节点选择"旋钮

（4）打开 SappWsn.eww 工程文件（见"Code\ZStack-CC2530-r183\Projects\SappWsn"），本实训需要在 SappWsn 工程的基础上添加代码；将 roomPwrManSys.c 和 roomPwrManSys.h 文件（见"Code\ZStack-CC2530-r183\RoomPowerManage"）复制到 SappWsn.eww 工程文件的 Source 目录下。

（5）在工程目录结构树中的"App"组中找到 SAPP_Device.c 和 SAPP_Device.h 文件，按住键盘的 Ctrl 键，依次单击这两个文件，并右击，选择"Remove"命令，如图 10-22 所示。

（6）在"App"组上右击，选择"Add"子菜单下的"Add Files"命令，如图 10-23 所示。

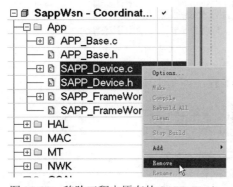

图 10-22 移除工程中原有的 SAPP_Device

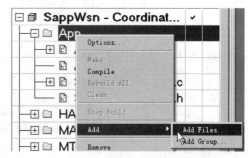

图 10-23 添加实验代码

（7）选择之前复制进来的 roomPwrManSys.c 和 roomPwrManSys.h 文件，添加完成后如图 10-24 所示。

（8）在"Tools"组中，找到 f8wConfig.cfg 文件，双击打开，并找到位置大概在 59 行的"-DZAPP_CONFIG_PAN_ID=0xFFFF"代码，将其中的"0xFFFF"（即 PAN_ID）修改为其他值，例如"0x0010"，需要注意的是，每一个物联网实验箱应当修改为不一样的 PAN_ID，如图 10-25 所示。

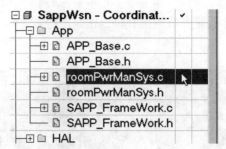

图 10-24　添加 roomPwrManSys 文件

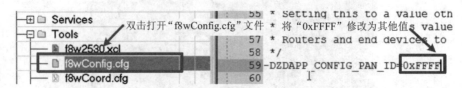

图 10-25　修改 ZigBee 网络 PAN_ID

（9）在工程目录结构树上方的下拉列表框中，选择"CoordinatorEB"文本选项，如图 10-26 所示。

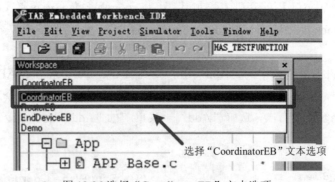

图 10-26 选择"CoordinatorEB"文本选项

（10）单击工具栏中的"Make"按钮，编译工程，如图 10-27 所示。

图 10-27 编译工程

（11）等待工程编译完成，如看到图 10-28 所示的警告，可以忽略。

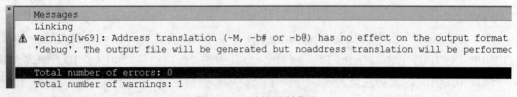

图 10-28　地址映射警告

（12）在工程目录结构树中的工程名称上右击选择"Options…"命令，并在弹出的对话框中选择左侧的"Debugger"栏，并在右侧的"Driver"下拉列表框中选择"Texas Instruments"文本选项，如图 10-29 所示。

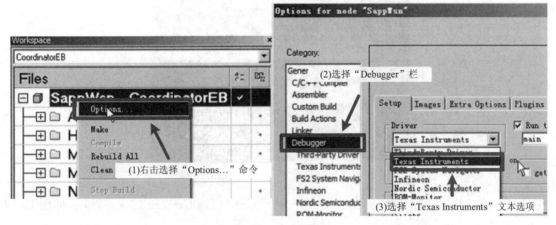

图 10-29　选择调试驱动

（13）单击"Download and Debug"按钮，如图 10-30 所示。

图 10-30　下载并进入调试状态

（14）待程序下载完毕后，单击"Go"按钮，使程序开始运行，如图 10-31 所示。

图 10-31　运行程序

（15）单击工具栏中的"Stop Debugging"按钮，退出调试模式，如图 10-32 所示。

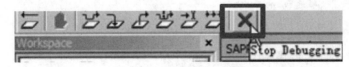

图 10-32　退出调试模式

（16）转动物联网综合实验箱的旋钮，使得光照度检测节点（利用光照度传感器和 CC2530核心板、底板组成）旁边的 LED 灯被点亮，如图 10-33 所示。

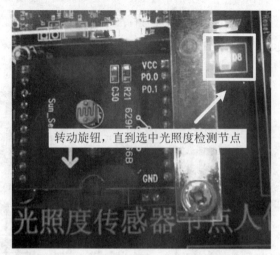

图 10-33　光照度检测节点旁的 LED 灯点亮

（17）在工程目录结构树上方的下拉列表框中，选择"EndDeviceEB"文本选项，如图 10-34 所示。

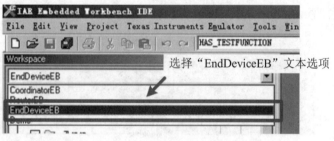

图 10-34　选择"EndDeviceEB"文本选项

（18）在 roomPwrManSys.h 文件中，取消"ILLUM_NODE"的注释，并保证另外两个被注释，如图 10-35 所示。

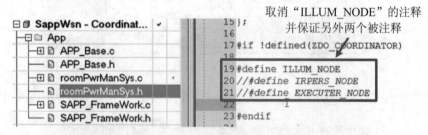

图 10-35　取消"ILLUM_NODE"的注释

（19）同本次实训的步骤（10）～（15）。

（20）转动物联网综合实验箱左下角的旋钮，使得人员检测节点旁边的 LED 灯被点亮，如图 10-36 所示。

（21）在 roomPwrManSys.h 文件中，取消"IRPERS_NODE"的注释，并保证另外两个被注释，如图 10-37 所示。

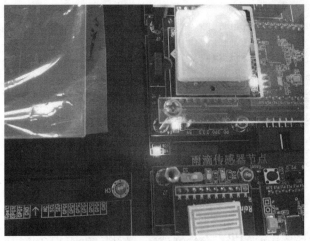

图 10-36　人员检测节点旁的 LED 灯点亮

取消"ILLUM_NODE"的注释
并保证另外两个被注释

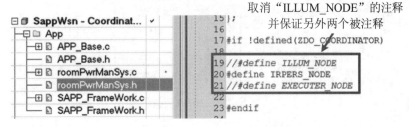

图 10-37　取消"ILLUM_NODE"的注释

（22）同本次实训步骤（10）～（15）。

（23）转动实验箱左下角的旋钮，使得灯开关控制节点旁边的 LED 灯被点亮，如图 10-38 所示。

图 10-38　灯开关控制节点旁的 LED 灯点亮

（24）在 roomPwrManSys.h 文件中，取消"EXECUTER_NODE"的注释，并保证另外两个被注释，如图 10-39 所示。

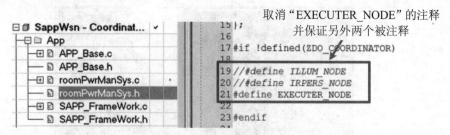

图 10-39　取消 "EXECUTER_NODE" 的注释

（25）同本次实训步骤（10）～（15）。

（26）稍等片刻，观察三个终端节点是否已经正确加入网络（LED 灯周期闪烁）；通过改变热释电传感器所处的环境，以及光照度传感器的受光照强度，观察继电器的 AU 一侧的 LED 灯是否按照预期的规律变化；如果没有任何变化，可以尝试修改 roomPwrManSys.c 文件中位置大概在第 49 行的光照度传感器的比较阈值，如图 10-40 所示。

图 10-40　光照度阈值修改

6. 结果记录

请将灯开关控制节点的实验结果记录下来。

7. 拓展思考

在本实训配套源码的基础上，利用数据处理节点、光照度检测节点、人员检测节点和灯开关控制节点重新开发一个智能风扇系统；此智能风扇系统可以识别周围有没有人，并监测环境温度，并通过这两个方面判断自动控制风扇是否打开；在周围有人且温度较高的情况下自动打开风扇，在没人或温度适宜的情况下自动关闭风扇。

代码修改完成后，选择相应节点重新编译下载，并将原自习室节能控制系统中灯开关控制节点的实验结果记录下来。

10.3　实训——智能无线报警系统实现

本节实训安排利用协调器节点、气体传感器节点、热释电传感器节点、GPRS 模块和嵌入式网关构建一个智能无线报警系统,由教师指导学生完成传感器网络技术在安防方面的简单应用系统构建,使学生理解传感器网络的组成和基本原理,掌握传感器网络开发的流程和操作方法。

1. 实训目的

利用传感器网络技术实现智能无线报警系统。

2．实训设备

（1）装有 Linux 系统或 Linux 虚拟机的 PC 机一台。

（2）物联网综合实验箱一套。

（3）串口线一条。

（4）网线一条。

3．实训要求

在物联网综合实验箱上运行智能无线报警系统，并测试当感应到周围有人或者燃气泄露时，向设置的手机号发送报警短信。

4．实验原理

同 2.4 节实验原理。

5．实训步骤

本次实训的步骤（1）～（6）同 2.4 节实训步骤。

（7）将可执行文件复制到物联网综合实验箱上并运行。在 Windows 系统中双击"我的电脑"图标，在打开的窗口地址栏中输入"ftp://开发板的 IP 地址"，如图 10-41 所示，其中开发板的 IP 地址可以参考本书 2.4 节图 2-37 中的"ifconfigeth0"命令来查看；然后将本实训配套源码文件夹（见"Code\WirelessAlarm"）中，编译好的可执行程序 WirelessAlarm 文件复制到物联网综合实验箱内。

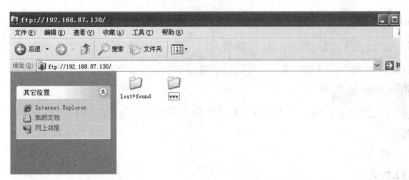

图 10-41　通过 FTP 访问物联网综合实验箱的文件

我们需确保物联网综合实验箱的综合演示程序没有处于 ZigBee 网络的演示界面，否则会与本实训抢夺串口资源；在超级终端软件中，输入"ls"命令，可以看到 WirelessAlarm 文件已经被复制到了物联网综合实验箱的系统内；执行"chmod +xWirelessAlarm"命令，为 WirelessAlarm 文件增加可执行权限；执行"./WirelessAlarm"命令，即可运行 WirelessAlarm 程序，如图 10-42 所示。

图 10-42　运行 WirelessAlarm 程序

（8）智能无线报警系统的操作。程序运行之后，可以在实验箱触摸屏上看到图 10-43 所示的界面。

图 10-43　WirelessAlarm 主界面

在 Wireless Alarm 主界面中"Setting"栏可以设置报警手机号码；"Status"栏用来显示当前的传感器状态和当前设置的报警号码；当检测到相应传感器被触发时，对应的传感器下方的图标会闪烁，并同时给设置的手机号发送报警短信。

6. 结果记录

请将液晶显示屏上的操作结果记录下来。

7. 拓展思考

在本实训配套源码的基础上，利用协调器节点、雨滴传感器节点、热释电传感器节点、GPRS 模块和嵌入式网关重新开发一个智能晾晒提醒系统；当感应到下雨并且周围没有人时，向设置的手机号发送提醒短信。

代码修改完成后，重新编译，并在物联网综合实验箱上运行该软件，将液晶显示屏上的操作结果记录下来。

巩固延伸

1. 传感器网络不同于其他传统网络，主要受到电源能量有限、计算和存储能力有限、通信能力有限等约束。因此传感器网络的研究和应用面临很多挑战性的问题，主要有以下几个。

（1）微型化与低成本。实现传感器网络节点的微型化与低成本需要考虑硬件与软件两个方面的因素，而关键是研制专用的片上系统（System on Chip，SoC）芯片。一个典型的无线传感器节点的内存只有 4KB、程序存储空间只有 10KB。硬件配置的限制使得节点的操作系统、应用软件结构的设计与软件编程都必须注意节约计算资源。

（2）低功耗。传感器网络的节点数量众多，每个节点的体积很小、成本低廉、部署区域环境复杂，因此可供使用的电池能量十分有限。如图 10-44 所示，对于传感器节点，传输 1bit 信号到相距 100m 的其他节点需要的能量相当于执行 3000 条计算指令消耗的能量。为让网络通信更有效率，必须减少不必要的转发和接收，不需要通信时尽快进入休眠状态，这是设计无线传感器网络协议时需要重点考虑的问题。

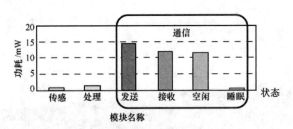

图 10-44 传感器节点能量消耗情况

（3）灵活性与可扩展性。传感器节点的灵活性与可扩展性表现在适应不同的应用系统，或部署在不同的应用场景中。传感器节点可以按照不同的应用需求，将不同的功能模块自由配置到系统中，而不需重新设计新的传感器节点；传感器节点的硬件设计必须考虑提供的外部接口，可以方便地在现有的传感器节点上直接接入新的传感器。软件设计必须考虑到可裁剪，可以方便地扩充功能，可以通过网络自动更新应用软件。

（4）鲁棒性。无线传感器节点与传统信息设备最大的区别是无人值守，一旦大量无线传感器节点被飞机抛洒或人工安置后，就需要独立运行。在传感器网络的设计中，如果一个传感器节点崩溃，那么剩余的传感器节点将按照自组网的思路，重新组成具有新拓扑的自组网。因此，传感器节点的鲁棒性是实现传感器网络长时间工作重要的保证。

针对以上传感器网络面临的挑战，请调研具体的代表性解决方案。

2. 谈及中国物联网的发展，注定绕不过无锡这座城市。十年前，无锡国家传感网创新示范区的建立，正式拉开了中国物联网发展的序幕。无锡也因此成为中国发展物联网产业的试点城市，成为加快建设网络强国、大力发展数字经济的探索先导。十年来，无锡围绕国家传感网创新示范区发展目标，准确把握信息技术演进规律和产业发展规律，大胆探索、且思且行，在将自身成功打造为东方物联之都的同时，也为中国的物联网产业贡献良多。十年后，无锡将以更新理念、更大力度、更实举措推进物联网产业发展，积极创建国家物联网技术创新中心，加快打造"智造强市"和"智慧名城"，努力当好物联网发展的领跑者。图 10-45 为中国传感网创新园标志。

图 10-45 中国传感网创新园标志

当大家都在谈着"物物相连、泛在感知"，为物联网的神奇与智能兴奋时，无锡这座"物联网之城"更值得你去看一看。

第三部分
RFID 与传感器技术的发展及融合

项目 11　RFID 与传感器技术的研究和探索

学习目标

1. 知识目标
- 掌握几类 RFID 创新的应用模式
- 掌握几种新型传感器的应用特点
- 了解下一代 RFID 技术的发展方向
- 了解传感器技术的未来发展趋势

2. 能力目标
- 能够综合运用所学的 RFID 与传感器技术知识构思创新创业项目
- 能够参照项目策划书模板完成创意表达文档

相关知识

近年来，物联网市场规模飞速扩张，呈现出多元化的发展态势。作为物联网最核心的前端技术，RFID 和传感器这两项技术有着各自的研究和发展领域，充满活力和创意。对它们可能的新型应用模式和应用领域进行研究与探索，才能给下一代技术和未来发展注入新的血液。

11.1　RFID 创新模式与下一代技术

11.1.1　深度挖掘 RFID 创新应用模式

RFID 的创新
应用模式

RFID 技术发展至今已经有 70 多年的历史，其在各行各业中都发挥着重要作用，但是很多应用只是停留在标签的阅读识别这个层次。除此之外，RFID 还有信息检索与集成、目标定位与追踪，以及移动行为感知等几种应用模式，对于这些应用模式可以进行深度挖掘。下面以几个新颖应用为例，给出一些探索创新应用模式的思路。

1. 智能冰箱

所谓智能冰箱，就是能对冰箱进行智能化控制、对食品进行智能化管理的冰箱类型。如图 11-1 所示，智能冰箱内嵌有读写器、读写器天线，及平板电脑，而智能冰箱内的食品上都贴有电子标签。该应用可以读取冰箱内食品的信息，让用户通过手机或平板电脑，随时随地了解智能冰箱里食物的数量、保鲜保质信息；并进行二次处理、整合信息，为用户提供健康食谱

项目
11

和营养禁忌，以及提醒用户定时补充食品等。

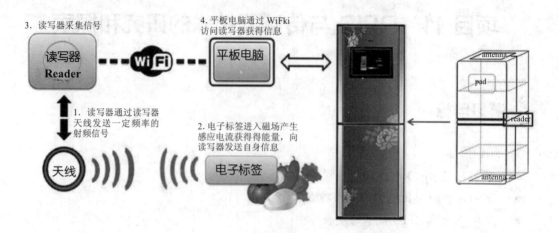

图 11-1　智能冰箱

　　基于信息检索与集成这种应用模式的智能冰箱，利用食品电子标签内存储的有限关键字信息，连接到互联网上获取更多实时有效的数据，使相关的多元信息能够有机融合并得到优化，从而提供更多维度的感知体验，实现快速高效的智能管理。这种 RFID 技术应用模式的整个工作过程如图 11-2 所示，同理可拓展至智能海报、智能名片等应用。

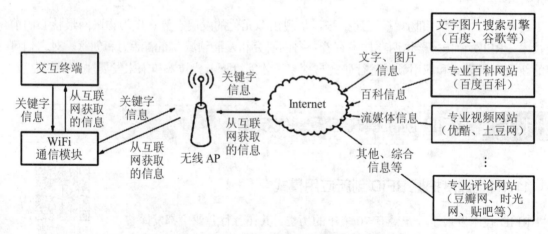

图 11-2　连接互联网获取多元信息

2. 智慧监狱

　　监狱人员精准定位管控系统利用 RFID 技术对监控区域做到全自动、全覆盖和主动式监控，不仅弥补了警力不足、难以监控每个细节的难题，还可以有效防止在押人员的出逃、减少罪犯结党闹事的几率。智能监狱通过在罪犯身上配备防拆电子标签，自动感知其所在位置和区域，若发生非法聚集、非法靠近、出入禁区等异常行为时，及时发出报警。此外，与监狱内其他智能化子系统（资产管理系统、视频监控系统等）联动，实现信息共享，如图 11-3 所示。

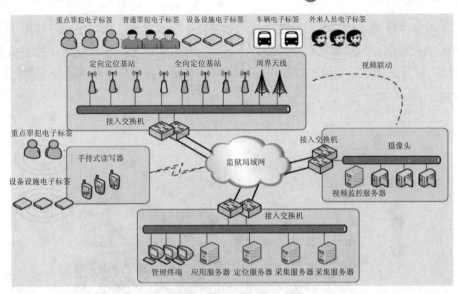

图 11-3　智慧监狱

　　监狱人员精准定位管控系统是一种比较典型的目标定位与追踪系统。RFID 定位方法按系统构成可分为：基于电子标签定位、基于读写器定位、无收发器和混合方法。这种应用模式把室内定位原理与 RFID 技术低成本、非接触性通信的特性相结合，保证对目标定位的精确性及实时性，其模型如图 11-4 所示；不仅可用于对物品的定位，如仓储货品定位、医院医疗设备管理等，还可以用于人员的定位，如对煤矿井下人员定位、博物馆游客导览等重要领域。

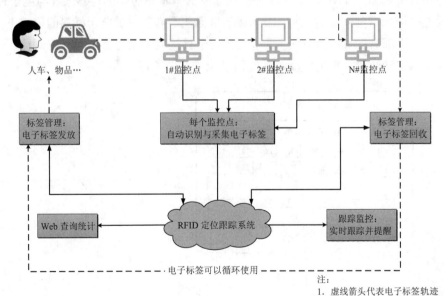

图 11-4　RFID 定位追踪总体模型

3. 智能警示装置

　　在生产过程中，有一些区域（如吊车下面的位置）由于安全性、保密性等原因不允许人进入，通常只是张贴警示标志用于提醒，而这存在安全隐患。因此需要设计一种装置，当有人不小心踏入不安全区域，能够及时发现。这时候 RFID 技术就可以派上用场，如图 11-5 所示，在不安全区域内粘贴一定数量的电子标签，读写器实时不间断地扫描读取电子标签信息，利用人体对 RFID 信号的干扰，当电子标签不能被正常读取时，说明有人踏入了不安全区域，立即发出预警。

读写器

电子标签阵列

图 11-5　吊车的智能警示装置

上述实例是利用 RFID 移动行为感知的方法，是一种低成本、轻量级、实时提取移动行为信息的感知方案。如图 11-6 所示，这种感知系统的基本思想是读写器天线与电子标签之间通信的射频电磁场会受到人体的影响，因此移动目标在不需要附加电子标签的前提下，通过特定物理空间拓扑上部署的标签阵列时，受干扰的电子标签返回信号会呈现一定规律，从而判断移动行为并挖掘移动轨迹。智能防盗、智能门禁也是这个原理。

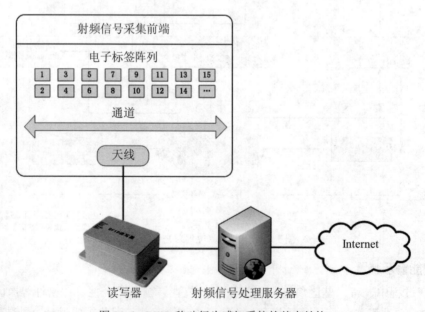

图 11-6　RFID 移动行为感知系统的基本结构

4. 生物护照

生物护照，又名电子护照或智能护照，其不仅可以加速机场及边境的出入境检查，而且有助于侦查出失窃的护照和识别伪造的护照。它整合了特殊的电子芯片功能，可以储存基本的信息，如持照者的姓名、生日、出生地等；也有足够的容量储存生物特征信息，如脸像、指纹，以及虹膜信息等，如图 11-7 所示。这种护照中的电子标签读取信息距离短、芯片内建有加密引擎和多种防破解保护措施，可以有效保障护照信息安全。

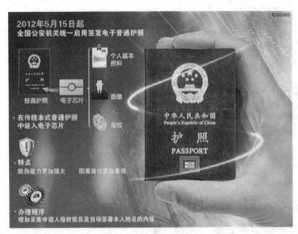

图 11-7　生物护照

生物护照是"RFID＋Biometrics"的应用模式，类似地还可以应用于基于虹膜识别和 RFID 的枪库管理系统、新型指静脉识别信用卡等。如图 11-8 所示，这种模式通常利用 RFID 技术识别"流动的人、物、事"，生物识别技术识别"正确的人"，构建一个对流动的物体与经特定生物识别的个人信息共同实时监管的立体识别安全网络，从而实现安防行业应用的双保险。推而广之，RFID 与其他自动识别技术（如条码识别技术、图像识别技术等）都可以深度融合、衍生出新颖的应用模式。

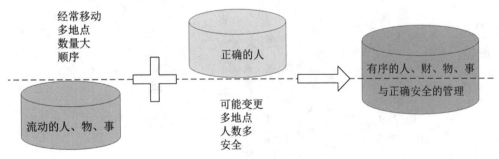

图 11-8　RFID 技术与生物识别技术相结合

5. 军用物资跟踪系统

随着武器、弹药、补给和车辆等物资在战场上大量流动，目前采用的 RFID 运输跟踪技术存在很大的局限性。卫星可读的电子标签提供了一种解决思路，不需要增加额外开支就能扩大军队的覆盖范围。更进一步，将广泛可用的蜂窝信号作为捕获 RFID 信息并与之通信的新手段。

具体实现时，只需要在现有的电子标签上添加一个 GPS 模块/蜂窝通信模块，然后通过编程使该模块自动向军方的在运可视化服务器报告位置状态，如图 11-9 所示。

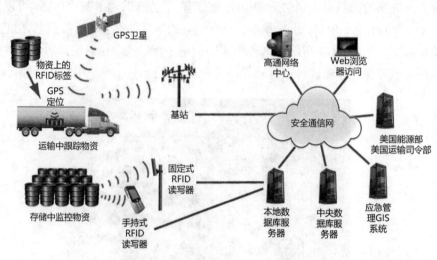

图 11-9　军用物资跟踪系统的组成

军用物资跟踪系统是一种"RFID+GPS/Cellular"的应用模式，如图 11-10 所示，它利用 RFID 和 GPS 技术动态采集运输过程中物品的变化信息和地理位置信息，RFID 自动读取运输车装载的物品，无需人工操作；加入蜂窝移动通信模块，在没有有线网络的情况下，也能做到与管理平台数据库之间的通信，满足监管平台对物品全程实时追踪。同理适用于特殊物流动态追踪、贵重医疗设备监管等场合。

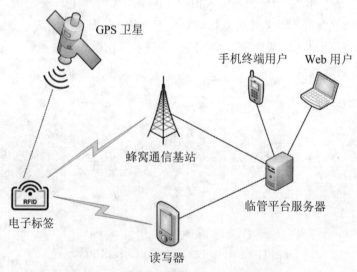

图 11-10　"RFID+GPS/Cellular"的应用模式

想一想：如何将 RFID 技术与物联网范畴的其他关键技术（如信息安全技术、数据挖掘技术等）相结合，进一步提出更为创新的应用模式？

11.1.2　积极发展下一代 RFID 技术

近年来，RFID 技术已经在社会众多领域开始应用，对改善人们的生活质量、提高企业经济效益、加速公共安全，以及提高社会信息化水平产生了重要的影响。随着关键技术的不断进步，RFID 产品的种类将越来越丰富，应用和衍生的增值服务也将越来越广泛。

根据市场预测，RFID 技术将在未来几年继续保持高速发展的势头。电子标签、读写器、系统集成软件，及公共服务体系等方面都将取得新的进展。因此，探索研究下一代 RFID 技术很有意义，会让 RFID 变得更加普遍和实用。

对于电子标签，封装技术将与印制、造纸、包装等技术相结合，导电油墨印制的低成本电子标签天线、低成本封装技术将促进电子标签的大规模生产，并成为未来一段时间内决定产业发展的关键因素之一。电子标签芯片设计与制造技术的发展趋势是芯片功耗更低、作用距离更远、读写速度与可靠性更高、成本不断降低，并且与应用系统整体紧密结合；甚至研发出无芯电子标签（即不含有硅芯片的电子标签）。如图 11-11 所示，无芯电子标签的潜在优势在于其最终能以非常低的花费直接印在产品和包装上，以更灵活可靠的特性取代每年十万亿使用量的条码。

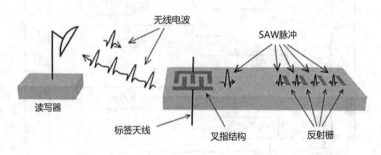

图 11-11　SAW 标签（被认作是下一代无芯电子标签）

读写器设计与制造将向多功能（与条码识读集成、无线数据传输、脱机工作等）、多接口（RS232、RS485、USB、红外、以太网口等）、多制式（兼容读写多种电子标签类型），并向模块化、小型化、便携式、嵌入式方向发展。如图 11-12 所示，下一代读写器作为物联网的末端感知设备和网络设备，必须支持网络协议和网络接口，并且具备网络自检、运转状态实时监控，以及异常检测及通报服务功能；此外，还有其他一些特殊的应用场景需求，如多个读写器之间的无线通信、连接外部传感器节点等，因此多读写器协调与组网技术将成为未来发展方向之一。

海量 RFID 信息处理、传输和安全对 RFID 系统集成和应用技术提出了新的挑战，软件/中间件将是 RFID 项目支出中相当重要的部分。作为自动化系统的发展分支，RFID 技术必须能够集成现存的和发展中的自动化技术，比如直接与个人计算机、可编程序控制器或工业网络接口模块（现场总线）相连，从而降低安装成本。总的来说，下一代 RFID 系统集成将向嵌入式、智能化、可重组方向发展，通过构建 RFID 公共服务体系，将使 RFID 信息资源的组织、管理和利用更为深入和广泛。图 11-13 为 RFID 产业链结构。

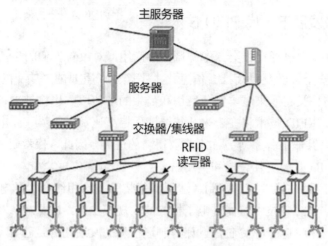

图 11-12　多读写器协调与组网技术

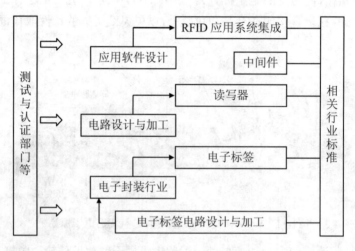

图 11-13　RFID 产业链结构

 查一查：请调研下一代 RFID 技术在算法、协议，以及系统设计层面都有哪些新进展。

目前，下一代 RFID 所涉及的主要技术方向都在快速发展，但仍然存在以下几个问题。

1. 标准化

每个电子标签中都有一个唯一配对的身份识别码，倘若它的数据格式有多样且互不兼容，那么使用不同标准的 RFID 产品将不能互联互通，这对经济全球化下的物品流通将是严重掣肘。因此，标准的不统一是影响 RFID 全球发展的重要因素。RFID 行业的标准体系建立是一个庞大的复杂工程，它不仅涉及技术问题，也涉及管理和各方利益博弈问题；试图在短时间内制定一套大家认可、又广泛适用的标准规范几乎是不现实的。美、日、欧等发达国家或地区在 RFID 标准体系的策划、设计和控制应用方面做了很多工作。我国也开始制定自己的 RFID 标准，并坚持"以应用促标准，以标准带应用"的原则，适时出台适用通用的标准频率，以给中国企业一个快速发展的空间和时间。如何让这些标准相互兼容，让一个 RFID 产品能顺利地在世界范围中流通是当前重要急迫的课题。图 11-14 为 ISO/IEC 已制定的 RFID 相关标准。

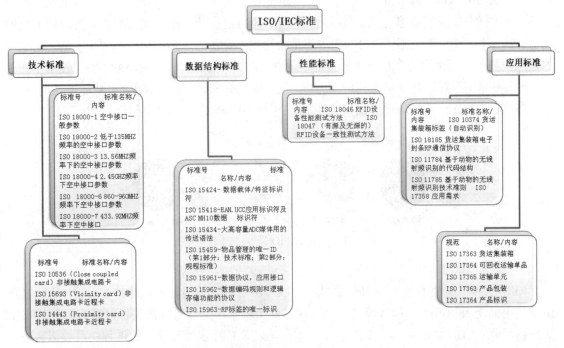

图 11-14　ISO/IEC 已制定的 RFID 相关标准

2. 低成本

价格问题是制约 RFID 市场发展的巨大瓶颈之一，RFID 系统不论是电子标签还是读写器和天线，其价格都比较昂贵。尤其是电子标签的成本，对于 RFID 技术的推广具有极其重要的影响，一旦拥有价格低廉的电子标签，将可以迅速推广应用。影响电子标签价格的因素很多，但最主要的是材料及电子元器件，电子标签的体积和功耗也是影响价格的重要因素，一般而言，技术体系相同且兼容性好的电子标签因批量较大，往往可以降低单个电子标签的价格。在新的制造工艺没有普及推广之前，高成本的电子标签只能用于一些本身价值较高的产品。美国目前一个电子标签的价格约为 0.30～0.60 美元，对一些价位较低商品，采用高档电子标签显然不划算。因此条形码和电子标签将在未来很长时间内处于共存的状态。图 11-15 为同时印有条形码的 RFID 行李标签。

图 11-15　同时印有条形码的 RFID 行李标签

3. 定制化

众所周知，不同类型的 RFID 用户群，由于经营性质、行业、经营规模、发展阶段等属性的不同，会导致 RFID 需求特征差异较大，对 RFID 应用要求差别也较大。因此行业化、细分化将是未来 RFID 的发展趋势，也是制胜的利器；为特定行业定制方案或联合开发应用方案的趋势在将来也会进一步加快。RFID 的应用是靠挖掘不是创造，当挖出一个应用之后，更重要的是解决如何满足用户的个性化需求难题。随着 RFID 厂商的实施经验不断增长、技术不断提升，将会提供更多针对行业需求的应用方案，从零售到仓储、从制造到政务、从运输到金融等，越来越多的 RFID 行业定制化必然日益明显。图 11-16 为 RFID 标签定制化。

图 11-16　RFID 标签定制化

4. 高安全性

RFID 技术要想在保密要求高的领域广泛展开应用，时下仍存有一些技术问题，因为当前广泛使用的无源 RFID 系统还没有非常可靠的安全机制，无法对数据进行很好的保密。RFID 数据易受到攻击的主要原因是 RFID 芯片本身，以及芯片在读写数据的过程中易被黑客所利用。此外，还有识别率的问题，由于液体和金属制品等对无线电信号的干扰很大，电子标签的准确识别率目前只有 80%左右，离大规模实际应用所要求的成熟程度也还有一定差距。因此采取强大的密码、编码、身份认证等安全措施将得到更为广泛普遍的研发和应用，同时未来有关 RFID 隐私安全的法律将制定实施，RFID 数据将会日益受到法律的保护。图 11-17 为 RFID 系统存在的安全问题。

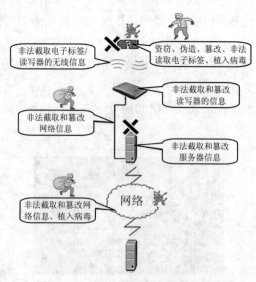

图 11-17　RFID 系统存在的安全问题

物联网已落地生根，而 RFID 在物联网的契机点上，焕发出新的技术价值。不管是 RFID 厂商还是用户企业，只有抓住 RFID 发展趋势、技术潮流，加以研发推广，才能更好地为国内企业经营管理、市场营销服务，抢得竞争先机。

11.2 新型传感器应用与发展趋势

11.2.1 新型传感器在多领域大放异彩

随着科技的发展，传感器也在不断的更新发展。传统的传感器技术在精度、灵敏性、集成度、可靠性等方面已经逐渐不能满足现代工业对信号检测与传输的需求。在这种背景下，新型传感器应运而生。下面列举几种类型的新型传感器，并分别加以介绍其特点及应用情况。

1. 生物传感器

生物传感器是以生物活性单元（如酶、抗体、核酸、细胞等）作为生物敏感单元，是对目标测物具有高度选择性的检测器，其工作原理如图 11-18 所示。生物传感器是一门由生物、化学、物理、医学、电子技术等多种学科互相渗透成长起来的高新技术，因其具有选择性好、灵敏度高、分析速度快、成本低、在复杂的体系中进行在线连续监测，特别是它的高度自动化、微型化与集成化的特点，所以生物传感器在近几十年获得蓬勃而迅速的发展。

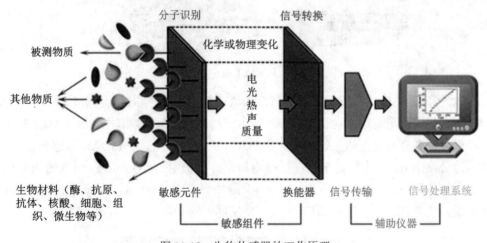

图 11-18 生物传感器的工作原理

生物传感器的应用范围已经涉及医疗诊断、食品毒性检测、农业检测、工业过程控制和环境污染控制等方面。其中，医疗诊断是目前最流行的应用领域，而医疗仪器诊断中即时检测是生物传感器应用最多的领域。比如采用丝网印刷和微电子技术的手掌型血糖分析仪，已形成规模化生产；ACS 期刊《分析化学》曾报道了一款类似于创可贴的可穿戴生物传感器，既能对汗液进行采样，也能凭借简单的变色分析来量化 pH 值或氯化物、葡萄糖或钙的浓度，如图 11-19 所示。

项目
11

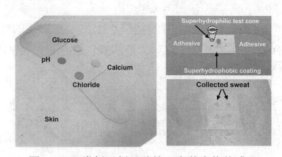

图 11-19　类似于创可贴的可穿戴生物传感器

2. LiDAR 传感器

LiDAR（激光雷达）传感器采用了激光测距技术来测量与物体之间的距离和反射率，并将这些数据作为具有强度信息的可重建三维点云进行记录和存储。激光雷达本身是一种集激光、GPS 和惯性测量装置为一体的系统，可以生成三维的位置信息，快速确定物体的位置、大小、外貌和材质，与此同时还能获得数据形成精确地数字模型；相对于摄像头等传感器，LiDAR 传感器探测距离更远、精确度更高、响应速度更快，还不受环境光的影响。图 11-20 为 LeddarTech 推出的一款集成 LiDAR 模组的 LEDDAR T16 交通传感器。

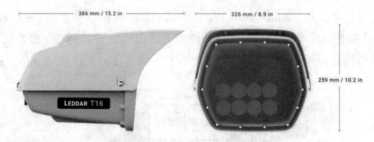

图 11-20　LEDDAR T16 交通传感器

LiDAR 传感器被广泛应用于 ADAS（高级驾驶辅助系统）和自动驾驶汽车、机器人、安防监控、无人机、地图测绘、物联网、智慧城市等高新科技领域。其中，高可靠的 3D LiDAR 系统已经做好准备在智能交通系统领域大展拳脚（图 11-21），其中 LiDAR 传感器直接安装在道路或高速公路上方，对来往的车辆进行探测和分析；而供应商 Quanergy 研发的由 LiDAR 传感器技术支持的下一代安防解决方案 Q-Guard 是目前市场上最全面、最智能的边界围栏和入侵探测系统，能够 3D、实时地探测狭小或广阔空间内的人员、汽车或其他物体。

图 11-21　3D LiDAR 系统中的 LiDAR 传感器

3. 量子传感器

量子传感器是根据量子力学规律、利用量子效应设计的、用于执行对系统被测量进行变换的物理装置。量子理论的创立是 20 世纪最辉煌的成就之一，它揭示了微观领域物质的结构、性质和运动规律，如量子纠缠、量子相干等。量子系统状态的直接测量一般不易实现，需要把被测量按一定的规律转变为便于测量的物理量，进而实现量子态的间接测量，这一过程可以通过量子传感器（图 11-22）完成。目前，我们已经可以利用量子传感器来测量加速度、重力、时间、压力、温度和磁场等精确性参数。

图 11-22　量子传感器

量子传感器相比于传统产品实现了性能上的"大跃进"：在灵敏度、准确率和稳定性上都有了不止一个量级的提高。也正是如此，它的应用场景也变得更加多样，例如在航空航天、气候监测、建筑、国防、能源、生物医疗、安保、交通运输和水资源利用等尖端领域都实现了量子传感器的商业化应用。氮原子大小的量子传感器可用于未来计算机硬盘识别及脑电波测量，如图 11-23 所示；而用于测量重力的量子传感器将有望改变人们对传统地下勘测工作繁杂耗时的印象；即便在导航领域，往往导航卫星搜索不到的地区，就是量子传感器所提供的惯性导航的用武之地。

图 11-23　氮原子大小的量子传感器

4. 柔性传感器

柔性传感器是利用柔性材料制作的传感器，具有柔软、低模量、延展性好等优点，可根据测量条件要求任意布置；但是，其易变形、重复性差、稳定性差的缺点也制约着其发展。柔性传感器涉及柔性电子的概念，即将有机/无机材料电子器件制作在柔性/可延性基板上的一种新兴电子技术。目前，技术相对成熟、使用范围较广的有柔性气体传感器、柔性压力传感器（如图 11-24 所示）和柔性湿度传感器三类。

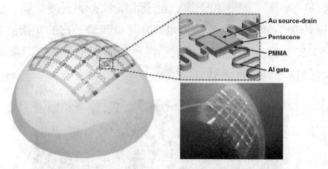

图 11-24　有机薄膜材料制成的柔性压力传感器

　　柔性传感器的优势让它有非常好的应用前景，包括在医疗电子、环境监测和可穿戴等领域。例如在环境监测领域，科学家将制作成的柔性传感器置于设备中，可监测台风和暴雨等级；在可穿戴方面，柔性的电子产品更易于测试皮肤的相关参数，因为人的身体不是平的。由美国普渡大学开发的一种新型可拉伸的"iSoft"柔性传感器，它能够展开实时（无延时）、"多模式"的感知，例如感知持续的接触，以及在不同方向的拉伸，如图 11-25 所示，其新颖之处就在于它的材料中不含任何电线和电子设备，提供了一种创建和定制化柔性传感器的功能。

图 11-25　"iSoft"柔性传感器

5. 机器人传感器

　　机器人传感器是一种能将机器人目标物特性（或参量）变换为电量输出的装置，机器人通过机器人传感器实现类似于人类的知觉作用。机器人传感器分为内部检测传感器和外界检测传感器两大类，如图 11-26 所示。内部检测传感器是在机器人中用来感知它自己的状态，以调整和控制机器人自身行动的传感器，它通常由位置、加速度、速度及压力传感器组成。外界检测传感器是机器人用以感受周围环境、目标物的状态特征信息的传感器，其能使机器人对环境有自校正和自适应能力，通常包括接近觉、触觉、视觉、听觉、嗅觉、味觉等传感器。

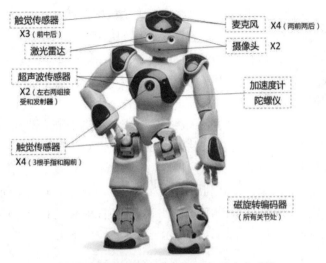

图 11-26　人形机器人配置的机器人传感器

列一列：前面学过的传感器中哪些可以作为机器人的接近觉、触觉、视觉、听觉、嗅觉、味觉传感器？

　　机器人是工业及非产业界的重要生产和服务性设备，随着机器人传感器的进一步完善，机器人的功能越来越强大，其将在仓储和物流、消费品加工制造、外科手术、楼宇和室内配送、智能伴侣与情感交互、复杂环境与特殊对象的专业清洁、城市应急安防、影视娱乐拍摄与制作、能源与矿产开采、国防与军事等十大领域为人类做出更大贡献。图 11-27 为中国邮政速递物流华中陆运中心启用的包裹分拣机器人，它不仅可以使用陀螺仪与里程计等惯性导航装置实现定位导航，自动规划最优路线，还可运用装载的红外线、超声波等传感器进行避障。

图 11-27　包裹分拣机器人

11.2.2　传感器技术的未来发展趋势

传感器在科学技术领域、工农业生产，以及日常生活中发挥着越来越重

传感器技术的
未来发展趋势

要的作用。人类社会对传感器提出的越来越高的要求是传感器技术发展的强大动力，而现代科学技术的突飞猛进则为传感器技术的发展提供了坚强的后盾。

纵观几十年来的传感技术领域的发展，不外乎分为两个方面：一是提高与改善传感器的技术性能；二是寻找新原理、新材料及新工艺等。对于传感器性能的改善一般采用差动技术，平均技术，补偿与修正技术，屏蔽、隔离与干扰抑制，稳定性处理等途径。而新原理、新材料及新工艺的研究将更加深入广泛地促进新品种、新结构、新应用的不断涌现。

各种效应和定律是传感器技术的重要基础。由此启发人们进一步探索具有新效应的敏感功能材料，并以此研制出具有新原理的新型物性型传感器件，这是发展高性能、多功能、低成本和小型化传感器的重要途径。其中，利用量子力学诸效应研制的低灵敏阈传感器，用来检测微弱的信号，是发展新动向之一；此外，研究功能奇特、性能高超的动物感官机理，开发仿生传感器，也是引人注目的方向，如图 11-28 所示。

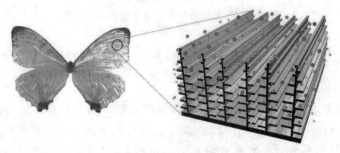

图 11-28　仿生传感器

材料科学是传感器技术升级的重要支撑。除了早期使用的半导体、陶瓷材料以外，高分子有机敏感材料、光导纤维，以及超导材料的开发，为传感器的发展提供了物质基础。反之，传感器技术的不断发展，也促进了更新型材料的出现，如纳米材料、智能材料等。智能材料有七大功能，即传感功能、反馈功能、信息识别与积累功能、响应功能、自诊断能力、自修复能力和自适应能力，图 11-29 为智能材料中的形状记忆合金。智能材料的探索工作才刚刚开始，相信不久的将来会有很大的发展。

图 11-29　智能材料中的形状记忆合金

在传感器技术的发展中，离不开新工艺的采用。新工艺的含义范围很广，这里主要说与发展新兴传感器关系密切的微机械加工技术。微机械加工技术是离子束、电子束、分子束、激光束和化学刻蚀等用于微电子加工的技术，目前已越来越多地用于传感器领域，例如溅射、蒸镀、等离子体刻蚀、化学气体淀积（CVD）、外延、扩散、腐蚀、光刻等。图 11-30 为利用微机械加工技术制成的微光学传感器，迄今已有大量采用微机械加工工艺制成的传感器的国内外报道。

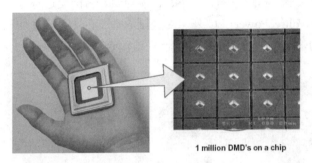

图 11-30　利用微机械加工技术制成的微光学传感器

新技术的层出不穷，让传感器的发展呈现出新的特点，"四化"发展是未来趋势。

1. 智能化

智能化的两种发展轨迹齐头并进。一个方向是多种传感功能与数据处理、存储、双向通信等的集成（图11-31），可全部或部分实现信号探测、变换处理、逻辑判断、功能计算、双向通信，以及内部自检、自校、自补偿、自诊断等功能，具有低成本、高精度的信息采集、可数据存储和通信、编程自动化和功能多样化等特点，如美国凌力尔特公司的智能传感器安装了ARM 架构的 32 位处理器。另一个方向是软传感技术，即智能传感器与人工智能相结合，目前已出现各种基于模糊推理、人工神经网络、专家系统等人工智能技术的高度智能传感器，并已经在智能家居等方面得到利用，如 NEC 开发出了对大量的传感器监控实施简化的新方法——"不变量分析技术"，并已在基础设施系统中投入使用。

图 11-31　多种传感功能与数据处理等的集成

2．可移动化

无线传感器网络技术应用加快。如图 11-32 所示，无线传感器网络技术的关键是克服节点资源限制（能源供应、计算及通信能力、存储空间等），并满足传感器网络扩展性、容错性等要求。该技术被美国麻省理工学院的《技术评论》杂志评为对人类未来生活产生深远影响的十大新兴技术之首。目前研发重点主要在路由协议的设计、定位技术、时间同步技术、数据融合技术、嵌入式操作系统技术、网络安全技术、能量采集技术等方面。迄今，一些发达国家及城市在智能家居、精准农业、林业监测、军事、智能建筑、智能交通等领域对无线传感器网络技术进行了应用，例如 VoltreePowerLLC 公司受美国农业部的委托，在加利福尼亚州的山林等处设置温度传感器，构建了无线传感器网络，旨在检测森林火情，减少火灾损失。

图 11-32　无线传感器网络

3．微型化

MEMS 传感器研发异军突起。随着集成微机械加工技术的日趋成熟，MEMS 传感器将半导体加工工艺（如氧化、光刻、扩散、沉积和蚀刻等）引入传感器的生产制造，实现了规模化生产，并为传感器微型化发展提供了重要的技术支撑，图 11-33 为封装在同一个外壳中的 MEMS 传感器与 ASIC 芯片。近年来，日本、美国、欧盟等在半导体器件、微系统及微观结构、速度测量、微系统加工方法/设备、麦克风/扬声器、水平/测距/陀螺仪、光刻制版工艺和材料性质的测定/分析等技术领域取得了重要进展。目前，MEMS 传感器技术研发主要在以下几个方向：微型化的同时降低功耗；提高精度；实现 MEMS 传感器的集成化及智慧化；开发与光学、生物学等技术领域交叉融合的新型传感器，如 MOMES 传感器（与微光学结合）、生物化学传感器（与生物技术、电化学结合），以及纳米传感器（与纳米技术结合）。

4．集成化

多功能一体化传感器受到广泛关注。传感器集成化包括两类：一种是同类型多个传感器的集成，即同一功能的多个传感元件用集成工艺在同一平面上排列，组成线性传感器（如 CCD 图像传感器）；另一种是多功能一体化，如几种不同的敏感元器件制作在同一硅片上，制成集成化多功能传感器，集成度高、体积小，容易实现补偿和校正，是当前传感器集成化发展的主要方向。例如意法半导体集团提出把组合了多个传感器的模块作为传感器中枢来提高产品功能；东芝公司开发出晶圆级别的组合传感器，已发布能够同时检测脉搏、心电、体温，及身体活动等 4 种生命体征信息，并将数据无线发送至智能手机或平板电脑等的传感器模块"Silmee"。图 11-34 为配有温湿度传感器、加速度计、陀螺仪等多种传感器的器件。

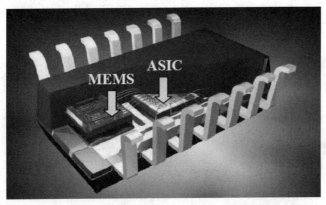

图 11-33   封装在同一个外壳中的 MEMS 传感器与 ASIC 芯片

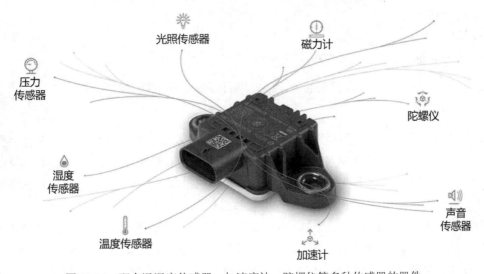

图 11-34   配有温湿度传感器、加速度计、陀螺仪等多种传感器的器件

 说一说：技术创新和产业发展是相辅相成的，请大家讨论传感器产业化发展的重要趋势。

综上所述，传感器的发展日新月异，特别在"互联网+"和"工业 4.0"的刺激下，传感器技术将迎来新一轮的发展浪潮。我国的传感器技术水平和种类数量都与先进国家有很大差距，因此我们应该在传感器方面投入大量人力、物力加强研究，推动我国物联网和工业自动化进程。

 **项目实训**

大学生创新创业能力的培养是高等教育大众化背景下的必然趋势，这对大学生进一步深造和将来就业都具有极其重要的意义。因此，在专业基础课程的教学中也应积极搭建平台、重视实践活动、融入创新创业思维能力和实践能力的实训环节，来提升大学生创新创业思想认识高度和实际操作能力，营造整体创新创业的环境氛围。

11.3　实训——关于 RFID 与传感器技术的创新创业项目策划

本节实训安排关于 RFID 与传感器技术的创新创业项目策划，其中包括项目构思和项目策划书写作方法等内容。

1. 实训目的

（1）学会灵活运用所学的 RFID 与传感器技术知识构思创新创业项目。

（2）了解应用于大学生创新创业大赛的项目策划书写作方法。

2. 实训设备

PC 机一台。

3. 实训要求

构思 RFID 与传感器技术相关的创新创业项目，并完成策划书的撰写。

4. 实验原理

构思的好坏将直接影响到创新创业项目的实际实施效果。因此项目构思在内容上要具有全面性和系统性，还应当在形式上注意以下两个方面：一是必须在尊重事实的基础上进行构思，在必要的时候要通过调研来获得信息，而不是单凭主观推断进行策划；二是构思方案要具有相对的稳定性和权威性，所有团队成员都应尽量参与构思，并对策划方案达成一致。

创新创业项目构思的基本程序如图 11-35 所示。其中，创新创业项目总体策划与初步规划之间在内容上并没有特别明显的区分界限，只不过初步规划的变动可能性更大、更主观一些，而总体策划更强调策划依据，并且策划结果相对稳定一些，总体策划在一定程度上是对初步规划的验证和完善。

创新创业项目筹建策划是指能够指导创业团队建立一个全新企业的全过程策划方案，须考虑的两个基本问题是创建一个企业需要进行哪些工作，以及如何进行这些工作。

创新创业项目经营计划是在创业企业正式成立之前，对企业成立初期的运作内容和模式进行相对完善的计划，这种计划实际上就成为初创企业的经营计划。一般可以在筹建策划中的组织结构设计与职能划分的基础上由相应的职能部门负责人来组织完成，计划的结果主要表现为业务流程规范和规章制度。初创企业的经营计划应当包括财务管理、生产/服务管理、人力资源管理、行政管理、营销管理等内容，但经营计划要随着企业的发展而进行调整和完善。

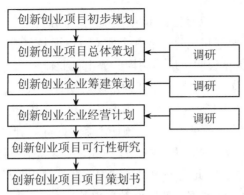

图 11-35　创新创业项目构思的基本程序

在完成前面三项内容之后，一个完整的创新创业项目就已经基本形成了，但这个项目成功与否需要通过可行性研究来加以评价，并且通过评价对构思中的一些地方进行调整和完善。通过可行性研究，要对如下问题给出相应的结论：财务可行性（包括敏感性分析）、技术可行性、环境条件可行性（政策、人才、资金等）、潜在风险（市场风险、财务与金融风险、经营风险、技术与产品风险、政治与政策风险等）。

接着就需要对前面所有的构思和研究内容形成一个完整的报告，作为投资人（或债权人）评价创新创业项目的基本依据，这就是项目策划书。本节所讨论的项目策划书与融资/路演商业计划书有较大的差异，其主要针对大学生创新创业大赛，如"挑战杯"中国大学生创业计划竞赛、"互联网+"大学生创新创业大赛等。要想在一场高质量的创业大赛中突围，一般会经历"报名参赛""项目初筛""省晋级赛""国赛 PK"四个环节；而项目策划书是需要攻克的第一个比赛难题。

项目策划书一般的评选标准是从项目的实用性与创新性、方案的可行性与商业性、报告的系统性与完整性、团队情况和社会效益等多方面进行综合考评，表 11-1 为第五届中国"互联网+"大学生创新创业大赛高教主赛道创意组项目评审要点，可供参考。

表 11-1　高教主赛道创意组项目评审要点

评审要点	评审内容	分值
创新性	突出原始创新和技术突破的价值，不鼓励模仿；在商业模式、产品服务、管理运营、市场营销、工艺流程、应用场景等方面寻求突破和创新；鼓励项目与高校科技成果转移转化相结合，取得一定数量和质量的创新成果（专利、创新奖励、行业认可等）	40
团队情况	团队成员的教育和工作背景、创新思想、价值观念、分工协作和能力互补情况；项目拟成立公司的组织构架、股权结构与人员配置安排合理；创业顾问、潜在投资人，以及战略合作伙伴等外部资源的使用计划和有关情况	30
商业性	商业模式设计完整、可行，项目盈利能力推导过程合理；在商业机会识别与利用、竞争与合作、技术基础、产品或服务设计、资金及人员需求、现行法律法规限制等方面具有可行性；行业调查研究深入详实，项目市场、技术等调查工作形成一手资料，强调田野调查和实际操作检验；项目目标市场容量及市场前景，未来对相关产业升级或颠覆的可能性，近期融资需求及资金使用规划是否合理	20
社会效益	项目发展战略和规模扩张策略的合理性和可行性，预判项目可能带动社会就业的能力	10

一份完整的项目策划书至少应该包含市场分析、竞争分析、产品/服务定位、盈利模式、管理机制、营销策略、资金规划和风险评估八个要素，下面具体说明这八个要素。

（1）市场分析——用数据说明市场的规模。提出创业计划，势必需要对整个市场有比较充分的了解。所以在这一部分，首先论证整体的市场规模有多大，是如何推算得出的，以及这个市场未来将如何发展；其次考虑所要进入的市场是否有准入限制；最后描述这个行业的规模与自己有什么关系、哪部分是本项目的市场、预计用多少时间做到多少占有率。常见的分析方式有波特五力分析法、PEST 分析法，以及 SWOT 分析法；这里推荐投资机构常用的思考策略，即 Top Down 与 Bottom Up 法。除此之外，写作过程中要注意用数据陈述，避免假、大、空的描述；通过权威第三方获取真实数据，并注明数据出处。

（2）竞争分析——展示出你做这件事的优势。在这一部分中，需要论述同在这一市场区域的竞争对手的具体情况，比如主要竞争对手是谁、他们的产品如何、竞争对手的优势是否可以超越、进入这一市场是否有竞争优势等。写作过程中，建议从业务方向、产品、渠道、数据、技术等多维度进行比较分析；将竞争对手分为直接竞争对手和间接竞争对手，勿贬低、回避、忽视竞争对手；竞争优势尽可能拆分结构、分点分类、言简意赅地说明；解释如何持续地构建并保持自己的竞争壁垒。

（3）产品/服务定位——产品介绍、用户画像。分析市场之后，就要有满足市场要求的产品/服务定位，包括生产什么产品和提供什么服务。如果是技术导向的项目，在这部分里还应该说明基础原理和关键技术，并做技术的可行性分析，及后续研发计划等。写作过程中，注意核心突出产品设计的构思和思路；产品能够运行的逻辑和原理；必要时需附上产品的辅助图片，帮助读者理解。

（4）盈利模式——怎么让这个项目盈利。在盈利模式这一部分，需要阐述如何通过独特的商业模式来创造利润，具体包括以什么样的经营方式生产、怎样让产品和服务在满足用户需要的同时带来利润、有哪些经营优势，以及如何让用户选择自己而不是竞争对手的产品或服务。具体写作时，盈利模式应尽可能分阶段阐述，短期怎么活下来、中期怎么赚钱、长期怎么成为更有价值的企业；如果变现的路径比较长，最好有细致的说明或者提供参考案例。

（5）管理机制——如何保证公司的正常运转。有了产品定位和盈利模式，还必须有与之相对应的管理机制来保证经营的成功。这里需包括管理结构和管理方式，即企业管理层的职务和人员构成，以及决策、授权、激励和管理办法的确定。写作过程中，可以利用组织机构图来辅助说明，同时需要考虑管理层级及效能；需要充分展示重点职能岗位任职者与岗位的匹配度。

（6）营销策略——采用什么方法才能达到运营目标。面对激烈的竞争市场，创业团队必须有可行有效的行销策略，包括营销的主要方式、根本特色、营销计划、营销目的等。写作时，建议合理使用理论依据，为策划的观点寻找理论依据，防止纯粹的理论堆砌；适当举例说明，举例来证明自己的观点，增强说服力；利用数字对照说明，而且各种数字都要有可靠的出处；运用图表来帮助理解，增强视觉效果，易于理解。

（7）资金规划——需要投入多少资金、资金是如何划分、为什么这么分配。在某种程度上，资金规划是否清晰代表团队对项目运营方向的清晰度。在项目策划书里需要写明筹划资金的来源、资金总额分配比例、资金在运营各个环节的分配比例等。建议用图表形式展示，效果更直观，并注意分配比例的合理性。

（8）风险评估——整个过程中可能遇到的问题和应对措施。预估风险才能在风险真正到来时更好地应对。在项目策划书中，通常需要对市场状况变化风险、资金链风险、管理风险等进行评估。写作时，尽可能罗列可能存在的风险；对风险的危害程度做初步预估，并提出预防方案。

以上就是一份项目策划书重要组成部分的写作方法和建议。在实际的写作过程中，依然可能出现很多问题。比如在逻辑结构/设计方面，商业计划结构不够合理；项目投资太大，无法解释启动资金来源；项目过于理想，缺乏可操作性。在内容方面，过重产品介绍而缺乏市场分析、营销模式、财务分析，客户定位不准确，市场前景分析模糊；缺乏相关数据支持，论证支持，如调查太少或没有调查；盈利模式不明确等。在排版方面，图标格式、作品名称等不够规范；版面设计过于枯燥或花哨等。在项目策划书的写作过程中，注意避开这些雷区。

5. 实训步骤

（1）评估自我，组建创业团队。

（2）利用本书 RFID 与传感器技术知识，以及其他课程所学构思一个创新创业项目。

（3）参照模板（见"Books\'互联网+'大学生创新创业大赛项目策划书模板.doc"）撰写创新创业项目策划书。

6. 结果记录

请以小组为单位提交一份关于 RFID 与传感器技术的创新创业项目策划书。

💬 巩固延伸

1. 随着 RFID 技术及其应用的发展，人们即将从目前对 RFID 硬件，以及 IT 架构的关注中转移到对 RFID 业务流程变化和优化的关注上来，这些业务流程的改变，将引起部分 ERP 系统（企业资源计划，如图 11-36 所示）应用模式的变化。试以制造业为例，说明 RFID 技术在 ERP 系统中的具体应用。

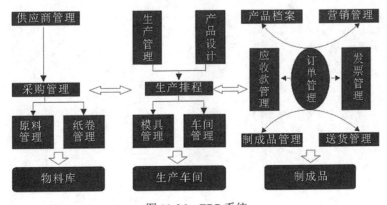

图 11-36　ERP 系统

2．谷歌名为 Google Lens 的应用专门使用人工智能来识别智能手机摄像头里的东西。如图 11-37 所示，Google Lens 不仅能识别出花朵，还有花朵的种类；当 Google Lens 指向路由器条形码时，可以自动登录到该无线网络；Google Lens 还能识别企业，为每家企业弹出 Google Maps 卡。

图 11-37　Google Lens

Google 向我们展示的是一个通用的"超级传感器"，它拥有很多基于软件的、AI 驱动和机器学习的"虚拟传感器"，并内置在本地或云端的软件里。其革命之处在于所有未来的感知（以及基于该感知的动作）都是软件解决方案，仅一个真实的传感器（一些普通的摄像头、麦克风和其他传感器）就可以在软件中创建一百万个不同的传感器。

类似的还有美国卡耐基梅隆大学的 Synthetic Sensors（合成传感器）项目，请利用网络搜索其实现原理和应用实例。

项目 12　RFID 与传感器技术的集成和应用方案

学习目标

1. 知识目标
- 掌握四种 RFID 与传感器集成的架构
- 了解 RFID 与传感器集成的应用方案

2. 能力目标
- 能够根据真实的物联网系统工程要求完成方案设计
- 能够参照投标书模板撰写投标文件

相关知识

RFID 和传感器是普及物联网的两项关键技术，由于在各自的应用领域中所带来的革命性变化，近几年已经引起了很大的关注。RFID 技术侧重物体的识别、目标跟踪；而传感器技术侧重感知、监控管理，两者各有优劣。集成 RFID 与传感器技术，可以帮助我们构筑功能更强、扩展性更好、成本更低的解决方案。

12.1　RFID 与传感器一体化架构

RFID 与传感器可行的集成架构

在 RFID 系统和传感器网络中，数据都是从终端节点涌向中心节点；在集成架构下，中心节点在接收到这些数据后，需要在足够短的时间内，结合识别信息和感知数据，采取相应的措施。因此，集成时需要考虑以下几个问题。

1. 通信可靠性

由于无线传输固有的特点，节点在相互通信时会存在干扰。不同的应用场景的时延和准确性要求不同，如何保证终端节点获取的数据能够实时地到达中心节点，以及中心节点的响应指令如何及时地反馈回这些终端节点，都是在集成时需要考虑的问题。

2. 能量高效性

传感器节点和主动式 RFID 标签都属于有源器件，工作时间受电池容量制约。在保证通信可靠性的前提下，如何最小化节点能量的消耗，以及平衡分布在整个集成网络中的负载，也是设计集成架构时需要考虑的因素。

3. 网络生存性

节点数量众多的大规模集成网络易受攻击、出现故障。因此，对于这样的网络最重要的要求是具备远程配置、软件更新、快速诊断、自保护和自修复能力。较高的生存能力不仅可以有效提高系统稳定运行的时间，还可以在很大程度上节约人力成本。

根据上述几点实现有效一体化的关键要求，可行的集成架构有：仅与读写器通信的集成传感器标签、能够相互通信的集成传感器标签、集成无线传感器节点的读写器、混合集成四种。下面详细解释其主要特性。

12.1.1 仅与读写器通信的集成传感器标签

仅与读写器通信的集成传感器标签是最简单的集成方式，即在电子标签中添加感知功能，集成后的节点仅能和读写器进行通信。如图 12-1 所示，这种集成架构中的传感器无法与网络中的其他节点通信，只负责感知信息；电子标签按照约定好的规则，将传感器采集到的数据存放在电子标签存储区内，在合适的时机再将这些数据返回给读写器，然后由读写器转发至基站。根据集成所使用的电子标签类型，又可以将这一种集成架构细分为如下三种。

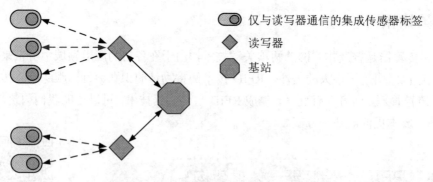

图 12-1　电子标签添加感知功能的集成架构

1. 无源 RFID 标签和传感器的集成（无源传感器标签）

无源传感器标签从读写器获得工作能量，具有成本较低、尺寸较小和寿命较长等优点以及功能简单、距离受限等缺点。无源 RFID 标签和传感器集成的案例有很多，比如 Sample 等人提出的无线识别和感知平台（WISP）使用的就是无源传感器标签，如图 12-2 所示，这种节点上集成的传感器可以感知温度、光照等环境信息，并且通过读写器进行射频能量传输进行供电；再比如，专利"嵌入式生物传感器系统"通过扫描信号供电，来自动测量动物和人体的血糖水平，它是一种无源 RFID 标签和葡萄糖传感器的集成方案。

2. 有源 RFID 标签和传感器的集成（有源传感器标签）

有源传感器标签使用电池给通信电路、传感器和微处理器供电。因此它的通信距离很远，能够实现较高的数据传输率；但同时成本、重量和寿命都受到了限制。如图 12-3 所示，在实际应用中，一个有源振动传感器标签（24TAG02V）和一个有源温度传感器标签（24TAG2T）工作在 2.4GHz，范围为 100m，可以使用四年；其中有源振动传感器标签可以检测并记录连续振动或脉冲冲击，最小灵敏度为 200mV/g，有源温度传感器标签从物体中收集实时温度并传输给读写器进行登记，其测量范围为–50～150℃，精度为 1℃。

图 12-2　无线识别和传感平台（WISP）

图 12-3　有源振动传感器标签（24TAG02V）

3. 半有源 RFID 标签和传感器的集成（半有源传感器标签）

半有源传感器标签的特点是：当吸收的外界能量满足正常工作时，相当于无源传感器标签；否则，相当于有源传感器标签，由自身携带的电池来提供能量。例如，德国 KSW-Microtec 公司生产的一款半有源温度传感器标签——VarioSens Basic，其可以从外接的温度传感器那里获取数据并且容纳 720 个温度值数据，以及测量出标签内部电池的电源剩余量；另外一种叫作 SensIC RFID ASIC 的 CMOS 设备能够测量和传输温度，以及外部电容式 MEMS 传感器的感应值，可以工作于无源或有源模式。图 12-4 为半有源温度传感器标签的系统示意框图。

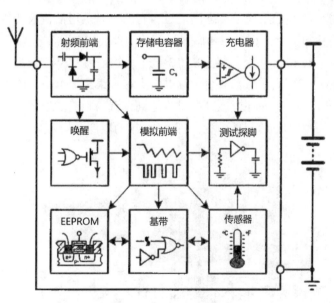

图 12-4　半有源温度传感器标签的系统示意框图

说一说：请探讨以上三种集成方案的异同点，以及影响集成方案设计的具体因素。

12.1.2 能够相互通信的集成传感器标签

与第一种集成架构相比，能够相互通信的集成传感器标签的特点是集成后的节点之间可以通过无线方式进行通信。如图 12-5 所示，这种集成架构超越了仅能与读写器通信的局限，能够通过相互协作形成一个自组织网络。它通过把电子标签赋予每一个传感器节点来实现，同时提供了 RFID 接收的能力。

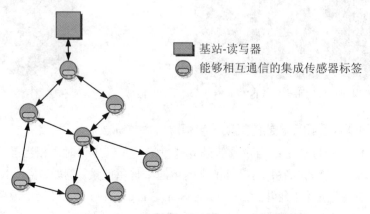

图 12-5　电子标签赋予传感器节点的集成架构

能够相互通信的集成传感器标签的应用案例有很多。CoBIs 电子标签集成有加速度传感器和无线通信功能，可以收集、传输，以及分享周围环境数据，当环境参数达到给定的临界条件时，还可以提供预警功能。相邻的集成节点之间通过专有的点对点通信协议传输数据，包括它们唯一的 ID 和环境中的感知信息。该集成传感器标签还能够通过基站与更广泛的网络进行通信。

如图 12-6 所示，AeroScout 公司推出的 T3 电子标签是通过 Wi-Fi 进行通信的有源器件，内置运动传感器，自动识别人卡分离事件，可以用来实时跟踪贵重资产或重要人员。它还有一个可选的温度传感器，能够感知环境温度并且当达到设置门限时触发警报。这种标签工作频率在 2.45GHz，读取范围为 100m，1B 内存，拥有 10 年的电池使用寿命。

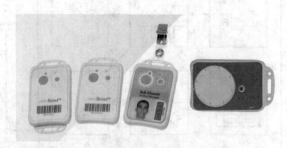

图 12-6　AeroScout T3 电子标签

12.1.3 集成无线传感器节点的读写器

读写器和无线传感器节点的集成架构可以认为是在读写器上添加了感知功能和无线通信功能。在这种集成方式中存在三类设备，即集成读写器－无线传感器节点、电子标签和汇聚节点，如图 12-7 所示。其中，读写器—无线传感器节点也被称为"智能节点"，不仅更小、更便宜而且容易部署，它主要负责收集 RFID 标签的信息，并通过与其他"智能节点"的通信将收集和感知的数据汇报给汇聚节点。

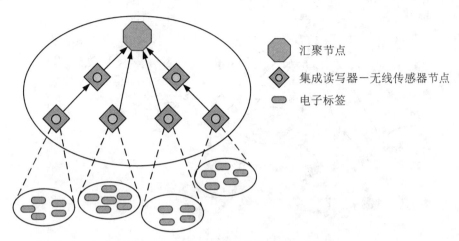

图 12-7　读写器和无线传感器的集成架构

集成无线传感器的读写器已经被商业化生产。由 SkyeTek 制造的 SkyeRead M1-mini 是一种小尺寸的读写器，能够直接与 Crossbow Mica2Dot 传感器模块连接，产生一个"智能节点"。它的工作频率为 13.56MHz，能够提供每秒 20 个电子标签的读取速率。

南邮张熠团队设计了一种低功耗的读写器和无线传感器集成系统，包括主控模块、传感器模块、无线网络射频通信模块、RFID 读写模块和电源管理模块等部分，如图 12-8 所示。其中，传感器模块包括单线数据接口温湿度传感器 SHT11 和用于用户持电子标签靠近时实时唤醒系统的红外线传感器；RFID 读写模块采用符合 ISO/IEC 14443A 标准的读写器芯片。

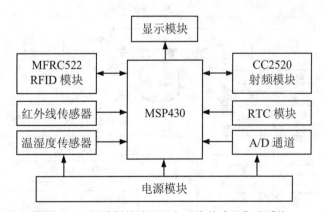

图 12-8　低功耗的读写器和无线传感器集成系统

12.1.4　混合集成架构

在混合集成架构中，读写器、电子标签和传感器共存于集成网络中，但在物理上是完全分离、独立工作的设备。这种混合集成的优势是可通过软件层面集中控制设备协同工作，而不需要重新设计一个硬件集成设备。如图 12-9 所示，混合集成架构由智能基站、电子标签和传感器节点三类设备组成。其中，智能基站由读写器、微处理器和网络接口构成，可以收集从电子标签和传感器节点发送过来的数据。

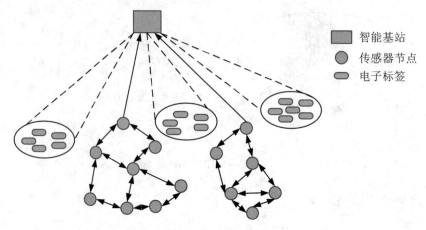

图 12-9　混合集成架构

Cho 等人提出了一种由综合服务模块、RFID 系统和无线传感器网络三部分组成的集成架构 SARIF，如图 12-10 所示。其中，综合服务模块主要任务是管理 RFID 系统和无线传感器网络；RFID 系统由 EPC 管理模块、读写器和电子标签组成；无线传感器网络由网关和传感器节点组成。综合服务模块依靠从 RFID 系统中的 EPC 管理模块获取信息并开始着手无线传感器网络中的任务，也可能进入 RFID 系统并分配任务给它。

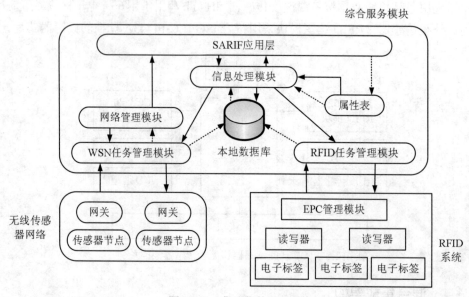

图 12-10　集成架构 SARIF

还有一种利用 RFID 与传感器网络技术开发的游客引导服务系统。该系统把游客分为很多组，每个组有一个组长，组内成员可以跟随组长的移动路线行进，也可以随机向自己感兴趣的方向移动。组长会周期性地向周围传感器节点发送信息,传感器网络根据收到信号的节点位置,对组长进行定位以便每个成员可以找到其组长;同时组长也可以呼叫组内成员。

> **想一想:** 节能问题一直是传感器网络关注的研究热点,RFID 技术的出现提供了一种新型的能量获取方式。请结合本节内容,探讨如何结合二者的特点来充分延长系统的工作周期。

RFID 与传感器的集成架构既继承了 RFID 利用射频信号自动识别目标的特性,同时实现了无线传感器网络主动感知与通信的功能。二者的集成技术处在刚刚起步的阶段,未来的应用前景不可限量。

12.2 集成 RFID 与传感器技术的应用方案

RFID 与传感器技术的集成将产生高水平的合作和技术改进,创造出人与世界沟通的物联新应用。下面提供一些现实中的应用方案。

1. 家庭保健护理系统

当前,全球"家庭空巢化""社会老龄化"对保健护理服务提出了严峻挑战。RFID 和传感器技术因可实时并随时连线、可重新配置和自组织性等特点,使其在家庭保健护理系统中有着广泛的应用前景。

Moh 等人把 RFID 与传感器网络相结合,用来控制老年人的用药量。该系统包括三个部分:药物监测子系统,使用高频 RFID 技术和质量计识别药瓶、药品用量,该子系统能够监测患者的取药时间、取药种类和取药量;患者监控子系统,通过患者身上的超高频 RFID 标签进行患者的识别和定位,该子系统能够提醒患者只取必需药品;基站子系统,将数据传递到基站的个人计算机上,基站的软件包括模拟显示患者的用户图形界面,提示吃药时间并维护患者与药品节点间的相互作用。与此类似的研究还有 iCabiNET 项目和 iPackage 项目。图 12-11 为嵌入了高频 RFID 标签的药瓶。

图 12-11   嵌入了高频 RFID 标签的药瓶

Hou JC 团队开发了一套无线个人独居助理系统,具有感知、定位、监控、无线通信,以及事件数据处理能力。该系统提供日常活动提醒帮助、生理功能非植入性检测,以及与远程保健公司、临床医生进行实时通信以帮助独居老年人。该团队还特别为无线个人独居助理系统配置了一个低能耗的小装置（包括读写器和蓝牙医学装置），以进行服务质量考核；为无线个人独居助理系统装备了超声和 RFID 技术，以实时追踪人和物体的活动。

RFID 与传感器集成应用方案不仅有望解决独居老人日常活动的监测问题，还可以用于认知障碍者、残疾人，以及慢性病者的看护监测，构建一个成熟高效的交互式家庭保健护理系统。

2. 供应链管理中的集成

在供应链的管理中，最关键的技术是货物位置的跟踪，以及空间环境的监测。RFID 与传感器技术的高效集成可以以一种准确、便捷且便宜的方式来解决这一问题。

如图 12-12 所示，广东工业大学岳苹提出一种冷库监控及管理系统，由电子标签、无线传感器网络节点和削弱功能的读写器组成的智能节点、大型读写器、仓储管理中心四部分组成。当货物进出冷库时，大型读写器将自动完成货物登记，无需人工参与。智能节点按照一定的规划部署在冷库中，不仅可以监测到内部气味、温度和湿度等相关参数，而且还可以阅读贴在易腐产品上电子标签的有关信息，并把收集到的数据通过无线传感器网络向本地管理中心传递，从而使管理人员可以快速得到冷库中的环境参数、易腐产品保质期等各项信息，并及时完成补货等各项工作，提升整个供应链的工作效率和管理能力。

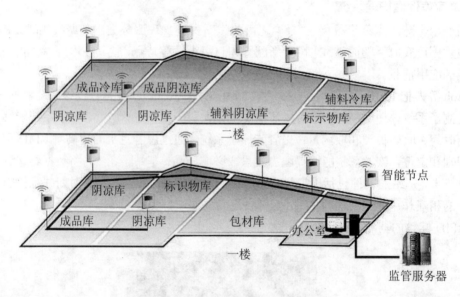

图 12-12 冷库监控及管理系统

一种集成读写器和无线传感器节点的自动资产追踪方案由 McKelvin 等人提出。在这种方案中，一种无线传感器节点被连接到主机，另一种无线传感器节点集成在读写器中。主机节点的用户可以查询数据库中的带电子标签产品的详细信息，然后通过无线传感器网络转发给读写器节点。通信是双向的，因此数据也可以通过相同的接口从读写器发送到主机设备。

基于 RFID 与传感器技术的供应链管理系统不仅实现了物品品质、环境变化实时监测与定位，而且显著提高了仓储以及配送的智能化管理水平，系统灵活性强，为供应链重构打开了新方向。

3. 应用于医疗卫生领域

物联网技术在医疗卫生领域的应用需要在全面感知、安全传递、智能处理方面进行重点研究与突破。RFID 和医用传感器技术的集成将对医患、医疗器械、医药等进行智能识别、实现全面感知。

血液管理是一项不允许出错的工作，将 RFID 传感器标签运用其中，不仅使整个管理过程可见、透明、不受污染，而且还使信息质量得到了实时监控与互联跟踪，真正将医疗管理信息化工作延伸到了末梢。该项目中的 RFID 传感器标签主要在血液出入库管理、血液跟踪管理、血液质控管理三个方面发挥作用。尤其在血液质控管理方面，通过在血袋上粘贴的 RFID 传感器标签对血袋周围环境进行实时监测，每隔一定的时间间隔就测量一下周围的温度、压力、感光、振荡等物理信号，并将测量数据记录在标签芯片内；一旦当前测量的数据不在设定范围内，标签就会主动发射射频信号启动报警装置，显示报警血袋的当前位置，方便工作人员及时发现与处理。

斯坦福大学的工程师开发出了一种被称之为"BodyNet"的可穿戴技术。BodyNet 贴纸类似于 ID 卡，它有一个天线，可以从服装上的接收器收集一些 RFID 能量，为其传感器供电；然后它从皮肤读取数据并将它们发送回附近的读写器。如图 12-13 所示，为了展示这种可穿戴技术，研究人员将贴纸固定在一个测试对象的手腕和腹部，通过检测他们的皮肤如何随着每次心跳或呼吸而伸展和收缩来监测人的脉搏和呼吸。同样地，人的肘部和膝盖上的贴纸通过在每次相应的肌肉弯曲时测量皮肤的微小收紧或松弛来跟踪手臂和腿部运动。

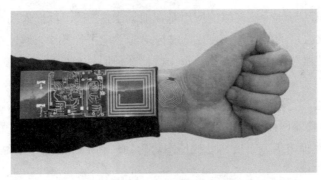

图 12-13 固定在手腕上的贴纸和夹在衣服上的读写器

RFID 与传感器的集成用于人体诊断、监护和治疗，既具备生物相容性、医学安全性、不干扰被测量等诸多特点，而且保证医疗数据信息的安全传递、有效交互，推进了医疗物联网的全面发展。

4. 军事方面的应用

信息化战争要求作战系统"看得明、反应快、打得准"，谁在信息的获取、传输、处理上占据优势（取得制信息权），谁就能掌握战争的主动权。

军事基地实时定位监控系统解决方案包含定位标签、RFID 定位传感器、全天候实时监控摄像系统、控制中心实时显示系统和管理软件平台几个部分。其中定位标签佩戴于人员身上或安装于资产设备等物品上，由微型电池供电，实时发射包含自身 ID 的 2.45GHz 微波射频信号；

安装在基地各处的 RFID 定位传感器，能够远距离读取从定位标签发射出的微波射频信号，经过定位传感器内部的 RISC 微处理器实时计算转换处理，最后通过有线或者无线等多种方式将数据实时传输至后台信息管理平台；而安装在基地各处的超高解析度红外线夜视摄像机，与 RFID 定位传感器相互绑定，实现覆盖军事基地全区域、全天候的实时监控功能，并配合超大容量的多路 DVR 硬盘录像机，实现长时间的监控数据存储功能，便于后期方便地查询调用。图 12-14 为实时定位监控控制中心实景。

图 12-14　实时定位监控控制中心实景

另一个集成 RFID 与传感器网络的应用是在战场上，一种可以嵌入到武器里跟踪武器射击次数，以及推测开火强度的装置。该装置集成传感器于电子标签中，通过在每个武器中放置压电传感器、微型处理器和电子标签来估计每个武器在何时达到它的使用极限。其中，压电传感器通过感知后冲力来判断何时使用了武器射击，微型处理器记录和存储传感器的输出，电子标签用来把数据传输给读写器，所有这些特性帮助来估计武器的有效时间。

RFID 与无线传感器网络的集成以其独特的优势，能在多种场合满足军事信息获取的实时性、准确性、全面性等需求，有效协助战场态势感知，满足作战力量"知己知彼"的要求。

5. 其他应用

除了上述几种应用，还存在许多其他集成 RFID 与传感器技术的方案。在所有的方案中，集成后的网络简化了程序，提高了效率。

惠普公司在智能 LOCUS 和智能 Rack 两种应用中使用了集成的 RFID 与传感器技术。智能 LOCUS 控制和监测一个含有摄像机（提供仓库中物品移动的相关信息）和读写器的传感器网络，覆盖于网络中的传感器把读写器和摄像机通过 802.11b 网络连接起来。智能 Rack 使用了温度传感器和高频 RFID 系统来监测服务器机柜的温度，温度传感器置于服务器机柜中，电子标签置于每台服务器上，读写器将收集的数据处理生成 2in（1in=0.0254m）的图像来表征每个机柜轮廓的温度，并且一旦出现不正常的温度，将会发送警报通知相关人员。

来自 CSIRO 的研究人员使用一种超级胶水将带有电子标签的微型传感器粘到一些蜜蜂的背部，每个传感器有一个唯一的识别码，这能够标记蜂口数量巨大的蜜蜂种群中的那些目标蜜

蜂。而在蜂巢内部，研究人员将一块备有太阳能供电的英特尔 Edison 开发板放置在其中，蜜蜂每次回来，背上微型传感器中的数据就会被读取到开发板上的存储器中。简而言之，就是微型传感器记录蜜蜂们的活动数据，电子标签负责传输数据。相关的数据将用于研究影响蜜蜂行动的压力，以及蜂箱内部的蜜蜂行为模式，如图 12-15 所示。

图 12-15　蜜蜂背上的微型传感器

总之，RFID 与传感器技术的结合可以相互弥补对方的缺陷，将集成网络的主要精力集中到数据上，当需要具体考虑某个节点的信息时，也可以利用 RFID 技术的标识功能轻松定位节点位置。

项目实训

在国家的大力推动下，物联网技术全面进入实质性应用阶段。随之而来的系统工程建设项目日益增多，物联网应用技术专业人才的需求量也不断上涨。对于高职高专层次的大学生而言，除了掌握专业的基础知识和应用技能，还应模拟实践招标、投标的基本流程和投标书编制。这样才能根据物联网产业情况，在未来的工作中学以致用，并为客户解决实际问题。

12.3　实训——物联网系统工程投标书编制

本节实训安排物联网系统工程投标书编制，其内容包括物联网系统工程的方案设计和投标书写作方法等内容。

1. 实训目的

（1）学会综合运用专业所学设计物联网系统工程方案。

（2）了解实际工作中物联网系统工程的投标书写作方法。

2. 实训设备

PC 机一台。

3. 实训要求

能够根据真实的招标文件设计物联网系统工程方案，并完成投标书的撰写。

4．实验原理

招投标是基本建设领域促进竞争的全面经济责任制形式。一般由若干施工单位参与工程投标，招标单位（建设单位）择优入选，谁的工期短、造价低、质量高、信誉好，就把工程任务包给谁，由承建单位与发包单位签订合同，一包到底，按"交钥匙"的方式组织建设。如图12-16 所示，招标承包制的组织程序和工作环节如下。

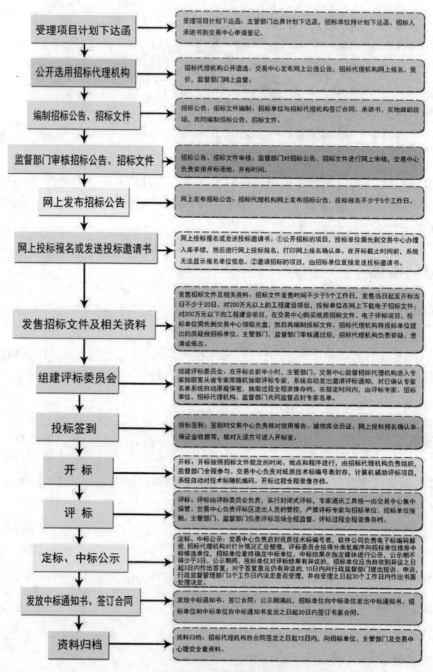

图 12-16　招标承包制的组织程序和工作环节

（1）编制招标文件。建设单位在招标申请批准后，需要编制招标文件，其主要内容包括：工程综合说明（工程范围、项目、工期、质量等级和技术要求等）施工图及说明、实物工程量清单、材料供应方式、工程价款结算办法、对工程材料的特殊要求、踏勘现场日期等。

（2）确定标底。由建设单位组织专业人员按施工图纸并结合现场实际，匡算出工程总造价和单项费用，然后报建设主管部门等审定。标底一经确定，应严格保密，任何人不得泄露。如果有的招标单位不掌握和不熟悉编制标底业务，可以由设计单位和建设银行帮助代编，或由设计部门与建设银行联合组成招标投标咨询小组，承担为招标单位编制标底等项业务。标底不能高于项目批准的投资总额。

（3）进行招投标。招投标一般分为招标和报送标函、开标、评标、定标等几个步骤。

（4）签订工程承包合同。投标人按中标标函规定的内容，与招标人签订包干合同。合同签订后要由有关方面监督执行，可以将合同经当地公证单位公证，受法律监督；也可以由建设主管部门和建设银行等单位进行行政监督。

在整个招投标过程中，高职高专院校相关专业的学生最可能胜任的岗位就是标书专员，也就是负责招标信息的收集、投标过程的跟进，以及投标文件的编制等内容。其中，投标书的编制有一定的难度，需要掌握相应的写作方法和注意事项。

编制投标书如同写作文、写论文，不同的是投标书是以招标书作为依据，必须逐条逐句按照招标书的内容进行应答，满足招标方的要求。我们在做投标书前第一件事应该是认真研读招标单位的招标文件，这也是招标中评委所依赖的评分、评标的依据，这样既可以了解投标书的格式，也可以在评标中知道哪里可以和评委申述或者提供疑问的依据。

一份好的投标书就在于是否针对需求，让用户满意。用户的感觉是很重要，用户提出的每一个需求我们都要满足，用户没有提出的需求，通过与用户的接触，我们可以为其提供方案，同时体现出公司的特色，实现个性化的服务。

那拿到招标文件我们该如何下手呢？概括起来有十个字，即"览、备、看、标、问、列、填、排、封、送"。

（1）"览和备"。"览"是过程，"备"是目的，快速浏览招标文件，快速找出留有多少时间准备，时间上相对比较紧急的资料，应根据投标截止日期，将这些资料列在纸上，安排相关人员第一时间进行准备。一般具体包含以下资料：公司资质及荣誉证书的原件，需要专人送达和收回（盖公司印章的复印件邮寄即可）；投标保证金，通过打款、转账、发票或承兑的方式交保证金或者投标现场以现金的方式交保证金，注意别忘记问对方要收据或收款凭证，这是开标的时候必须出示的证件之一；银行保函，按照文件的格式及要求提供，注意避开节假日，并在投标书装订之前邮寄到；信贷证明，按照文件的格式及要求提供，注意避开节假日，并在投标书装订之前邮寄到；财务报表原件，需向公司财务借出并由专人送达和收回；保险证明资料，到公司人力资源部办理，并到市人才资源市场相关部门盖章，要求在投标书装订之前邮寄到；法人授权委托书、制造商授权委托书等，盖章后邮寄即可，要求在投标书装订之前邮寄到。

（2）"看、标与问"。"看"即认真细致地阅读招标文件各部分内容。

"标"即在阅读的同时将招标文件重点内容标注出来，如招标项目名称、投标保证金金额及缴纳时间、主要商务条款、主要技术条款、主要合同条款、密封要求等内容；主要方便在接下来编辑投标文件时，能够迅速快捷地查到想要的点和面，节约时间，另外也便于打印装订前能够快速地核查投标文件是否逐一响应了招标文件每一条款内容。

"问"即将招标文件中含糊不清楚的条款、企业（行业）达不到的条款，以及现场勘测的问题以书面的形式，根据《投标须知》中招标方提供的电子邮箱或传真，邮寄或传真给招标方进行询标。

（3）"列、填与排"。"列"即根据招标文件的要求和条件，列出投标书目录。投标书做得好不好，从目录方面就可以看出来，首先投标书目录是否按照招投标文件要求逐条应答；其次投标书目录是否条理清晰，能让评委一目了然地看到想看的内容。所以投标书不是急于整理正文，而是要先列提纲。具体步骤如下：首先根据招标文件中"投标须知"内的"投标文件的基本内容"，直接复制粘贴搭建最基本的目录框架，这是招标文件的内容，其先后顺序应符合招标文件要求（有些比较正规的招标，会把整个投标文件的目录在"投标书格式"中直接给出）；其次再从招标书的商务要求（"投标须知"中的资质要求、合同条款要求等）、技术要求进一步丰富投标书目录；最后根据评分依据中的评分细则，对投标书的目录再一次丰富和优化，这也是评委在评标时能从投标书目录中快速找到相对应的内容进行评分的依据。

"填"即根据列好的目录及招标文件条款，编辑填写投标书的正文内容。具体从下面两个方面来着手：首先按照招标文件提供的"投标文件格式"进行编辑，要求原原本本地按照招标文件提供的投标文件格式摘抄过来，除了页面上的排版美化，不要修改"投标文件格式"中的任何内容，只填写格式中空白横线（或括号）与空白表格中的内容即可，否则会造成废标；其次招标文件中未提供格式的章节，根据招标文件要求自行编写和排版，要求条理清晰、言简意赅，能用数字、图片或表格表达的内容，尽量采用数字、图片或表格去呈现，严禁内容繁琐冗长、堆砌资料，只追求页数、不注重质量。

"排"即根据招标文件要求和公司制作投标书规范标准进行排版和美化。如招标文件有所要求，则严格按照招标文件要求进行编排投标书的内容顺序；如招标文件对排版没有要求，则投标书的版面排版按照公司制定的规范标准执行。

（4）"封和送"。"封"即按照招标书要求进行盖章、签字和密封。同样需要严格按照招标文件中的密封要求执行。如图 12-17 所示，密封时要求采用胶水满涂，不要采用胶棒密封。

图 12-17　投标书密封

"送"即按照招标时间要求将密封完好的投标书送到招标方指定的地点。首先，要严格按照招标文件中的要求执行，一般招标活动中投标书递交的截止时间也就是开标时间的开始，所以在递交时间上最迟也一定要在开标时间前的半个小时，把投标书递交到招标方手中。其次，住宿的地方距开标的地点要近，以步行的时间尽量不超过十五分钟为准，防止因路途遥远，出现堵车和其他突发事件而无法及时赶到开标地点。另外，也一定要提前到达开标地点，一是熟悉环境，二是熟悉现场有几家竞争对手，对手参与竞标的人员构成，提前做好心理上的准备。

除了上述提到的投标书编制流程外，还有几点写作要点。

（1）要坚持实事求是的原则。招标与投标都是在国家金融政策法规规定允许的条件下，十分严肃的金融交易行为，其整个过程都要受到国家有关监督机关和部门的指导和约束。因此，在撰写时必须坚持从实际出发，实事求是的原则，不容粗疏延误。特别是投标书，作为投标单位一方，必须遵守这一原则。要认真细致地权衡自身所具备的人员素质、技术水平、金融实力，做到量力而行、量体裁衣。切不可只为中标而夸大其辞或弄虚作假，否则会给国家、招标单位，以及自身造成难以预料的损失。

（2）要知已知彼，增强竞争力。在写投标书前，必须进行认真的市场情报收集工作，力求准确吃透招标单位的需求及思路，使本公司编制的投标书与招标书的内容合拍。同时，还要认真研究参与竞争对手的实力与营销策略，知已知彼，既合理核算成本，又使报价适中，具有竞争力。

（3）要注意明确性和可行性。撰写投标书，其所涉及的每一项内容，特别是有关的目标、标价、完成期限、质量标准，以及服务承诺等，必须写得明确具体、切实可行。要本着适度的原则，尽量预见各种可能遇到的情况，充分展示出自身的金融实力、技术水平和不凡的经营策略，既不要好高骛远、妄加许诺，也不能疏于保守，进而在用语上流于空洞浮泛，以至于有损投标书的质量，影响中标。

（4）要慎重报价。认真研究招标工程的特点，根据工程的类别、施工条件等综合考虑报价策略。比如同时报选择性方案，也就是在主报价的基础上，同时提供选择性报价，并且选择性方案的报价一般低于主报价来吸引招标方；或者用降价系数调整最后总价，具体操作是先确定降价系数为 $X\%$，填写报价单时可将原计划的单价除以$(1-X\%)$，得出"填写单价"，填入报单，并按此计算总价和编制投标文件，直到投标前数小时，才做出降价最终决定，并在投标致函内声明"出于友好的目的，本投标商决定将计算标价降低 $X\%$，即本投标价的总价降为×××（元）。"

（5）要注意文字的简洁性和内容的周密性。投标书是一种实用性很强的文书，因而在语言表达上应力求准确、简要，特别涉及有关的技术指标、质量要求、服务承诺等，更应如此。要避免诸如"尽可能""力争""××以后"等模糊度较大的词语出现，以免言不及义、事与愿违。同时要对照招标书的要求，对投标书各项内容的表达进行严格的检查，做到严谨周密、完备无遗，防止粗心大意，遗漏重要事项。

总的来说，投标书的编制不是按照招标文件直接来一遍就可以，需要有一定的技巧和细致的内容，切实领会招标文件的意思，熟练掌握投标书编制的流程，让自己的投标书新颖有说服力，让评标专家一眼从众多的投标书中记住或者眼熟，这样我们的初级目的就达到了。

5. 实训步骤

（1）分组模拟招投标活动，各小组担任不同角色，招标组、投标组和评标组数量比为 1:5:1，每组人数根据实际情况调整。

（2）招标组根据招标文件（见"Books\基于物联网技术的煤矿综合信息系统采购项目-招标文件.pdf"）编写并发布招标公告、组织整个招投标活动，投标组响应招标公告、利用集成 RFID 与传感器技术完成方案设计并参照模板（见"Books\IT 行业投标书模板.docx"）编制投标书，评标组根据招标文件中的"评标办法"进行评标并撰写评标报告、公布定标结果。

6. 结果记录

请招标组、投标组和评标组分别提交招投标活动中负责的文档。

 巩固延伸

1. 毫无疑问，RFID 与传感器技术集成后的网络将推动更多的技术改进，促进新的业务和应用的产生。RFID 与传感器的四种集成方式解决的是两者集成架构的问题，但是两者集成技术层面的问题也是关键。在集成过程中所涉及的关键技术主要有数据融合、路由技术，以及中间件技术等。

传感器网络的基本功能是收集并返回传感器节点所在监测区域的各种信息，RFID 数据则总是和时间、空间相联系，两种技术集成构建的新网络的原始数据规模很大且精度不高。数据融合技术利用节点的本地计算和存储能力去除冗余信息，对多份相关数据进行综合，为上层应用提供更有效、更符合用户需求的信息。图 12-18 给出了典型的数据融合过程。目前，数据融合的方法有很多，大概包括统计和估计类融合方法、采用信息论的融合方法，以及其他融合方法。

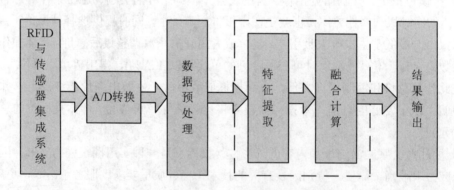

图 12-18　典型的数据融合过程示意

请调研集成过程中所要应用的路由技术、中间件技术的原理和方法。

2. 目前，物联网与云计算、大数据、人工智能等其他新一代信息技术（IT）及 5G、SDN/NFV、低功耗广域通信网为代表的通信技术（CT）加速融合，产业生态全面升级，呈现出集成创新、全面智化等特征。

　　感知层已进入技术创新爆发期。全球芯片技术创新突破摩尔定律"天花板"，标志性事件是美国劳伦斯伯克利国家实验室 1nm 分子级晶体管研发成功；同时，ARM 等公司推出 32 位微控制器，更好地适应低功耗和永远在线的发展需求；新一代传感器朝智能化、微型化方向发展，出现复合触摸传感器、汽车指纹传感器、3D 成像传感器等创新型产品；RFID 与传感器、GPS、生物识别等技术相结合，向多功能识别方向发展。

　　通信层向低功耗、广域、敏捷连接方向演进。全球低功耗广域通信技术取得重大突破，窄带物联网（NB-IoT）、LoRa、SigFox、LTE 等技术有望实现大规模商用，LTE 技术运用至月球探索；太赫兹多路、5G 无线中继、毫米波、无线充电系统等重大技术突破使物联网传输性能大幅提升，为车联网、无人驾驶等低延时物联场景奠定基础；同时，服务于 5G 移动通信系统的高密度小型基站获建成功，中国台湾工研院资通所推出功率放大器芯片封装模块原型。

　　平台层综合性能迭代优化。大型平台公司通过持续完善平台性能扩大影响力，如 Google 推出的更新版 Compute Engine 云计算服务，最高支持 64 个内核运算；IBM 对 PowerAI 实施重大更新，把深度学习和计算机视觉等模型整合至应用程序；初创型平台向综合方案提供商方向演进，我国立子云平台已实现支持工业、电力、楼宇等多个私有协议接入。

　　作为物联网应用技术专业的你，请持续关注物联网技术最新的发展成果，培养自主引领、习惯跟进的终身学习模式。

项目
12

参考文献

[1] 方龙雄. RFID 技术与应用[M]. 北京：机械工业出版社，2012.

[2] 陆桑璐，谢磊. 射频识别技术——原理、协议及系统设计[M]. 北京：科学出版社，2014.

[3] DAMITH C R. 物联网 RFID 多领域应用解决方案[M]. 唐朝伟，译. 北京：机械工业出版社，2014.

[4] 刘娇月，杨聚庆. 传感器技术及应用项目教程[M]. 北京：机械工业出版社，2016.

[5] YAN Z, LAURENCE T Y. RFID 与传感器网络：架构、协议、安全与集成[M]. 谢志军，译. 北京：电子工业出版社，2012.

[6] 汤平，邱秀玲. 传感器及 RFID 技术应用[M]. 西安：西安电子科技大学出版社，2018.

[7] 张永芳，蓝忠华. 物联网技术应用项目实训[M]. 北京：机械工业出版社，2017.

[8] 梁永生. 物联网技术与应用[M]. 北京：机械工业出版社，2019.